权威·前沿·原创

皮书系列为
“十二五”“十三五”国家重点图书出版规划项目

国家创新蓝皮书

BLUE BOOK OF
NATIONAL INNOVATION

中国创新发展报告（2017~2018）

ANNUAL REPORT ON CHINA'S INNOVATION DEVELOPMENT (2017-2018)

主　编／陈　劲

社会科学文献出版社
SOCIAL SCIENCES ACADEMIC PRESS (CHINA)

图书在版编目（CIP）数据

中国创新发展报告．2017～2018／陈劲主编．--北京：社会科学文献出版社，2018.6
（国家创新蓝皮书）
ISBN 978－7－5201－2667－0

Ⅰ．①中…　Ⅱ．①陈…　Ⅲ．①国家创新系统－研究报告－中国－2017－2018　Ⅳ．①F204 ②G322.0

中国版本图书馆 CIP 数据核字（2018）第 119418 号

国家创新蓝皮书
中国创新发展报告（2017～2018）

主　　编／陈　劲
副 主 编／黄海霞　张赤东　陈钰芬

出 版 人／谢寿光
项目统筹／陈凤玲
责任编辑／田　康

出　　版／社会科学文献出版社·经济与管理分社（010）59367226
　　　　　地址：北京市北三环中路甲29号院华龙大厦　邮编：100029
　　　　　网址：www. ssap. com. cn
发　　行／市场营销中心（010）59367081　59367018
印　　装／三河市东方印刷有限公司

规　　格／开 本：787mm×1092mm　1/16
　　　　　印 张：16.25　字 数：243 千字
版　　次／2018 年 6 月第 1 版　2018 年 6 月第 1 次印刷
书　　号／ISBN 978－7－5201－2667－0
定　　价／89.00 元

皮书序列号／PSN B－2014－370－1/1

主编简介

陈　劲　（1968～），男，清华大学经济管理学院教授，教育部人文社会科学重点研究基地——清华大学技术创新研究中心主任，中国工程院教育委员会委员（第四、第五届），教育部科技委管理学部委员。于1989年获浙江大学化工系生产过程自动化学士学位，1994年获浙江大学管理学院管理工程博士学位。主要研究领域为技术创新管理、科技政策等。系国家杰出青年基金获得者，教育部长江学者特聘教授，国家“百千万”人才，享有国务院政府特殊津贴。同时，兼任 *International Journal of Innovation Studies*、*International Journal of Knowledge Management Studies* 主编，*Technological Forecasting and Social Change*、*Engineering Management Review* 副主编等职务。长期从事技术创新管理的研究，在国内外发表创新管理领域的论文百余篇，是中国创新管理领域论文引用量最高的作者之一，出版技术与创新管理领域著作20余部，参与编著的《创新管理》及开设的“创新管理”分别获评为国家“十二五”规划教材和国家精品课程。

主要编纂者简介

陈　劲　清华大学经济管理学院教授、博士生导师，教育部长江学者特聘教授、国家杰出青年基金获得者，清华大学技术创新研究中心主任，主要研究方向为技术创新管理、创新政策、中国特色创新管理理论等。

黄海霞　经济学博士，清华大学技术创新研究中心研究员，主要研究方向为技术创新与管理、创新制度与政策。

张赤东　管理学博士，中国科学技术发展战略研究院体制所副所长、研究员，主要研究方向为企业创新、创新系统和创新政策。

陈钰芬　浙江工商大学统计与数学学院副院长、教授，主要研究方向为科技创新评价和测度、企业创新管理与战略决策等。

前 言

“创新驱动是国家命运所系。国家力量的核心支撑是科技创新能力。”党的十八大以来的五年，是党和国家发展进程中极不平凡的五年，也是科技创新取得历史性成就、发生历史性变革的五年。党的十九大对科技创新做出了全面系统部署，推动高质量发展、支撑供给侧结构性改革、加快新旧动能转换，对科技创新提出新的更高要求。在以习近平同志为核心的党中央的坚强领导下，在全国科技界和社会各界的共同努力下，我国科技创新持续发力，加速赶超跨越，实现了历史性、整体性、格局性重大变化，重大创新成果竞相涌现，科技实力大幅增强，已成为具有全球影响力的科技大国。

回顾 2017 年，从跟随到引领，从引进集成上升到自主原创，从自主研发到自主创新，从自主创新到自主可控，我国重大科技创新不断实现突破和取得举世瞩目的成就：天宫、蛟龙、天眼、悟空、墨子、大飞机等重大科技成果相继问世；量子通信、中微子、铁基超导、外尔费米子、干细胞和再生医学等面向世界科技前沿的重要科技成果水平达到世界前列；载人航天、空间科学、深海深地探测、超级计算、人工智能等面向国家重大需求的战略高技术领域持续取得重大突破；高速铁路、第四代核电、新一代无线通信、超高压输变电等面向国民经济主战场的产业关键技术迅速发展成熟；500 米口径球面射电望远镜、上海光源、大亚湾反应堆中微子实验等重大科技基础设施投入使用，为解决重大科技问题奠定了物质技术基础。整体来看，我国科技创新能力和水平显著提高，已成为具有重要影响力的科技大国。

立足 2017 年，展望 2018 年，《中国创新发展报告（2017～2018）》面向“建设世界科技强国”这一伟大目标，从总报告、产业篇、区域篇、企业篇四个方面，对 2017 年我国创新强国建设方面取得的突出成就、存在的问题进行了深入分析。

总报告基于建设世界科技强国的背景与基本要求，分析了我国由科技大国向科技强国迈进的显著成效与存在的问题和挑战，指出努力掌握核心技术，积极探索前沿引领技术，构建新型国家创新体系，是推动建设面向未来的世界科技创新强国的必由之路。并以国家创新能力综合测度指标体系为基础，考察中国创新能力的发展情况，进而在此基础上将中国与7个创新领先国家的创新能力核心指标进行比较。结果表明，我国对科技创新的重视程度与日俱增，各创新领域均得到显著改善，国家创新能力迅速提升；但创新资源的使用效率仍相对较低，科技创新的国际化水平还不高，创新成果的国际认可度还不够；当前制约我国创新能力提升的最主要因素是创新成果的经济转化率较低。今后应加大对基础研究和应用研究的投入，构建以企业为核心、高等学校和研发机构协同发展的创新生态圈，让科技创新成为引领发展的第一动力。最后，对比了乡村创新系统和城市创新系统的异同，提出了乡村创新系统建设的科技创新、制度创新和网络组织建设“三位一体”驱动乡村振兴的机制，简述了乡村创新系统建设的理论与实践挑战，总结了乡村创新系统促进乡村振兴的实践经验与典型案例，对于国家和区域创新系统建设有重大的理论贡献，同时对于落实创新驱动发展战略和精准扶贫方略、完善国家创新与扶贫政策、实现乡村振兴和可持续发展具有重要的实践价值。

产业篇对全国制造业27个产业（剔除垄断产业）的创新能力进行了总体描述分析，对各产业的创新能力进行了综合分析和比较，并通过聚类分析将27个产业划分为高技术、中技术、低技术三类产业；编制2013～2015年高技术、中技术和低技术三大类产业以及制造业创新指数，目的是更加深入地了解制造业的创新能力和水平，为政府制定相关创新政策提供依据。并收录了本书主编陈劲教授特约周济院士进行专访的报告。在专访中，周济院士对以智能制造为代表的产业进行了深入精辟的分析。

区域篇综合考察我国各区域的创新能力发展状况及动态趋势。将全国各省级区域按照东、中、西和东北进行划分，分别对各大区域的创新能力进行总体描述分析，对各省级区域的创新能力进行综合分析和比较排序，进而提出了具有针对性的政策建议；并以雄安新区作为典型专题进行研究，研究建议，雄安新区建设作为国家的“千年大计”，必须以综合集成和引领创新作为其科技创新战略，并在创新主体引入和培育、创新人才集聚、创新资金投入、创新城市建设等方面做扎实的部署，尤其应在科技项目的公共性、知识产权的共享性等方面做重大的制度创新。

企业篇从历史分析、理论分析、实证分析和政策分析四个维度展开，全面、深入、系统地阐明企业技术创新主体问题。描述了体制转变、政策转变和发展方式转变所导致的技术创新主体“真空”现象，提出了企业技术创新主体地位的概念界定和政策含义，以白描的手法描绘了 1978 ~ 2017 年企业技术创新发展的一般图景，基于企业创新驱动力指数定量指出中国企业技术创新主体地位在 2000 ~ 2014 年快速提升，在国家创新体系中的技术创新主体地位不断强化，已经进入“稳结构、提能力”的新阶段；最后，分析了企业技术创新政策体系的三个基本特征，进一步提出加强企业技术创新主体地位、加速以企业为主体的国家技术创新体系建设的若干政策建议。并以中国中车、京东方、华芯通半导体和中国建筑为例探讨了国内知名企业在创新发展道路上的历程及取得的成就。

通过本书的分析可知，加强基础研究体系，加快建设产业创新体系，进一步完善企业创新综合体系，进一步协同区域创新体系，进一步加强教育体系在国家创新体系中的作用，进一步强化科技与金融、贸易等的协同，对于实现重大核心技术突破，实现应用领先技术创新、制度创新和管理创新，培育世界级创新领军企业，加速创新型国家建设，建设面向未来的世界科技创新强国具有重要意义。

目　录

Ⅰ　总报告

B.1　构造新型国家创新体系，努力打造世界科技强国
…………………………………………………………… 陈　劲 / 001
B.2　中国创新能力的动态演化和国际比较………… 陈钰芬　侯睿婕 / 024
B.3　建设乡村创新系统　推进乡村振兴战略
………………………………… 陈　劲　尹西明　赵　闯　朱心雨 / 050

Ⅱ　产业篇

B.4　中国制造业产业创新能力的综合分析…………………… 陈钰芬 / 065
B.5　智能制造："中国制造2025"的主攻方向
——周济院士专访……………………………… 臧冀原　黄海霞 / 094

Ⅲ　区域篇

B.6　中国区域创新能力的综合分析……………………………… 陈钰芬 / 108
B.7　雄安新区：全球创新发展的新高地……………………… 陈　劲 / 130

Ⅳ 企业篇

B.8 企业技术创新主体分析
——缘起、界定、发展、指数与政策 ………………… 张赤东 / 135
B.9 高铁核心技术能力突破之谜：中国中车“核”
战略的演进 ………………………… 陈 劲 梅 亮 赵 闯 / 188
B.10 国之重器京东方：一个以战略为引领的、基于核心技术的
创新型企业 …………………………………… 陈 劲 贯 筱 / 197
B.11 华芯通半导体：引领中国 ARM 架构服务器
芯片产业发展 ………………………………………… 郑 敏 / 215
B.12 中国建筑汇聚蓝色力量实现创新发展
…………………………… 毛志兵 张 琨 戴立先 王 辉
李任戈 关 军 欧阳明勇 / 229

皮书数据库阅读**使用指南**

总 报 告

General Report

B.1

构造新型国家创新体系，努力打造世界科技强国

陈 劲*

摘 要： 创新驱动是国家命运所系，国家力量的核心支撑是科技创新能力。努力掌握核心技术，积极探索前沿引领技术，构造新型国家创新体系，建设面向未来的世界科技创新强国具有重要意义。我国在国家创新体系建设方面取得了突出的成就，但存在战略定位不高、顶层设计不具体等问题。本文基于建设世界科技强国的背景与基本要求，分析了我国由科技大国向科技强国迈进的显著成效及存在的问题和挑战，指出：努力掌握核心技术，积极探索前沿引领技术，构建新型国家创新体系，是推动

* 陈劲，清华大学经济管理学院教授、博士生导师，主要研究方向为技术创新管理、创新政策、中国特色创新管理理论等。

建设面向未来的世界科技创新强国的必由之路。

关键词： 核心技术 自主创新 新型国家创新体系 世界科技强国

一 建设世界科技强国的背景与基本要求

“创新驱动是国家命运所系。国家力量的核心支撑是科技创新能力。”党的十八大报告明确提出，“科技创新是提高社会生产力和综合国力的战略支撑，必须摆在国家发展全局的核心位置”。2017年10月18日，习近平总书记在党的十九大报告中指出，“中国特色社会主义进入新时代，我国社会主要矛盾已经转化为人民日益增长的美好生活需要和不平衡不充分的发展之间的矛盾”，针对中国特色社会主义新时代的主要矛盾，习近平总书记进一步强调，创新是引领发展的第一动力，是建设现代化经济体系的战略支撑，“要瞄准世界科技前沿，强化基础研究，实现前瞻性基础研究、引领性原创成果重大突破。加强应用基础研究，拓展实施国家重大科技项目，突出关键共性技术、前沿引领技术、现代工程技术、颠覆性技术创新，为建设科技强国、质量强国、航天强国、网络强国、交通强国、数字中国、智慧社会提供有力支撑”。

新一轮科技和产业革命给人类社会发展带来新的机遇，也提出前所未有的挑战。2018年4月10日，习近平总书记在博鳌亚洲论坛开幕式的主旨演讲中指出：“一个时代有一个时代的问题，一代人有一代人的使命。虽然我们已走过万水千山，但仍需要不断跋山涉水。在新时代，中国人民将继续自强不息、自我革新，坚定不移全面深化改革，逢山开路，遇水架桥，敢于向顽瘴痼疾开刀，勇于突破利益固化藩篱，将改革进行到底。中国人民将继续大胆创新、推动发展，坚定不移贯彻以人民为中心的发展思想，落实新发展理念，建设现代化经济体系，深化供给侧结构性改革，加快实施创新驱动发展战略、乡村振兴战略、区域协调发展战略，推进精准扶贫、精准脱贫，促进社会公平正义，不断增强人民获得感、幸福感、安全感。”立足全球，全面认识改革开放40年来我国建设创新型国家取得的伟大成就和面临的重大挑战，对进一步在中国特色社会主义新时代，推进扎根中国实践的理论创新，引领和助力完善国家创新体系、推动重大核心技术创新，提升企业和国家创新能力，建设面向未来的科技创新强国，具有重大理论意义和现实价值。

建设世界科技强国，是我国科技创新的重大战略决策，是提高我国科技国际竞争力的战略安排，其主要任务应包括以下几个方面。

一是迅速提高引领前沿的源头供给能力，在更多领域成为全球创新引领者。全面加强基础研究和应用基础研究，促进自由探索与目标导向结合，自然科学与人文社会科学交叉融合。全面启动实施“科技创新2030—重大项目”，使之与国家科技重大专项形成梯次接续格局，对重大战略必争领域进行前瞻部署，以形成更多创新引领的战略势差。

二是显著提高产业技术创新能力，推动产业迈向中高端。优化关键共性技术、前沿引领技术、现代工程技术、颠覆性技术创新的系统布局，推进信息、能源、生物、材料等新兴技术领域和产业发展的跨界融合，以数字化、网络化、智能化推动传统产业转型升级，支撑引领新兴产业的集群式发展。

三是加快提高创新创业的要素聚集能力。以科技型创新创业为主线，以融通发展、高端普惠、国际拓展、生态优化为方向，推动“双创”向更高层次、更优质量、更大效益、更广范围升级发展。完善“众创空间—孵化器—加速器—科技园区”创业孵化链条，推动众创空间向专业化、市场化方向发展。推动高校、科研院所和龙头骨干企业开放科技资源、转化科技成果，通过开放式创新降低新技术应用门槛，将我国打造成全球创新创业热土。

科技强国的核心指标，一是具有自然科学、社会科学和人文学科的理论原创能力，拥有一支能力足以从事高水平、具有转型意义的基础研究和应用基础研究的人才队伍；二是掌握了几乎所有产业（包括农业、制造业、服务业领域）的核心技术，并具备不断开发产业引领技术、新型技术的能力；三是在知识产权贸易中处于有利的地位，并拥有一大批世界级的创新型企业。

二　由科技大国向科技强国迈进成效显著

（一）国家综合创新指数全球排名稳步上升彰显科技创新成效

从全球典型创新指数的中国排名来看，随着创新驱动发展战略的深入实施，中国科技创新能力显著增强，创新型国家建设迈上新台阶，国家综合创新指数排名在全球稳步上升，对全球创新格局的影响不断增大。[①] 重点体现为在创新资源投入、科技活动产出、科技进步贡献、知识密集型产业发展等方面保持良好态势，科技创新对经济社会发展的支撑和引领作用不断增强。

根据中国科学技术发展战略研究院 2017 年 8 月 18 日在北京发布的《国家创新指数报告 2016—2017》可知，世界创新格局基本稳定，中国国家创新指数排名超越比利时，提升至第 17 位，处于第二集团领先位置，是唯一排名进入前 20 位的发展中国家（见图 1）。在国家创新指数的 5 项一级指标中，中国的“知识创造”“企业创新”排名分别较 2015 年上升 4 位和 1 位，“创新资源”“创新绩效”“创新环境”排名均较 2015 年下降 1 位。总体而言，中国创新资源投入持续增加，创新能力发展水平大幅超越了经济发展阶段，遥遥领先于世界其他发展中国家，最为突出的表现是知识产出效率和质量快速提升、企业创新能力稳步增强等。其中，中国 R&D 经费总额超过欧盟各成员国的总和，居世界第 2 位，R&D 人员总量长期居世界第 1 位；知识创造能力稳步提升，国际科技论文数量居世界第 2 位，国内发明专利申请量保持世界第 1 位，国内发明专利授权量已超越日本，居世界第 1 位；科技对经济发展贡献日益显著，科技进步贡献率稳步提升，已达到 55.3%，R&D 经费投入强度达到 2.06%，与创新型国家的差距进一步缩小；知识密集型产业保持良好发展态势，产业结构持续优化。从“金砖国家”的对比来看，“金砖五国”除中国外，目前国家创新指数排名均在第 30 名之后。

① 漆苏、刘立春：《基于全球典型创新指数的中国创新能力分析》，《世界科技研究与发展》2018 年第 1 期，第 71 ~84 页。

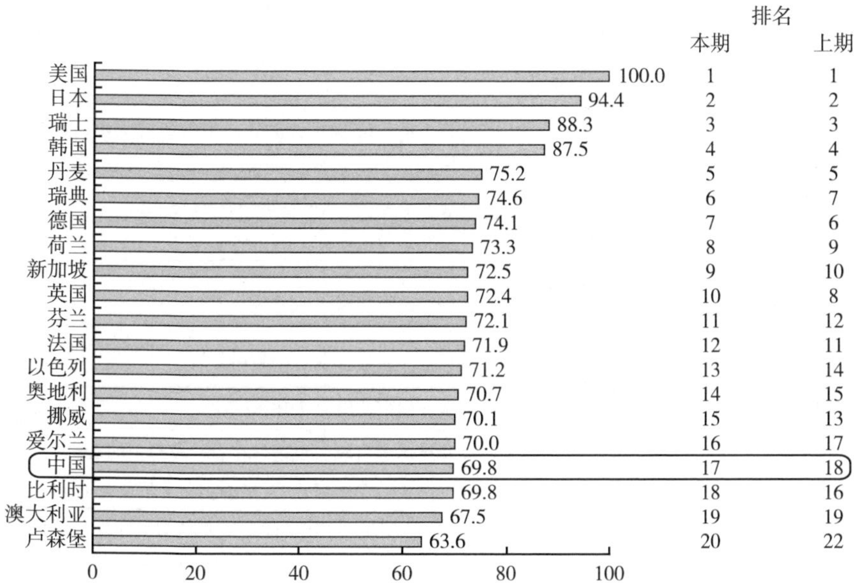

图 1　创新指数排名前 20 位的国家

资料来源：中国科学技术发展战略研究院《国家创新指数报告 2016—2017》，2017。

世界知识产权组织、英士国际商学院和康奈尔大学于 2017 年 6 月联合发布了《全球创新指数 2017》。该报告从制度环境、人力资本和研究、基础设施、市场成熟度、知识和技术产出、创意产出等 7 个方面出发，共设置 81 项具体指标，对全球 127 个经济体的创新能力进行了综合评估。在该评估报告中，中国的排名呈现上升趋势（2014 年以来一直处于排名前 30 位，2016 年成为第一个跻身前 25 强的中等收入经济体；2017 年，排名居第 22 位，比 2016 年上升 3 位），中国既是唯一与高收入经济体创新差距不断缩小的中等收入经济体，又是唯一一个跨越与高收入经济体创新鸿沟的中等收入经济体。根据《全球创新指数 2017》的划分，中国已经跻身全球创新领导者序列，且中国的创新优势主要集中在 4 个方面（具体见表 1）：知识和技术产出（第 4 位）、商业成熟度（第 9 位）、人力资本与研究（第 25 位）、创意产出（第 26 位）。

表 1 《全球创新指数 2017》中的中国相对领先领域

第二层大类指标（全球排名）	第三层次级指标（全球排名）	具体指标	全球排名
人力资本和研究(25)	研究和开发(17)	排名前三的全球研发公司平均研发支出，百万美元	6
		排名前三的 QS 高校平均分	4
基础设施(27)	普通基础设施(3)	资本形成总额在 GDP 中所占比重	3
市场成熟度(28)	贸易、竞争和市场规模(2)	国内市场规模	1
商业成熟度(9)	知识型工人(1)	提供正规培训的公司占比	1
		企业供资 GERD 占比	2
	知识的吸收(13)	高技术进口减去再进口在贸易总额中的占比	6
知识和技术产出(4)	知识的创造(5)	本国人专利申请量/十亿购买力平价美元 GDP	1
		本国人实用新型申请量/十亿购买力平价美元 GDP	1
	知识的影响(1)	购买力平价美元 GDP 增长率/工人，百分比	2
	知识的传播(24)	高技术出口减去再进口在贸易总额中的占比	1
创意产出(26)	无形资产(2)	本国人商标申请量/十亿购买力平价美元 GDP	4
		本国人工业品外观设计申请量/十亿购买力平价美元 GDP	1
	创意产品和服务(29)	创意产品和服务出口在贸易总额中的占比	1

资料来源：《全球创新指数 2017》，转引自漆苏、刘立春《基于全球典型创新指数的中国创新能力分析》，《世界科技研究与发展》2018 年第 1 期，第 71～84 页。

从全球竞争力来看，中国在全球竞争力格局中的排名和影响力也在稳步提升。2017 年 10 月世界经济论坛发布的《2017—2018 年全球竞争力报告》① 对全球 137 个经济体进行指标排名，瑞士连续 9 年成为全球最具竞争力的经济体，美国、新加坡紧随其后，中国位居全球第 27 位。该报告的研究表明，中国相对全球的竞争优势主要体现在市场规模（第 1 位）、宏观经济环境（第 17 位）；弱势则主要集中在基础设施（第 46 位）、商品市场效率（第 46 位）、高等教育与培训（第 47 位）、金融市场发展（第 48 位）和

① 参见《2017—2018 年全球竞争力报告》，http://www3.weforum.org/docs/GCR2017-2018/05FullReport/TheGlobalCompetitivenessReport2017-2018.pdf。

技术（第73位）方面（见表2）。中国全球竞争力提升的另一个重要体现是我国制造业全球竞争力的提升。第一财经研究院2018年4月8日发布的报告《中国与制造业全球竞争力》显示，中国在21世纪引领了全球制造业版图的巨变，并重塑了全球制造业，中国制造业总产出在2005年、2008年和2010年分别超越了德国、日本和美国，截至2016年，中国制造业实际产出大约是2000年的7倍，占全球制造业总产出的比重从2000年的8.5%提高到30.9%，制造业劳动生产率水平跻身全球前16名。[①]

表2　中国全球竞争力各指标排名

整体(排名)	层面(排名)	一级指标	排名
全球竞争力指数(27)	基础条件(31)	1. 法律和行政架构	41
		2. 基础设施	46
		3. 宏观经济环境	17
		4. 卫生和基础教育	40
	效能提升(28)	5. 高等教育与培训	47
		6. 商品市场效率	46
		7. 劳动力市场效率	38
		8. 金融市场发展	48
		9. 技术	73
		10. 市场规模	1
	创新成熟度(29)	11. 商业环境完备性	33
		12. 创新	28

资料来源：《2017—2018年全球竞争力报告》，转引自漆苏、刘立春《基于全球典型创新指数的中国创新能力分析》，《世界科技研究与发展》2018年第1期，第71～84页。

（二）以专利为代表的中国科技创新持续引领全球

知识产权战略作为国家创新驱动发展战略的重要组成部分，对提高知识产权产出、提升创新能力具有重大意义。2000年以来，全球发明专利申请量和授权量增速在波动中下降，部分国家发明专利申请量和授权量出现负增

① 参见第一财经研究院《中国与全球制造业竞争力》，2018年4月8日。

长。在此背景下，中国国内专利申请量、授权量均表现出强劲的增长势头（如图2所示），年均增速分别达到19.22%和20.70%。

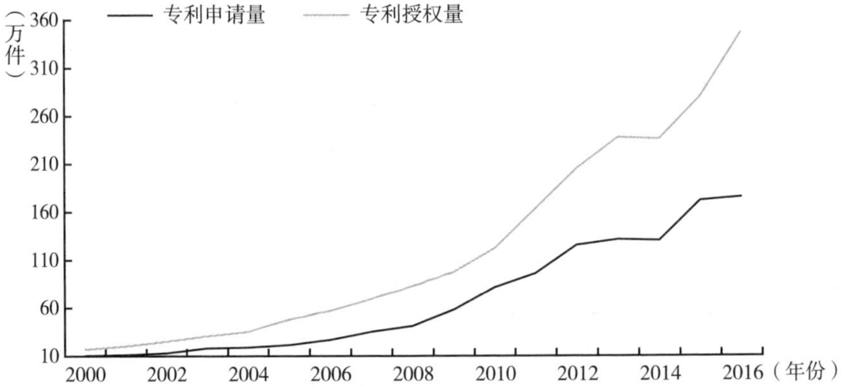

图2　2000～2016年中国专利申请量和授权量

资料来源：世界知识产权组织（WIPO）。

2017年，以专利为代表的中国科技创新继续引领全球，成为中国科技创新能力建设的一大代表性成就。2017年，我国（不含港澳台）发明专利拥有量共计135.6万件，每万人发明专利拥有量达到9.8件，较2016年提升1.8件；发明专利申请量为138.2万件，同比增长14.2%，共授权发明专利42.0万件，其中国内发明专利授权32.7万件，同比增长8.2%。[①]

从我国专利申请、授权和发展态势来看，我国以专利为代表的科技创新呈现如下特征。

一是我国专利创造水平稳中有进。2017年，我国国内发明专利申请量和授权量稳步提升；每万人口发明专利拥有量达到9.8件，较2016年提高1.8件。发明专利申请量和拥有量中，国内所占比重进一步提高，分别达到90.2%和67.8%。中西部省份发明专利申请增速达到27.4%，高于东部省份16.8个百分点，区域发展更趋均衡。

二是国内企业创新主体地位进一步巩固。2017年，我国国内发明专利申请

① 参见《2017中国专利统计数据》，http：//www.lindapatent.com/cn/info_news/707.html。

量和拥有量中，企业所占比重分别达到63.3%和66.4%，较2016年提高1.6个和0.9个百分点；企业对我国国内发明专利申请增长的贡献率达到73.5%。国内企业有效发明专利5年以上维持率达到70.9%，较2016年提升3.4个百分点。

三是我国企业海外专利布局能力不断增强。2017年，提交PCT国际专利申请100件以上的国内企业达到44家，较2016年增加18家；广东欧珀移动通信有限公司、深圳市大疆创新科技有限公司提交的PCT国际专利申请增长迅猛，同比增长分别达到142.3%和46.9%。我国在“一带一路”国家的专利申请继续维持较快增长，企业专利布局的力度不断加大，“一带一路”知识产权合作交流初具成效。

四是我国专利保护执法强度和力度不断增强。2017年，全国专利行政执法办案总量6.7万件，同比增长36.3%。其中，专利纠纷办案2.8万件（包括专利侵权纠纷办案2.7万件），同比增长35.0%；查处假冒专利案件3.9万件，同比增长37.2%。

（三）以科技论文发表引用为代表的知识产出影响力显著增强

除了专利之外，以高水平论文为代表的知识产出能力也是创新活动水平和创新能力的重要体现。《国家创新指数报告2016—2017》显示，我国的科技论文发表和引用量在2000～2015年保持持续增长态势，2015年达到195.2万篇，是2000年的2.5倍；2015年的SCI论文发表量为28.1万篇，排名世界第二，仅次于美国（42.3万篇），连续8年居世界第二。

回顾过去10年，2007～2017年（截至2017年10月）我国科技人员发表论文总量居世界第二位，仅次于美国，是第三位英国的近2倍（见表3）。另外，根据美国国家科学基金会（NSF）的最新统计数据，中国在2016年第一次超过美国成为科技论文发表数量最多的国家，中国2016年英文科技论文发表总量达到426000篇，超过美国的209000篇，成为世界第一①，这

① 参考*Nature* 2018年1月18日报道“China Declared World's Largest Producer of Scientific Articles”，https://www.nature.com/articles/d41586-018-00927-4?utm_source=twt_nnc&utm_medium=social&utm_campaign=naturenews&sf179577684=1。

标志着中国在基础研究领域的知识产出和国际影响力日益增强，正在重塑全球科技创新的格局。

表 3　2007～2017 年科技论文发表量前四国家

单位：篇

国家	发表总量(SCI)	排名	总引用量(SCI)	排名
美国	3804470	1	66447423	1
中国	2058212	2	19349987	2
英国	1061626	3	18375664	3
德国	1005277	4	16237514	4

资料来源：《2017 年中国科技论文统计结果》。

以人工智能的相关论文为例，根据美国白宫 2016 年底发布的《国家人工智能研究与发展策略规划》，2013～2015 年，提到“深度学习”的 SCI 论文数量增加了 6 倍，即使是在增加了“文章必须至少被引用一次”的附加条件后，“有效文章数”也显示中国在 2014 年和 2015 年超过了美国（以及其他所有第二梯队的国家），居于领跑者的位置（见图 3 和图 4）。

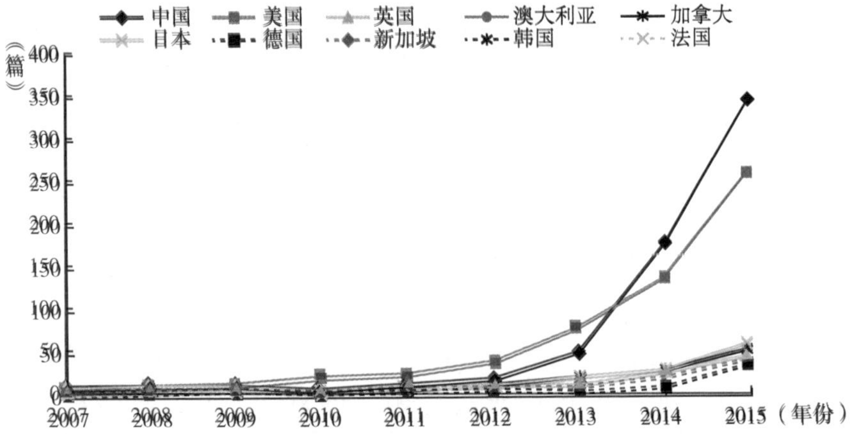

图 3　人工智能相关的深度学习领域论文发表数量全球趋势

注：图中数据涉及的论文包括所有提及“深度学习”和“深度神经网络”的论文。

资料来源：美国白宫《国家人工智能研究与发展策略规划》，2016。

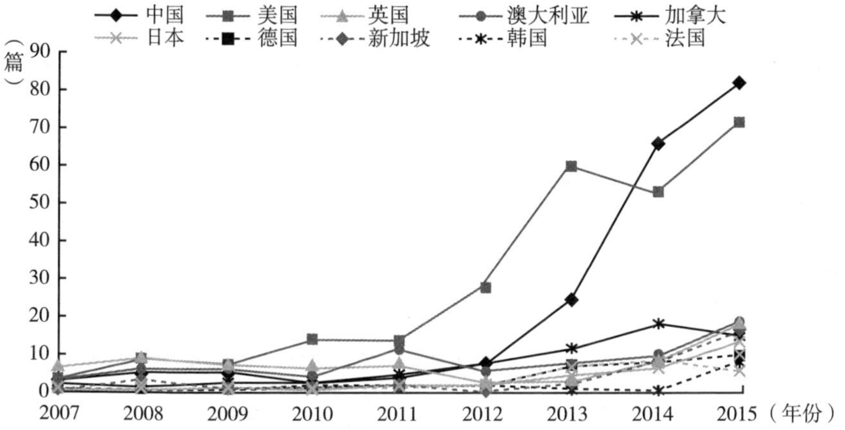

图 4　人工智能相关的深度学习领域论文被引用数量全球趋势

注：图中数据涉及的论文包括所有提及“深度学习”和“深度神经网络”的论文，且至少被引用一次。

资料来源：美国白宫《国家人工智能研究与发展策略规划》，2016。

（四）研发投入增速持续领跑全球，总量逼近世界第一

中国 10 年来近 20% 的年均研发投入增长速度引人注目。2016 年，中国的研发投入已超过欧盟各成员国的总和，仅次于美国，位居世界第二，占全球研发投入总额的 21%，研发投入增量占全球增量的 34%，是全球研发投入增长的主要贡献者。*R&D Magazine* 2017 年底的报告显示，中国的研发投入总量如果根据目前 7. 1%（2017 年）左右的速度增长，将在 2026 年前后超过美国，届时中国将成为世界创新投入最多的国家。

（五）科技成果转化和企业创新活力不断增强

建设科技创新强国，不但要提高国家自主创新能力，更要切实将科技创新成果转移转化为促进经济发展的实际力量，并且切实采取有效措施调动企业作为创新主体的活力和创新能力。党的十八大以来，我国科技成果转化应用改革成效显著，科技创新力量由以科研人员为主向全社会拓展，开创了大众创业、万众创新的历史性新局面。比较突出地体现在科技成果

转化上，通过修订《中华人民共和国促进科技成果转化法》，发布《实施〈中华人民共和国促进科技成果转化法〉若干规定》和《国家技术转移体系建设方案》，实施促进科技成果转移转化行动，形成系统推进科技成果转化的“三部曲”。2017 年，科技人员关心的问题得到了初步解决，科技成果转化量质齐升，各类技术交易市场超过 1000 家，全国技术交易合同数量达到 367586 件，同比增长 14.71%，技术交易合同金额在 2016 年 1.1 万亿元的基础上提升到 1.3 万亿元。4298 家众创空间、3255 家科技企业孵化器和 400 多家企业加速器，以及 19 家国家自创区和 156 家国家高新区形成一个日趋完善的创业孵化生态链条。科技与金融结合深入推进，国家科技成果转化引导基金，引导地方政府、金融机构、民间资本投资规模大幅度增长。①

高校科技创新能力和科技成果转化也取得了显著进展。根据教育部 2017 年底发布的首份《中国普通高校创新能力监测报告》，截至 2015 年，中国普通高校研发人员规模居世界第一，高校研发经费内部支出达到 998.6 亿元。同时，高校正在主动服务国民经济主战场，科技成果直接交易额超过 130.9 亿元，发明专利授权量占全国总量的 20% 以上。高校在技术市场签订的技术转让合同数量也在稳步增长，2015 年达到 5.7 万项。②

伴随着国家科技体制改革向系统纵深推进，科技管理格局实现了从研发管理向创新服务的历史性转变，企业创新主体地位进一步增强，在全社会研发投入、研究人员、发明专利方面的占比均超过 70%。企业创新活力不断增强，市场创新主体活跃度大幅度提升。例如，根据 NHY 2016 年的报告，中国新创企业数增速 2010 年以来持续领跑全球，高于英国、印度、澳大利亚和美国。根据原国家工商总局统计，2016 年我国全年新登记市场主体 1651.3 万户，同比增长 11.6%，平均每天新登记 4.51 万户；2017 年前三季

① 参见人民网 2018 年 2 月 26 日报道《科技部部长万钢：创新型国家建设成果丰硕》，http://scitech.people.com.cn/n1/2018/0226/c1007-29835458.html。

② 参见中国新闻网 2017 年 10 月 9 日报道《中国首次集中调查普通高校创新能力》，http://www.chinanews.com/m/gn/2017/10-09/8348530.shtml。

度日均新设企业量达到 1.65 万户（见图 5）。党的十八大以来实有企业总量增长迅速（见图 6），截至 2017 年 9 月底，我国实有企业总量共 2907.23 万户，较 2012 年 9 月底增长 116.5%，翻了一倍多。

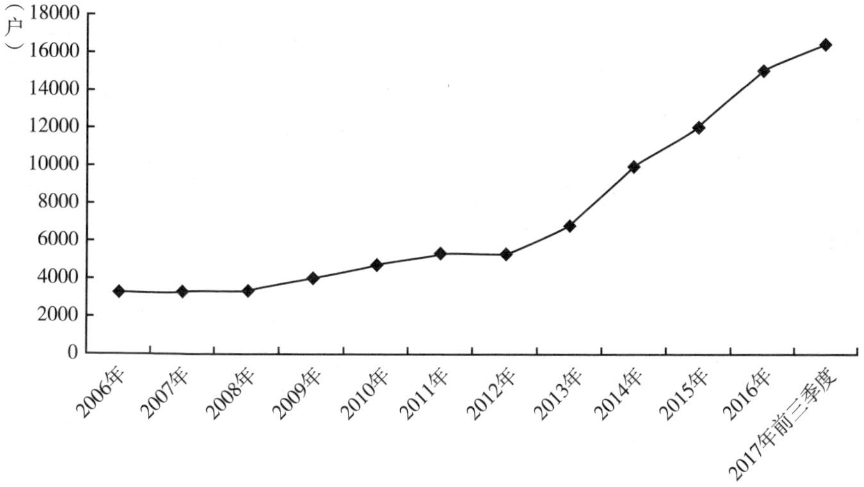

图 5　2006 年至 2017 年前三季度中国日均新登记企业数量变化趋势

资料来源：原国家工商总局。

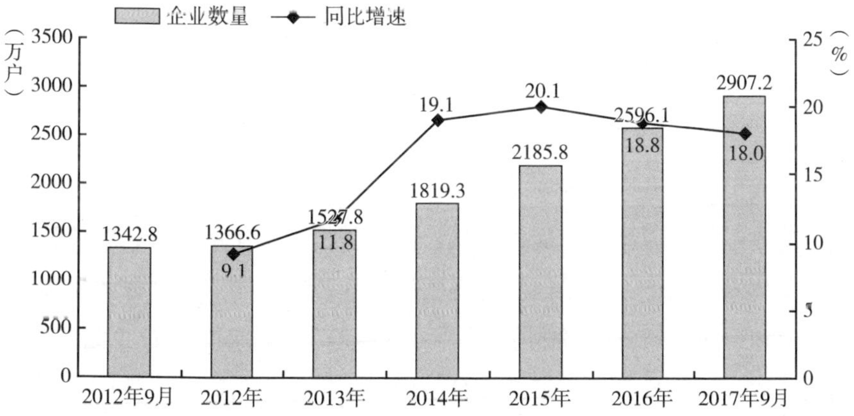

图 6　党的十八大以来中国实有企业数量变化趋势

资料来源：原国家工商总局。

随着我国企业创新实力和全球竞争力的不断提升，涌现出了诸如华为、阿里巴巴、腾讯、百度、小米以及科大讯飞、大疆科技、华大基因、上海莱士血液制品（RAAS）等一大批国际知名的创新领军型企业。《麻省理工科技评论》每年会评选出当年的50家“最智能”科技公司，根据《麻省理工科技评论》2014～2017年连续4年的排名，不难发现2014年没有任何一家中国企业跻身前十，但在2015年，小米、阿里巴巴和腾讯三家企业进入前十，2016年百度和华为成功跻身榜单前十，2017年科大讯飞新晋前十，腾讯再度上榜。而成立于1988年的上海莱士血液制品股份有限公司则依靠血液制品的全球产业布局和创新生态能力，位列《福布斯》杂志评选的“2017年全球最具创新能力公司”第四位；依托大数据和云计算技术的滴滴出行和蚂蚁金服则分别在2016年和2017年跻身《财富》杂志评选的“改变世界的公司”前十名。越来越多的中国“智能企业”和“最具创新力企业”走入全球视野，并被世界认可；越来越多的中国企业，借助国家创新体系和自身持续的创新能力、社会影响力，改变着产业、区域乃至国际经济的格局，为人民生活和世界进步带来更多的可能性。

三　世界科技强国建设过程中存在的问题与面对的挑战

与建成世界科技强国的要求相比，中国科技创新能力建设还存在科技创新能力总体不强、原始创新能力不足，高端科技产出比例偏低，产业核心技术、源头技术受制于人的局面没有得到根本性改变，国家创新体系不完善以及由历史和现实因素导致的制造业“大而不强”、全球价值链“低端锁定”等重大挑战。其中最为核心的挑战是基础研究投入产出尚与发达国家存在差距、重大核心技术突破性创新不足、科技人才队伍的水平和结构亟待优化，高水平科技创新人才，尤其是能改变领域国际格局的战略科学家和能实现颠覆性创新的人才非常缺乏等，具体表现如下。

（一）全球视野下中国创新仍有较多相对落后的领域

根据《全球创新指数2017》，中国相对落后的领域主要体现在制度环境、高等教育、市场成熟度和知识的传播方面。在“制度环境”方面排名较低，2016年位列第79位，2017年位列第78位；“管制环境”和“高等教育”两个次级指标仅列全球第107位和第104位。这反映出中国创新创业仍面临较大体制机制障碍，未来需要进一步加大制度改革力度，为创新营造良好生态环境。推进创新创业，亟须突破体制机制障碍，提高政府服务效率，优化税收制度，提升政策稳定性。与此同时，世界经济论坛发布的《2017—2018年全球竞争力报告》指出，中国在创新成熟度方面排名为第29位。从创新成熟度的分指标来看，中国在政府采购先进技术产品上位居世界第10位，在企业的研发投入、产学合作研发方面排名一般，但在PCT专利申请量、科研机构数量、创新能力等指标方面都位列前三十位之外。由此可知，中国政府重视在科技创新上的投入，中国企业也开始加大研发投入，从而提升自身技术和品牌附加值，但在创新产出方面表现一般，亟须高度重视。①

在企业营商环境与开办企业便利度方面，中国整体上进步迅速，但是全球排名依然十分靠后。根据世界银行公布的《营商环境报告》，中国营商便利度综合前沿距离分数由2012～2013年的61.13分上升到2015～2016年的64.28分，提高了3.15分，中国的全球营商便利度排名由2012～2013年的第96位上升到2015～2016年的第78位，提升了18位。其中，开办企业便利度前沿距离分数由2012～2013年的68.72分上升到2015～2016年的81.02分，提高了12.30分；全球开办企业便利度排名由2012～2013年的第158位上升到2015～2016年的第127位，提升了31位，但总体排名依然靠后，营商和创业环境亟须改善。

① 漆苏、刘立春：《基于全球典型创新指数的中国创新能力分析》，《世界科技研究与发展》2018年第1期，第71～84页。

（二）重大原始创新不足，科技进步贡献率与对外依存度不一致

通过对世界第一梯队创新型国家进行研究，可以发现它们有以下特征：第一，创新综合指数明显高于其他国家；第二，科技进步贡献率在70%以上；第三，研发投入在GDP中的占比一般为2%以上；第四，对外技术依存度指标一般在30%以下；第五，在世界专利强势国家和地区所获得的专利数位居全球前列。近10年，我国基础研究支出占研发支出的4%～5%，远低于日本的12.6%、英国的15.5%、美国的16.5%；源头创新能力不足，缺乏重大颠覆性创新。我国的研发投入强度只有2.15%（2017年），与很多创新型国家2.5%以上的水平差距较大；在相关指标方面存在明显差距：多项综合创新能力排名世界第20位左右，科技进步贡献率为55%左右，对外技术依存度高于40%，高技术产品出口方面自主品牌出口占比在10%左右。可以看出，中国研发投入仍存在两个比较突出的问题。一是基础研究投入比重较低，只占研发投入的5%左右，与其他国家大约15%的比例相去甚远。二是我国自主创新特别是原始创新能力不强，关键领域核心技术受制于人的局面没有得到根本改变，科技供给不能有效满足经济社会发展和国家安全需求，存在创新路径依赖问题。特别是技术供给与需求的结构性矛盾突出，技术有效供给不足，供给质量不高，具有自主知识产权的核心技术不足，已成为我国传统产业转型升级、新兴产业培育发展的短板和软肋。

（三）海外专利占比较低，部分领域布局与国外仍存较大差距，知识产权保护有待提升

作为世界第二大经济体，我国已经和全球各国联通，走上了国际舞台。知识产权是创新主体参与国际竞争的基本规则和重要武器，良好的海外知识产权保护将成为我国在开放战略下实现经济发展的一大助力。虽然我国专利在“走出去”方面取得了显著进步，但是根据世界知识产权组织2017年底发布的报告《2017世界知识产权指标》可知，我国海

外专利申请所反映出的质量仍有待提升。例如，2016 年中国专利申请量虽然全球第一，但是中国居民在海外申请专利的比例只占到 4%，而美国、日本居民在海外申请专利的比例均为 42% 左右。在中等收入经济体中，印度（47.5%）、墨西哥（45.2%）、马来西亚（42.5%）、南非（28.9%）、巴西（27.3%）等国居民在国外申请专利的比例都较高。

在世界知识产权组织划分的 35 个技术领域之中，2017 年国内发明专利拥有量高于国外来华发明专利拥有量的达 30 个，比 2016 年增加 1 个，仅在光学、医学技术、发动机、音像技术、运输等 5 个领域与国外存在微弱差距；但从维持 10 年以上的发明专利拥有量来看，国内仍在 29 个技术领域中数量少于国外。因此，我国仍需大力培育高价值核心专利。[①]

（四）企业研发投入强度低，领先创新企业数量较少

企业是创新主体，建设创新型国家要提升企业创新能力，培育世界一流企业。企业是我国专利产出主体，国内发明专利申请量和授权量有 60% 以上是来自企业。远望智库 2018 年初发布的一份报告显示，中国企业研发投入增幅全球第一（24.7%），华为、中兴、百度这三个 ICT 行业的公司研发投资增长均超过 30%。但是，企业创新投资总体水平偏低。中国企业研发投资占全球的 7.2%，远低于美（38.6%）、欧（27%）、日（14.4%）。[②] 领先创新企业比较少，企业研发投入强度普遍比较低。在全球研发投入排名前 2500 家企业的研发投入中，中国仅占 5.9%，而美国占 36.3%（2009～2014 年）。这些不足将严重影响中国科技发展的持续创新能力和中国企业在全球市场的竞争力。因此，需要继续激励企业参与基础性研究，注重技术研发，形成以企业为主体、以市场为导向的创新激励机制，进一步提高专利产出质量、企业研发投入和国际影响力。一方面积极引导企业增加研发经费投入，提高研发投入强度，使企业掌握更多的核心关键技术。另一方面要加大

① 参见《2017 中国专利统计数据》，http：//www.lindapatent.com/cn/info_news/707.html。

② 参见远望智库报告《世界主要国家近 10 年科学与创新投入态势分析》，http：//zgsc.china.com.cn/2018－03/30/content_40275101.html。

对企业科技人才的培养，积极创造条件，引导高素质、高水平人才去企业就业。同时，还应通过税收、专项资金资助等优惠措施鼓励有条件的企业创办科技机构，为企业提升研究实力、加快人才培养提供组织保障。

（五）高校和科研机构的重要作用仍有待进一步挖掘

创新的核心在于人才，人才核心来源于高等教育。成为世界科技中心的前提是成为教育中心和人才中心。目前我国具有无可比拟的人力资源优势，科技人力资源超过 8000 万人，工程师数量占全世界的 1/4，每年培养的工程师相当于美国、欧洲、日本和印度的总和。但是与此同时，高校和科研机构的作用未得到充分发挥，创新型科研人员不足。尽管中国在博士学位授予方面领先于世界，每年毕业于理工科专业的大学生数量远超发达国家，但中国科研人员的充足程度仅位列全球第 45 位。全球 12 个重点技术领域创新前十榜单，中国企业共计上榜 31 次，而中国科研机构仅上榜 16 次，中国仅在 6 个领域有科研机构进入前十。此外，效率低下的公共科研经费分配机制导致的科研经费使用不合理、科研立项与企业生产实际需求不匹配等也阻碍了高校和科研机构创新。根据国家知识产权局 2018 年初发布的《2017 年中国专利调查报告》，虽然我国高校和科研院所专利创新能力较强，但是科技成果实际转化率仍然低于 5%，仅为 2.9% 左右，专利许可率仅为 2.5%，专利转让率仅为 2.0%，其专利运用水平亟待通过改革提升。①

（六）老龄化等社会问题为建设创新型国家带来新的挑战

2018 年，中国老龄人口将达到 2.5 亿人；预计到 2050 年，老龄人口将达到 4.8 亿人，老龄化水平为 15.5%。未富先老，既是挑战又是机遇。老龄化的加速使得中国原本不再的“人口红利”变得更具有挑战性，创新型人才的需求不断增大，但是老龄化使得人才培养的基数逐渐减少，且年轻创新人才所面临的养老压力与不断上升的生活成本，会构成对创新动力和活力

① 参见《2017 年中国专利调查报告》，http：//www.sipo.gov.cn/docs/20180403103317809915.pdf。

的约束。慢性疾病患者数目庞大，是对人才可持续创新产出的重要潜在威胁，心血管病、各种肿瘤、高血压、高血糖等慢性病患人数2012年就达到了2.6亿人。目前，中国人因慢性病而死亡的人数占到了疾病死亡总人数的85%，因慢性病而产生的疾病负担占到整个疾病负担的70%。

四　努力掌握核心技术，积极探索前沿引领技术

中国的发展进入新时代，从大到强、从高速发展到高质量发展，是新时代发展的方向和特征。建设面向未来的科技创新强国，有两个重要命题是我们必须认真对待的：一是提高自主创新核心能力，二是培育世界一流创新领军企业。2018年两会期间，中共中央总书记、国家主席、中央军委主席习近平在广东团参加审议时明确指出发展是第一要务，人才是第一资源，创新是第一动力。党的十八大以来，习近平在多个场合都曾强调过科技创新的重要性，他还多次提到要掌握核心技术，并指出核心技术受制于人是最大的隐患，而核心技术靠化缘是要不来的，只有自力更生。2018年4月26日上午，习近平总书记在武汉烽火科技集团考察时进一步强调，核心技术、关键技术、国之重器必须立足于自己；科技攻关要摒弃幻想靠自己。美国制裁“中兴”，让“中兴”陷入困境的事件说明，核心技术不掌握在自己的手上，我们的发展，就是无源之水、无木之本；核心技术是一个战略问题，是事关国家前途与命运的大问题。另外，通过中兴事件我们能看到，在集成电路领域，既要重视传统核心技术的迭代式发展路径，也要充分重视颠覆性技术带来的发展机遇，因为后者恰恰会给我们实现换道超车的可能。以前比较多的还是在迭代式地发展，后面的发展态势更多的是颠覆性技术来得更加迅猛。

目前，国际上颠覆性创新领域实力较强的有美国、英国、中国、德国、澳大利亚、加拿大、法国、日本、荷兰和意大利，其中美国的实力远远超过其他国家。

从图7中可以看出，美国、英国作为颠覆性创新领先国家，和其他多国均有错综复杂的合作关系，美英两国之间在早期就有合作。美国发文量多于

英国，但是英国的中心度较高（英国中心度0.71、美国中心度0.53），说明英国和各国之间的合作更为广泛。先进科技的快速发展离不开国际合作。而中国的主要合作国是英国、新加坡、朝鲜、法国和美国，中心度高达0.16，可见中国在创新国际合作方面相当不错。

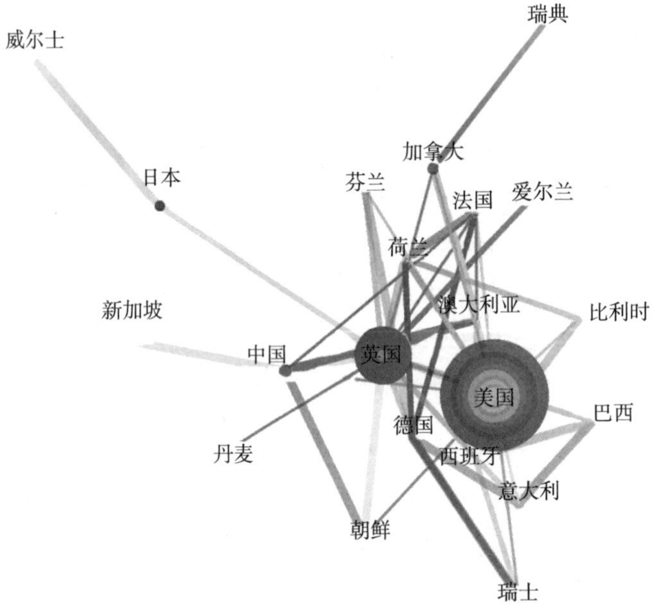

图7　颠覆性创新国际合作关系

全球知名咨询机构毕马威2017年发布的《2017年颠覆性技术变革趋势报告》指出：(1）影响未来全球经济的三大重要领域依次为物联网、机器人和AI；（2）平台整合、投资回报率和资本获取是阻碍技术创新的三大要素，而技术复杂性、获得投资、风险管理、网络安全、监管合规性、隐私管理和政府政策等是技术创新商业化的几大阻碍因素；（3）在物联网、机器人和AI技术的推动下，诸如金融、技术、医疗等行业将在未来3年内拥有最大的商业化潜力。2017年6月，《麻省理工科技评论》2017年度全球50大最聪明公司（MIT TR50）榜单发布。上榜公司都是“高精尖科技创新”与“保证利益最大化的商业模式”的完美融合，共有9家中国公司上榜。

榜单前十依次为：Nvidia（英伟达）、SpaceX、亚马逊、23andMe、Alphabet（谷歌母公司）、科大讯飞、Kite Pharma（凯特药业）、腾讯、Regeneron（美国再生元制药公司）、Spark Therapeutics（火花基因疗法公司）。2018 年，《麻省理工科技评论》评选出新的十大突破性技术，入选的技术包括 3D 金属打印、人造胚胎、传感城市、云端人工智能、对抗性神经网络、即时翻译耳机、零碳排放天然气发电等。

可以看出，颠覆性技术创新是最高阶的创新，它是在基础研究新成果与新技术结合的基础上推动产业新变革。要实现颠覆性技术上的弯道超车和推动重大核心技术突破，必须坚定不移实施创新驱动发展战略，抓住基础技术、通用技术、非对称技术、前沿技术、颠覆性技术，实现从跟跑并跑到并跑领跑的转变。

五　构建新型国家创新体系，努力打造世界科技强国

建设世界科技强国，是我国科技创新的重大战略决策，是进入新的发展阶段确立的立足全局、面向全球、聚焦关键、带动整体的国家重大发展战略。这一国家重大发展战略的实施需要新的国家创新体系（见图 8）建设作为支撑。完成建设世界科技强国的历史使命需要充分发挥国家在重大科技战略中的骨干作用，将国家实验室建设作为重要抓手，集聚世界一流科学家和顶尖创新创业人才，科学合理配置创新资源，在更多领域成为全球创新引领者。

建设世界科技强国，主要任务应包括以下几个方面。

一是构建强大的产业创新体系。传统的国家创新体系设计和建设中明显忽视了产业创新体系，导致我国在诸多产业技术领域缺乏核心技术。因此，应在积极发挥部委和行业龙头企业作用的同时，积极构建包括农业、制造业、服务业等方面的产业创新体系。要积极探索新型研发机构的建设，努力在产业共性技术的研发和试制方面取得显著的突破。

二是构建更为科学的企业创新体系。积极发挥大型企业在科技创新方面

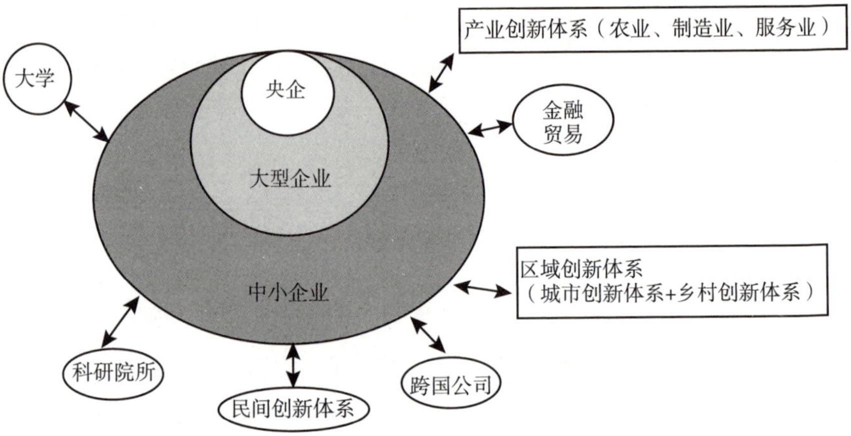

图8　科技强国战略下以企业为主体的国家创新体系

资料来源：笔者整理绘制。

的作用。要积极发挥国有企业，尤其要有效地发挥央企在国家战略性、基础性、公益性科技创新方面的作用，通过制度创新，进一步调动国有企业科技人员的积极性和创造性。要充分发挥大型民营企业在竞争性领域的创新示范作用。中小企业是颠覆性创新的积极开拓者，需要进一步关注。因此，在企业创新体系中，要充分发挥国有企业和民营企业的战略互补性、大型企业和中小企业的能力互补性作用，建设好国有民营联动、大中小企业协同的整合式的企业创新体系。

三是积极建设高端协同的区域创新体系。积极打造北京、上海、深圳、雄安新区区域创新体系，使之成为国内外重要的科技创新中心。要积极发挥各区域科技创新平台的作用，形成支撑科技强国的多个区域创新体系。要进一步开发具有整合效应的区域创新体系，突出区域创新体系的战略协同功能。以长三角为例，要积极建设以上海为中心的苏、浙、皖协同的超大城市群区域创新体系。要重视乡村创新系统研究和建设，通过建设乡村创新系统，实现城市和乡村创新系统的联动发展，推动城乡融合发展、区域协调发展，形成区域内和跨区域的整合式创新发展，落实美丽中国、精准扶贫方略和可持续创新战略。

四是构建强大的基础研究体系，为理论原创做更多的努力。激发大学、科研机构和企业从事基础研究和应用基础研究的积极性。积极鼓励有条件的大学从事高水平的基础研究，通过从事基础研究，培养一大批高端基础研究人才。只有在基础研究上不断投入，积极探索从微观到宏观各个尺度上的理论发现，才能为产业技术的创新提供充足的知识保障。

五是高度重视教育创新对科技强国建设的战略意义。积极培养具有家国情怀、科技能力、创新品质、人文素养的战略性人才。为此要大力加强社会主义、爱国主义教育，大力强化创造力、工程实践能力的开发和创业精神的培育。

六是要加强科技创新的整合式思考，努力实现科技发展与生态文明、贸易强国、军民融合的紧密结合，构建集科技、金融、贸易、军事和外交于一体的国家创新体系。

B.2
中国创新能力的动态演化和国际比较

陈钰芬　侯睿婕*

摘　要： 科技创新是提高全要素生产率、引领发展的第一动力，是建设现代化经济体系的战略支撑，本文以国家创新能力综合测度指标体系为基础，从创新环境、创新资源、创新成果以及创新效益4个领域考察我国创新能力的发展情况。首先，运用主成分分析法得到1991～2015年国家创新能力各领域得分和综合得分，并利用曲线回归方法求得2020年、2035年和2050年国家创新能力的预测值。其次，以国家创新能力综合测度指标体系中各指标1991年的数值作为基准值，编制1991～2015年中国国家创新能力发展指数。最后，将中国与其他7个创新领先国家的创新能力核心指标进行比较，并以2020年美国各核心指标的预测值作为标杆值，计算得到中国科技创新能力追赶指数。结果表明，我国对科技创新的重视程度与日俱增，各创新领域均得到显著改善，国家创新能力迅速提升；但创新资源的使用效率仍相对较低，科技创新的国际化水平还不高，创新成果的国际认可度还不够；当前制约我国创新能力提升的最主要因素是创新成果的经济转化率较低。今后应加大对基础研究和应用研究的投入，构建以企业为核心、高等学校和研发机构协同发展的创新生态圈，让科技创新成为引领发展的第一动力。

* 陈钰芬，浙江工商大学统计与数学学院副院长、教授，主要研究方向为科技创新评价和测度、企业创新管理与战略决策等；侯睿婕，浙江工商大学统计与数学学院博士研究生，主要研究方向为科技创新统计评价。

关键词： 国家创新能力 发展指数 追赶指数

一 引言

2016 年，《国家创新驱动发展战略纲要》提出要将科技创新摆在国家发展全局的核心位置，推动经济进入由量的增长向质的提升的跃升期，实现经济中高速增长和中高端水平的双目标，同时设定“三步走”战略目标，即 2020 年进入创新型国家行列、2030 年跻身创新型国家前列和 2050 年建成世界科技创新强国。2017 年，党的十九大报告也指出我国经济已由高速增长阶段转向高质量发展阶段，我国正处在转变发展方式、优化经济结构、转换增长动力的攻关期，科技创新是提高全要素生产率、引领发展的第一动力，是建设现代化经济体系的战略支撑，同时明确了 2035 年跻身创新型国家前列的阶段目标。建立一套符合中国基本国情和新时代特征的国家创新能力评价体系，编制创新能力综合指数，将有助于全面掌握我国科技创新的发展情况，有助于制定和调整相应政策。

美国战略与国际研究中心（CSIS）的报告指出，国家创新能力的含义远远超过对科学和技术的投资强度，它是许多成功要素的总和，包括：（1）对科学和技术的大量投资；（2）知识与技能以及掌握和使用知识与技能的人；（3）支持和鼓励投资于创新的政策环境；（4）对新技术和新产品的强有力的工业投资；（5）受过良好教育的劳动力和专业化的科学家与工程师队伍；（6）连接研究与开发机构和用户的合作网络；（7）开放的贸易体制。因此，国家创新能力是指一个国家通过制度安排与政策设计，充分发挥各创新参与者（企业、大学和科研机构、政府）在知识创造、扩散和使用过程中的协调与协同作用，寻求资源的最优配置以产生创新技术，并使之成功商业化以获取商业利益的能力。

本文在正确认识国家创新能力内涵和外延的基础上，以国家创新能力综合测度指标体系为基本框架，运用主成分分析法和曲线回归方法考察我国创新能力的发展情况，并编制 1991 ~ 2015 年中国国家创新能力发展指数和中国科技创新能力追赶指数。

二　国家创新能力指标体系

（一）国家创新能力指标体系的内容

以《中国创新发展报告（2016）》中的国家创新能力综合测度指标体系为基本框架，综合考虑统计口径的变化情况和基础数据的可获得性，本节对其中的部分指标进行适当调整和修正，更新得到包含创新环境、创新资源、创新成果和创新效益 4 个领域共计 16 项指标的测度指标体系（详见表 1）。

表 1　国家创新能力综合测度指标体系

目标层	领域层	指标层	变量标识	单位
国家创新能力综合测度指标体系	创新环境	人均 ICT 投入	X_1	元
		本科以上学历人数占就业人数的比重	X_2	%
		有 R&D 活动的规模以上工业企业的比重	X_3	%
		每名 R&D 人员获得的国家财政科技拨款	X_4	万元/人年
	创新资源	R&D 经费支出	X_5	亿元
		R&D 经费支出占 GDP 的比重	X_6	%
		R&D 人员全时当量	X_7	万人年
		每万人中 R&D 人员	X_8	人年/万人
	创新成果	发明专利申请授权数	X_9	件
		每万人发明专利申请授权数	X_{10}	件/万人
		国外主要检索工具收录我国科技论文数	X_{11}	篇
		每万名 R&D 人员科技论文数	X_{12}	篇/万人年
	创新效益	高技术产业主营业务收入	X_{13}	亿元
		高技术产品出口占货物出口额的比重	X_{14}	%
		新产品销售收入占产品销售收入的比重	X_{15}	%
		万元 GDP 能源消费量	X_{16}	吨标准煤/万元

（二）基础指标变更说明

在创新环境领域，随着高等教育普及程度的提高，受过良好教育的劳动力数量不断增加，为更好地反映劳动者素质提升，将“大专以上学历人数占就业人数的比重”更改为“本科以上学历人数占就业人数的比重”；由于“科技拨款占公共财政支出的比重”受公共财政支出内部结构的影响，无法充分体现政府对 R&D 活动的重视程度，因此将其更改为“每名 R&D 人员获得的国家财政科技拨款”。

在创新资源领域，“R&D 经费支出占 GDP 的比重”与“人均 R&D 经费支出”均反映 R&D 强度，作用重复，因此剔除“人均 R&D 经费支出”。

在创新成果领域，原指标体系包含 4 项专利指标和 2 项论文指标，指标冗余重复，因此精简为“发明专利申请授权数”“每万人发明专利申请授权数”“国外主要检索工具收录我国科技论文数”和“每万名 R&D 人员科技论文数”4 项指标。

在创新效益领域，由于《中国科技统计年鉴》和《中国高技术产业统计年鉴》不再收录高技术产业的当年价总产值，因此将“高技术产业产值占 GDP 的比重”更改为“高技术产业主营业务收入”。此外，原指标体系只包含 R&D 活动带来的经济效益，并未考虑生态效益，随着 R&D 活动数量和质量的提升，我国经济发展势必将由粗放型转变成为集约型，具备资源节约、环境友好、生态文明的绿色特征，因此增加“万元 GDP 能源消费量”，其中 GDP 是以 1991 年为基期的不变价 GDP，此指标为逆指标，在后续分析中将对其进行倒数转换。

（三）数据说明

表 1 中指标层内所有指标的原始数据均来源于 1992 ~ 2016 年《中国统计年鉴》《中国科技统计年鉴》《中国高技术产业统计年鉴》《中国人口和就业统计年鉴》和《中国劳动统计年鉴》，部分指标经计算而得，同时对缺失数据进行了合理估算。

三　国家创新能力的综合测度和趋势预测

为考察我国国家创新能力的发展情况，本节依据国家创新能力综合测度指标体系，运用主成分分析法对1991～2015年国家创新各领域及综合能力进行评分，并对2020年、2035年和2050年的国家创新能力进行预测。

（一）创新环境的评价

由表1中的国家创新能力综合测度指标体系可知，创新环境领域包含4项指标，分别是人均ICT投入（X_1）、本科以上学历人数占就业人数的比重（X_2）、有R&D活动的规模以上工业企业的比重（X_3）和每名R&D人员获得的国家财政科技拨款（X_4）。

运用主成分分析法对创新环境领域的4项指标进行综合评价，结果显示第一主成分能够解释原始变量94.05%的信息，其标准化表达式为：

$$Y_1 = 0.501X_1^* + 0.509X_2^* + 0.500X_3^* + 0.492X_4^* \quad (1)$$

其中，$X_i^*(i = 1,2,3,4)$ 表示对原始变量 $X_i(i = 1,2,3,4)$ 进行标准化处理。

根据式（1）所示结果，计算出第一主成分标准化得分 Y_1^*，即为1991～2015年中国创新环境得分（详见表2）。同时，选用拟合优度最高的Logistic曲线对 Y_1^* 进行拟合，将模型上限设定为20，拟合结果为：

$$\hat{Y}_1^* = \frac{1}{1/20 + 2.884 \times 0.904^t} - 1.5 \quad (2)$$

拟合优度为98.66%，2020年、2035年和2050年创新环境得分的预测值分别为：3.82、10.93和16.13。

表2　1991～2015年国家创新能力各领域得分及综合得分

年份	创新环境得分 Y_1^*	创新资源得分 Y_2^*	创新成果得分 Y_3^*	创新效益得分 Y_4^*	创新能力综合得分 Z^*
1991	-1.15	-0.88	-0.98	-1.51	-1.14
1992	-1.10	-0.89	-0.95	-1.38	-1.10
1993	-1.05	-0.88	-0.92	-1.43	-1.08
1994	-1.00	-0.86	-0.92	-1.28	-1.03

续表

年份	创新环境得分 Y_1^*	创新资源得分 Y_2^*	创新成果得分 Y_3^*	创新效益得分 Y_4^*	创新能力综合得分 Z^*
1995	-0.93	-0.91	-0.91	-1.33	-1.04
1996	-0.88	-0.89	-0.91	-1.16	-0.97
1997	-0.80	-0.83	-0.87	-0.93	-0.87
1998	-0.71	-0.87	-0.85	-0.66	-0.79
1999	-0.62	-0.78	-0.71	-0.41	-0.64
2000	-0.32	-0.65	-0.68	-0.13	-0.45
2001	-0.45	-0.60	-0.62	-0.04	-0.44
2002	-0.35	-0.49	-0.53	0.16	-0.31
2003	-0.17	-0.42	-0.34	0.05	-0.23
2004	-0.20	-0.32	-0.18	0.18	-0.13
2005	-0.05	-0.14	0.09	0.13	0.00
2006	0.12	-0.02	0.14	0.27	0.13
2007	0.19	0.14	0.23	0.43	0.25
2008	0.13	0.34	0.44	0.61	0.39
2009	0.42	0.67	0.68	0.86	0.67
2010	0.84	0.89	0.81	0.93	0.88
2011	0.94	1.17	0.99	0.93	1.02
2012	1.25	1.50	1.27	1.11	1.30
2013	1.46	1.76	1.45	1.33	1.53
2014	1.89	1.93	1.77	1.49	1.80
2015	2.57	2.03	2.51	1.78	2.26

图 1 反映的是 1991 ~2015 年中国创新环境得分及其 2020 年、2035 年和 2050 年的预测值。由表 2 和图 1 可知，我国创新环境得分总体上呈现稳步增长的趋势，只在 2001 年、2004 年和 2008 年出现小幅下降，2008 年之后创新环境得分显著提高，且增长速度较快，尤其是在 2014 年和 2015 年，说明我国创新环境在经过多年建设和积累后，逐渐得到改善，发展态势良好。

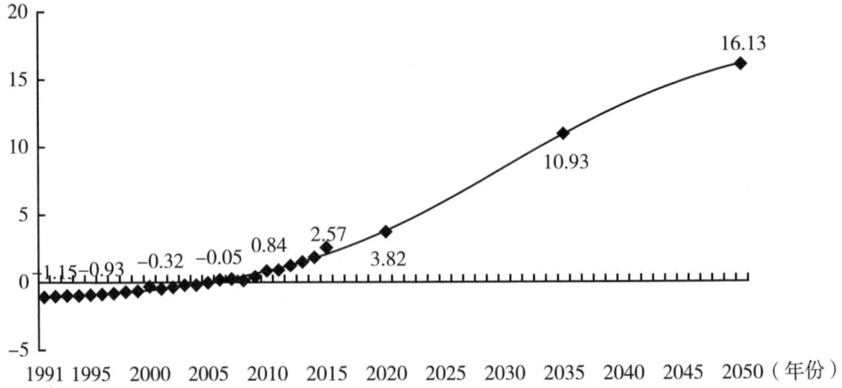

图1　中国创新环境得分及其趋势预测

（二）创新资源的评价

在国家创新能力综合测度指标体系中，创新资源领域包含4项指标，分别是R&D经费支出（X_5）、R&D经费支出占GDP的比重（X_6）、R&D人员全时当量（X_7）和每万人中R&D人员（X_8）。

运用主成分分析法对创新资源领域的4项指标进行综合评价，结果显示第一主成分能够解释原始变量98.01%的信息，其标准化表达式为：

$$Y_2 = 0.500X_5^* + 0.491X_6^* + 0.504X_7^* + 0.504X_8^* \tag{3}$$

其中，$X_i^*(i = 5,6,7,8)$ 表示对原始变量 $X_i(i = 5,6,7,8)$ 进行标准化处理。

根据式（3）所示结果，计算出第一主成分标准化得分 Y_2^*，即为1991～2015年中国创新资源得分（详见表2）。同时，选用拟合优度最高的二次曲线对 Y_2^* 进行拟合，拟合结果为：

$$\hat{Y}_2^* = -0.754 - 0.071t + 0.008t^2 \tag{4}$$

拟合优度为99.50%，2020年、2035年和2050年创新资源得分的预测值分别为：3.95、11.43和22.34。

图2反映的是1991～2015年中国创新资源得分及其2020年、2035年和

2050 年的预测值。由表 2 和图 2 可知，我国创新资源得分呈现快速且相对平滑的增长趋势，1999 之前基本在 -0. 9 和 -0. 8 之间波动，说明创新资源不足且这一状况没有得到明显改善，1999 年之后快速增长并逐渐达到较高水平，2014 ~2015 年增速有所放缓，但从预测结果来看，未来还会有更多的资源聚集于创新领域。

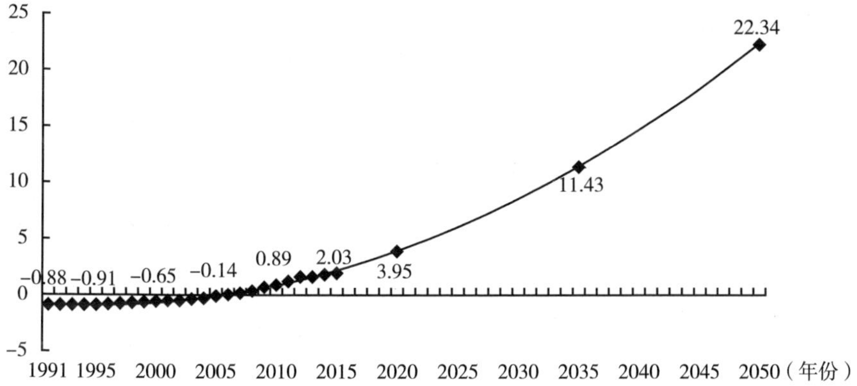

图 2　中国创新资源得分及其趋势预测

（三）创新成果的评价

在国家创新能力综合测度指标体系中，创新成果领域包含 4 项指标，分别是发明专利申请授权数（X_9）、每万人发明专利申请授权数（X_{10}）、国外主要检索工具收录我国科技论文数（X_{11}）和每万名 R&D 人员科技论文数（X_{12}）。

运用主成分分析法对创新成果领域的 4 项指标进行综合评价，结果显示第一主成分能够解释原始变量 93. 12% 的信息，其标准化表达式为：

$$Y_3 = 0.508X_9^* + 0.509X_{10}^* + 0.514X_{11}^* + 0.468X_{12}^* \quad (5)$$

其中，X_i^*（$i = 9,10,11,12$）表示对原始变量 X_i（$i = 9,10,11,12$）进行标准化处理。

根据式（5）所示结果，计算出第一主成分标准化得分 Y_3^*，即为 1991 ~

2015 年中国创新成果得分（详见表 2）。同时，选用拟合优度最高的三次曲线对 Y_3^* 进行拟合，由于模型中一次项未通过 T 检验，因此剔除一次项，最终拟合结果为：

$$\hat{Y}_3^* = -0.984 + 0.002t^2 + 1.180 \times 10^{-4}t^3 \quad (6)$$

拟合优度为 99.16%，2020 年、2035 年和 2050 年创新成果得分的预测值分别为：4.18、14.23 和 32.46。

图 3 反映的是 1991～2015 年中国创新成果得分及其 2020 年、2035 年和 2050 年的预测值。由表 2 和图 3 可知，我国创新成果得分总体上呈现不断提速增长的特征，1998 年之前增速较慢，1999 年之后增速变快，自 2008 年起进入高速增长阶段，尤其是在 2015 年，说明我国科技创新在经历多年深耕细作后，创新资源的使用效率显著提升，创新活动的产出水平相应提高，因此创新成果得分开始快速增长，预计未来还将持续这种良好态势。

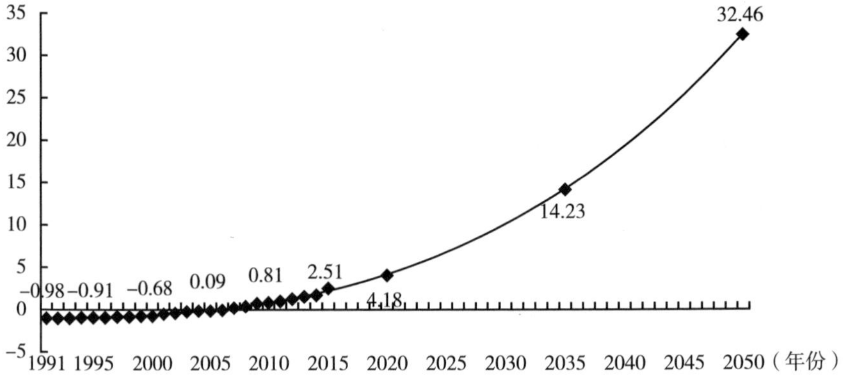

图 3　中国创新成果得分及其趋势预测

（四）创新效益的评价

在国家创新能力综合测度指标体系中，创新效益领域包含 4 项指标，分别是高技术产业主营业务收入（X_{13}）、高技术产品出口占货物出口额的比重（X_{14}）、新产品销售收入占产品销售收入的比重（X_{15}）和万元 GDP 能源消费量（X_{16}）。

运用主成分分析法对创新效益领域的4项指标进行综合评价，结果显示第一主成分能够解释原始变量87.55%的信息，其标准化表达式为：

$$Y_4 = 0.482X_{13}^* + 0.494X_{14}^* + 0.513X_{15}^* + 0.509X_{16}^* \quad (7)$$

其中，$X_i^*(i = 13,14,15,16)$ 表示对原始变量 $X_i(i = 13,14,15,16)$ 进行标准化处理。

根据式（7）所示结果，计算出第一主成分标准化得分 Y_4^*，即为1991～2015年中国创新效益得分（详见表2）。同时，选用拟合优度最高的一次曲线对 Y_4^* 进行拟合，拟合结果为：

$$\hat{Y}_4^* = -1.747 + 0.134t \quad (8)$$

拟合优度为97.88%，2020年、2035年和2050年创新效益得分的预测值分别为：2.29、4.30和6.32。

图4反映的是1991～2015年中国创新效益得分及其2020年、2035年和2050年的预测值。由表2和图4可知，我国创新效益综合得分呈现波动增长的趋势，1997年之前一直低于－1.0，1998～2000年快速增长但仍处于较低水平，2001年之后增速放缓。因此，相较于其他领域，创新效益得分增速较慢，仅呈现线性增长趋势，导致2020年、2035年和2050年的预测值水平较低。

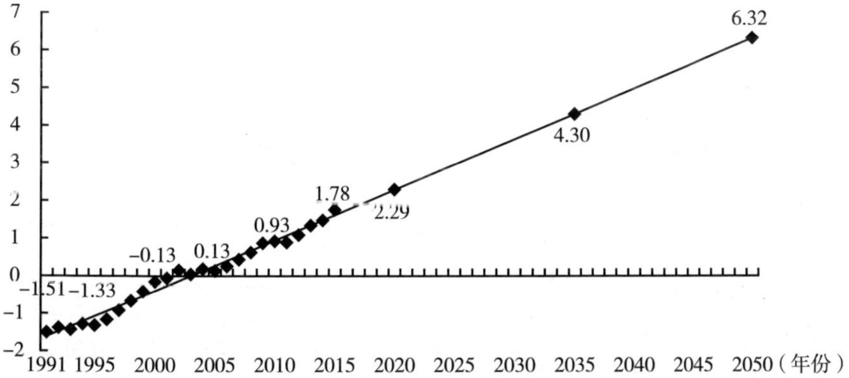

图4　中国创新效益得分及其趋势预测

（五）国家创新能力的评价

对上述国家创新能力综合测度指标体系中的 4 个创新领域得分（创新环境得分 Y_1 、创新资源得分 Y_2 、创新成果得分 Y_3 和创新效益得分 Y_4 ）再次进行主成分分析，结果显示第一主成分能够解释 4 个创新领域得分 96.79% 的信息，其标准化表达式为：

$$Z = 0.505Y_1^* + 0.501Y_2^* + 0.504Y_3^* + 0.488Y_4^* \quad (9)$$

根据式（9）所示结果，计算出第一主成分标准化得分 Z^* ，即为 1991 ~ 2015 年中国创新能力综合得分（详见表 2）。同时，选用拟合优度最高的 Logistic 曲线对 Z^* 进行拟合，将模型上限设定为 30，拟合结果为：

$$\hat{Z}^* = \frac{1}{1/30 + 3.089 \times 0.902^t} - 1.5 \quad (10)$$

拟合优度为 99.25%，2020 年、2035 年和 2050 年创新能力综合得分的预测值分别为：4.35、14.52 和 23.83。

图 5 反映的是 1991 ~2015 年中国创新能力综合得分及其 2020 年、2035 年和 2050 年的预测值。由表 2 和图 5 可知，我国创新能力综合得分在 1996 年之前一直低于 -1.0，1997 年之后呈现稳步增长的特征，在 2015 年出现

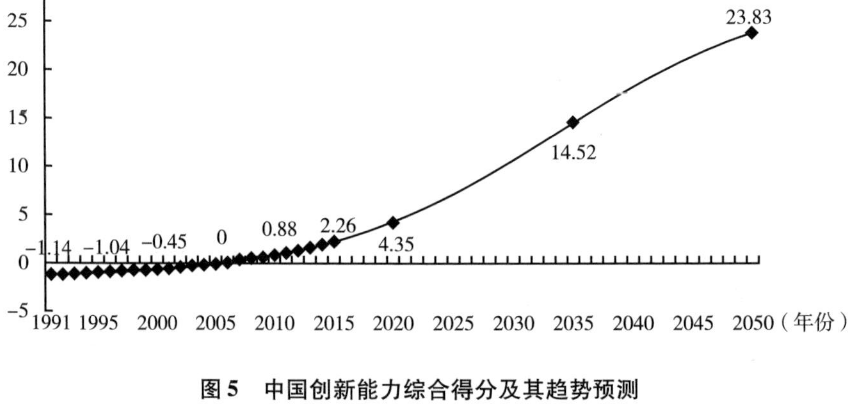

图 5　中国创新能力综合得分及其趋势预测

显著提升。结合4个创新领域的评价得分可知，20世纪末，我国各创新领域均处在相对落后的水平，国家创新能力较弱。步入21世纪后，尤其是在“十二五”期间，我国各创新领域均得到显著改善，国家创新能力迅速提升，未来还有很大的上升空间。

四　国家创新能力发展指数

虽然运用主成分分析法可以大致掌握我国国家创新能力的发展情况，但是评价得分的可读性较弱，且不宜直接横向对比各领域得分。因此，为更加直观地反映我国国家创新能力的发展趋势，本节以国家创新能力综合测度指标体系中各指标的1991年数值为基准，编制1991～2015年中国国家创新能力发展指数。

（一）国家创新能力发展指数编制方法

基本思路：利用主成分分析法确定国家创新能力综合测度指标体系中各指标的权重，采用综合指数法编制国家创新能力发展指数，以动态反映我国国家创新能力发展的实际状况和变化趋势。

第一步，将指标层内各指标的原始数据转换为评价值：

$$I_{ijt} = \frac{X_{ijt}}{X_{ijs}} \tag{11}$$

其中，I_{ijt} 为第 i 个创新领域内第 j 个观测指标的评价值，X_{ijt} 为第 i 个创新领域内第 j 个观测指标的原始数据，X_{ijs} 第 i 个创新领域内第 j 个观测指标的基准值。

第二步，利用主成分分析法确定领域层和指标层各指标的权重，此处以创新环境的4项指标为例，对各指标权重的确定方法做出说明：

由式（1）可知，通过主成分分析法综合4项指标得出的第一主成分对应的单位特征向量为（0.501，0.509，0.500，0.492），对该单位特征向量进行归一化处理，可以得到创新环境4项指标的权重向量为（0.250，0.254，

0.250,0.246）。

同理，可以得到其他领域层内各指标的权重 W_{ij} 以及各领域层的权重 W_i（详见表3）。

表3　国家创新能力综合测度指标体系各指标权重

领域层	权重	指标层	变量标识	权重
创新环境	0.253	人均ICT投入	X_1	0.250
		本科以上学历人数占就业人数的比重	X_2	0.254
		有R&D活动的规模以上工业企业的比重	X_3	0.250
		每名R&D人员获得的国家财政科技拨款	X_4	0.246
创新资源	0.251	R&D经费支出	X_5	0.250
		R&D经费支出占GDP的比重	X_6	0.246
		R&D人员全时当量	X_7	0.252
		每万人中R&D人员	X_8	0.252
创新成果	0.252	发明专利申请授权数	X_9	0.254
		每万人发明专利申请授权数	X_{10}	0.255
		国外主要检索工具收录我国科技论文数	X_{11}	0.257
		每万名R&D人员科技论文数	X_{12}	0.234
创新效益	0.244	高技术产业主营业务收入	X_{13}	0.247
		高技术产品出口占货物出口额的比重	X_{14}	0.241
		新产品销售收入占产品销售收入的比重	X_{15}	0.257
		万元GDP能源消费量	X_{16}	0.255

第三步，计算各创新领域的发展指数：

$$I_{S_it} = \sum_j I_{ijt} \cdot W_{ij} \tag{12}$$

其中，I_{S_it} 为第 i 个创新领域在第 t 年度的发展指数值，W_{ij} 为第 i 个创新领域内第 i 个观测指标的权重，$\sum_j W_{ij} = 1$。

第四步，计算中国国家创新能力发展指数：

$$I_{St} = \sum_i I_{S_it} \cdot W_i \tag{13}$$

其中，I_{St} 为第 t 年度的中国国家创新能力发展指数，W_i 为各创新领域的权重，$\sum_i W_i = 1$。

（二）国家创新能力发展指数分析

根据上述发展指数编制方法，可以计算得到1991～2015年我国各创新领域发展指数和国家创新能力发展指数（如表4所示）。

表4　1991～2015年国家创新能力发展指数

年份	各创新领域发展指数				国家创新能力发展指数
	创新环境 I_{S_1t}	创新资源 I_{S_2t}	创新成果 I_{S_3t}	创新效益 I_{S_4t}	I_{St}
1991	1.00	1.00	1.00	1.00	1.00
1992	1.11	1.03	1.15	1.13	1.10
1993	1.23	1.14	1.54	1.20	1.28
1994	1.33	1.27	1.36	1.32	1.32
1995	1.47	1.29	1.32	1.46	1.38
1996	1.60	1.41	1.33	1.49	1.46
1997	1.77	1.61	1.59	2.01	1.74
1998	1.98	1.62	1.77	2.22	1.90
1999	2.19	1.90	2.87	2.54	2.37
2000	2.57	2.36	3.57	3.02	2.88
2001	2.64	2.62	4.23	3.43	3.23
2002	2.88	3.10	5.27	4.00	3.81
2003	3.33	3.55	7.78	4.92	4.89
2004	3.45	4.29	9.82	6.02	5.89
2005	3.63	5.22	12.27	6.80	6.98
2006	3.97	6.19	13.22	7.81	7.79
2007	4.08	7.46	15.00	8.84	8.84
2008	4.23	9.05	18.88	9.67	10.46
2009	4.77	11.19	23.70	10.35	12.51
2010	5.94	13.35	25.65	12.21	14.30
2011	6.58	16.12	30.14	13.70	16.65
2012	7.21	18.92	35.94	15.61	19.44
2013	7.67	21.55	37.51	17.41	21.05
2014	8.66	23.50	42.35	18.77	23.34
2015	10.39	25.34	57.17	20.46	28.39

图6直观展示了各发展指数的动态演化趋势。首先，从时间维度来看，1991～1999年是我国创新能力发展的起步阶段，各发展指数缓慢增长，并无明显起色；2000～2007年是我国创新能力发展的加速阶段，在经历了起步阶段的积累后，我国科技创新的工作成效开始显现，各发展指数增速变快，尤其是创新成果发展指数一直领先于其他各发展指数；2008～2015年是我国创新能力的高速发展阶段，除了创新环境发展指数外，其他发展指数均快速攀升，创新成果发展指数的领先优势进一步扩大。

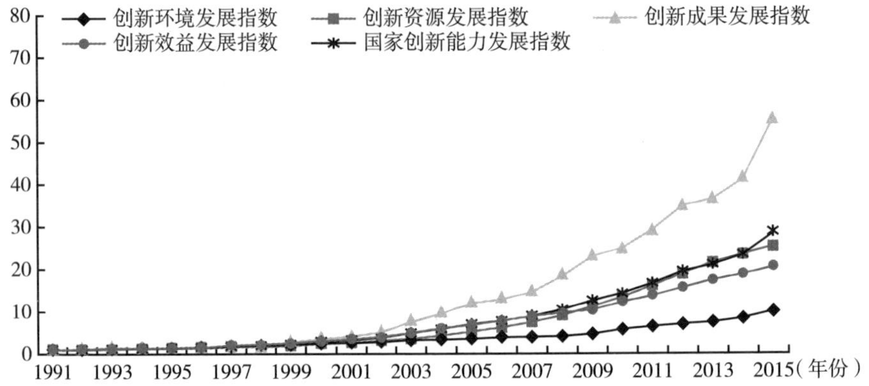

图6　中国各创新领域发展指数及国家创新能力发展指数（1991～2015年）

其次，从指数维度来看，创新环境发展指数是所有发展指数中增幅最小的，一方面，由于创新环境领域中有两项指标是相对指标，变化幅度较小；另一方面，创新环境的建设具有杠杆作用，如国家财政科技拨款属于政府支出具有乘数效应。因此，创新环境虽然自身发展相对缓慢，但趋势良好，可以通过杠杆作用促进其他创新领域的快速发展。

创新资源发展指数在经历了多年快速增长后，2014～2015年增速有所放缓，这主要是由于R&D人员全时当量和每万人中R&D人员两项指标的增速放缓。此外，核心指标R&D强度（R&D经费支出占GDP的比重）也增长较慢，虽然在2014年突破2%大关，但是2014～2015年每年增加不超过0.05个百分点，这与《国家创新驱动发展战略纲要》提出的“三步走”战略目标（R&D 强度在 2020 年达到 2.5%，2030 年达到 2.8%）还有较大差距。因此，应持续加大创新资源的投入，尤其是对高级人才的培养，以促进物质资本和人力资本协调共进。

创新成果发展指数在 1999 年之后一直领先于其他发展指数，并且优势越来越明显，这主要得益于我国科技创新工作的前期积累，在不断改善的创新环境和日益充足的创新资源双重保障下，创新成果在数量上出现了爆发式增长，说明我国创新资源的使用效率显著提升，创新活动的产出水平相应提高。

创新效益发展指数基本一直落后于创新成果发展指数，2009 ~ 2015 年甚至落后于创新资源发展指数，且二者差距有扩大的趋势，说明我国创新成果的经济转化率并不理想，创新效益的表现无法匹配创新资源和创新成果领域的发展。因此，我国科技创新和经济社会的通道亟须打通，以加快解决科技经济“两张皮”问题。

由于 4 个发展指数的权重相近，我国国家创新能力发展指数反映了创新环境、创新资源、创新成果和创新效益 4 个领域的平均发展水平。从总体上看，我国国家创新能力发展指数基本同步于创新资源发展指数，2015 年在创新成果发展指数的强势引领下，出现小幅跃升，发展势头良好。

五　国家创新能力国际比较和追赶指数

上文仅围绕中国自身创新能力的动态演化展开讨论，无法反映我国与其他创新型国家之间存在的差距。因此，本节开展创新能力核心指标的国际比较，并计算中国科技创新能力追赶指数，以更加全面地掌握我国国家创新能力的发展情况。

（一）创新能力核心指标的国际比较

在进行国际比较时，综合考虑指标的质量和数据的可获得性，最终选取 R&D 经费支出、R&D 经费支出占 GDP 的比重、研究人员（指 Researchers，而非 Total R&D Personnel）全时当量（Full Time Equivalent，FTE）、每千名就业人员中研究人员、三方专利数和每万名研究人员专利数 6 项指标。同时，选取 2015 年 R&D 经费支出排名前 8 的国家进行比较，分别为美国、中国、日本、德国、韩国、法国、英国和俄罗斯。

表 5 反映了 2015 年中美等 8 个国家创新能力的发展现状。从 R&D 经费支出来看，美国、中国、日本和德国超过 1000 亿美元大关，是创新活动最活跃的 4 个国家，美国和中国以绝对优势引领世界创新的快速发展；从 R&D 经费支出占 GDP 的比重来看，由于美国和中国的 GDP 总量较大，因此该指标数值并不高，韩国和日本在此指标上表现突出，均已超过 3%，是 R&D 强度最大的 2 个国家；从研究人员全时当量来看，中国和美国均超过 100 万人年，遥遥领先于其他国家，该指标也是中国创新能力核心指标中排名第一的唯一指标；从每千名就业人员中研究人员来看，韩国、法国和日本表现较好，均超过 10 人年/千人，而中国仅为 2.09 人年/人，与其他国家相比差距较大；从三方专利数来看，日本和美国均突破万件，而中国仅为 2889.33 件，相对落后；从每万名研究人员专利数来看，日本以 262.22 件/万人年的绝对优势领先于其他国家，德国和美国表现较好，中国仅为 17.85 件/万人年，与创新强国的差距显著。

表 5　各国 2015 年创新能力核心指标

国家	R&D 经费支出（10 亿美元）	R&D 经费支出占 GDP 的比重（%）	研究人员全时当量（万人年）	每千名就业人员中研究人员（人年/千人）	三方专利数（件）	每万名研究人员专利数（件/万人年）
美国	502.89	2.79	138.00	9.14	14886.27	107.87
中国	408.83	2.07	161.90	2.09	2889.33	17.85
日本	170.00	3.29	66.21	10.01	17360.86	262.22
德国	114.78	2.93	38.80	9.01	4454.71	114.82
韩国	74.05	4.23	35.64	13.74	2703.29	75.84
法国	60.82	2.22	27.76	10.09	2578.39	92.87
英国	46.26	1.70	28.93	9.25	1811.32	62.60
俄罗斯	38.14	1.10	44.92	6.21	87.01	1.94

注：数据按购买力平价现价美元计，下同。

数据来源：OECD iLibrary，http：//www.oecd－ilibrary.org/statistics。

值得注意的是，OECD 统计的三方专利数远低于《中国科技统计年鉴》收录的国内外发明专利申请授权数。三方专利是指在三个主要专利局（欧洲专利局 EPO、日本专利局 JPO 和美国专利商标局 USPTO）申请的专利，若某产品拥有三方专利，则可在全球市场上销售并受到保护。由此可见，两者的统计口径并不一致，说明我国专利产品在国际市场上的认可度还不够，同时意味着将创新成果商业化并获取经济效益的渠道受限。

图 7 是 2015 年 8 个国家不同创新主体 R&D 经费支出所占比重数据的条形图，反映了不同创新主体在 R&D 经费投入中的重要程度。通过分析 R&D 经费支出的分类数据发现，首先，企业在各国创新活动中占据核心地位，对亚洲国家创新活动的重要性要高于欧美国家；其次，对于大部分创新强国而言，高等学校比研发机构拥有更大的 R&D 经费支出比重，而中国的情况恰好相反，高等学校的 R&D 经费支出比重仅有 7.0%，低于其他创新型国家，这也从侧面说明我国的基础研究和应用研究严重不足。

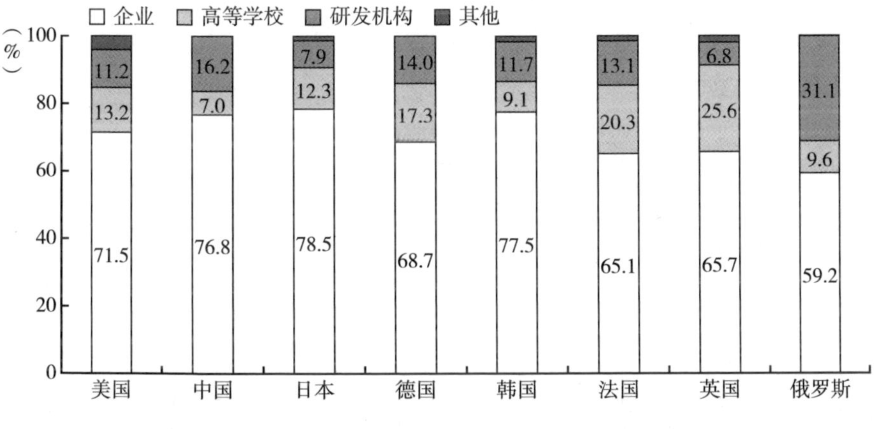

图 7　各国 2015 年不同创新主体 R&D 经费支出所占比重

数据来源：OECD iLibrary，http：//www. oecd－ilibrary. org/statistics。

综上所述，中国虽然在创新资源总量上拥有突出优势，可与美国并驾齐驱甚至追赶反超，但由于经济体量较大，创新资源的密度和强度都落后于别国，因此还需要持续加大创新资源的投入；而在创新成果方面，我国创新活动的产出虽然高速增长，但受到国际认可的数量还很少，因此应继续推进科技创新国际化战略，提升我国创新成果的国际认可度。此外，应加大对基础研究和应用研究的投入，构建以企业为核心、高等学校和研发机构协同发展的创新生态圈。

（二）中美创新能力核心指标的对比

创新能力核心指标的横向对比有助于我们了解世界创新的格局和现状，但无法反映各国创新能力的动态演化和发展趋势。由于美国是传统创新强国，创新资源和创新成果均排在世界前列，因此对中美两国历年核心指标进行对比，以进一步考察两国创新能力的演化过程。

由表6可知，首先，中美两国R&D经费支出的差距经历了“扩大、稳定、缩小”三个阶段：1991～2001年，我国R&D经费支出缓慢增长，而美国快速增长，两国差距逐年增大；2002～2008年，中美两国的R&D经费支出均保持快速增长，差距没有显著变化；2009～2015年，我国R&D经费支出高速增长，而美国增速放缓，两国差距逐渐缩小。

表6　1991～2015年中美两国创新能力核心指标（1）

年份	R&D经费支出（10亿美元）		R&D经费支出占GDP的比重（%）		研究人员全时当量（万人年）	
	中国	美国	中国	美国	中国	美国
1991	9.15	161.39	0.72	2.61	47.14	74.49
1992	10.74	165.83	0.73	2.54	47.19	76.43
1993	11.96	166.15	0.70	2.42	48.92	78.00
1994	12.50	169.61	0.63	2.32	55.20	77.32
1995	12.78	184.08	0.57	2.40	52.20	79.53
1996	14.17	197.79	0.56	2.44	54.80	84.15
1997	17.86	212.71	0.64	2.47	58.87	87.98
1998	19.72	226.93	0.65	2.50	48.55	93.63
1999	24.99	245.55	0.75	2.54	53.11	96.38
2000	33.04	269.51	0.89	2.62	69.51	98.33
2001	38.55	280.24	0.94	2.64	74.27	101.34

续表

年份	R&D 经费支出（10 亿美元）		R&D 经费支出占 GDP 的比重（%）		研究人员全时当量（万人年）	
	中国	美国	中国	美国	中国	美国
2002	48.06	279.89	1.06	2.55	81.05	104.73
2003	57.14	293.85	1.12	2.55	86.21	112.64
2004	70.13	305.64	1.21	2.49	92.63	110.52
2005	86.83	328.13	1.31	2.51	111.87	110.11
2006	105.58	353.33	1.37	2.55	122.38	113.02
2007	124.19	380.32	1.37	2.63	142.34	113.36
2008	146.13	407.24	1.44	2.77	159.24	119.10
2009	185.27	406.41	1.66	2.82	115.23	125.14
2010	213.46	410.09	1.71	2.74	121.08	119.88
2011	247.81	429.79	1.78	2.77	131.81	125.31
2012	292.20	437.08	1.91	2.71	140.40	126.42
2013	334.14	457.61	1.99	2.74	148.40	130.59
2014	370.12	479.36	2.02	2.76	152.43	135.19
2015	408.83	502.89	2.07	2.79	161.90	138.00

数据来源：OECD iLibrary，http：//www.oecd－ilibrary.org/statistics。

其次，我国 R&D 经费支出占 GDP 的比重在 1991～1996 年逐步减少至最低点的 0.56%，但 1997 年之后快速增长，到 2015 年已达 2.07%；美国的 R&D 经费支出占 GDP 的比重相对稳定，基本保持在 2.4% 和 2.8% 之间，2010～2015 年始终在 2.7% 和 2.8% 之间波动。因此，两国 R&D 经费支出占 GDP 的比重差距呈现缩小趋势。

最后，我国研究人员全时当量在 1999 年之前增速缓慢，并且出现数次回落，扩大了两国差距，而在 2000 年以后稳步上涨，于 2005 年达到 111.87 万人年，成功赶超美国，此后几年持续高速增长，至 2008 年达到 159.24 万人年的高点，2009 年出现大幅回落后，2010～2015 年稳步增长，始终领先于美国。

由表 7 可知，中国每千名就业人员中研究人员的初始水平较低且增速缓慢，因此两国差距有逐步扩大的趋势，这主要是由于我国经济体量较大且产业结构不够优化，使得研究人员的比重偏低。

表7　1991～2015年中美两国创新能力核心指标（2）

年份	每千名就业人员中研究人员（人年/千人）		三方专利数（件）		每万名研究人员专利数（件/万人年）	
	中国	美国	中国	美国	中国	美国
1991	0.72	6.29	12.51	10721.95	0.27	143.93
1992	0.71	6.45	15.70	10836.61	0.33	141.79
1993	0.73	6.46	17.83	10893.55	0.36	139.65
1994	0.82	6.26	19.23	11375.84	0.35	147.13
1995	0.77	6.30	22.17	12415.27	0.42	156.10
1996	0.79	6.56	23.69	13114.52	0.43	155.85
1997	0.84	6.72	42.77	14184.91	0.73	161.22
1998	0.69	6.99	49.69	14923.94	1.02	159.38
1999	0.74	7.07	64.49	15288.60	1.21	158.64
2000	0.96	7.06	87.00	15622.38	1.25	158.88
2001	1.02	7.28	152.46	15898.81	2.05	156.89
2002	1.11	7.55	271.90	16442.23	3.35	156.99
2003	1.17	8.04	356.60	16737.81	4.14	148.60
2004	1.25	7.81	401.84	17199.14	4.34	155.62
2005	1.50	7.65	519.32	17373.63	4.64	157.78
2006	1.63	7.71	561.71	15460.63	4.59	136.79
2007	1.89	7.64	689.36	13884.82	4.84	122.49
2008	2.11	8.07	826.58	13815.18	5.19	116.00
2009	1.52	8.80	1298.61	13500.84	11.27	107.89
2010	1.59	8.48	1424.98	12744.12	11.77	106.31
2011	1.72	8.81	1501.27	13193.20	11.39	105.28
2012	1.83	8.73	1946.28	13712.49	13.86	108.47
2013	1.93	8.93	2169.30	14601.48	14.62	111.81
2014	1.97	9.10	2477.34	14687.81	16.25	108.65
2015	2.09	9.14	2889.33	14886.27	17.85	107.87

数据来源：OECD iLibrary，http：//www.oecd－ilibrary.org/statistics。

创新成果方面，1991~2015年，中国三方专利数稳步增长，从12.51件增至2889.33件，每万名研究人员专利数从0.27件/万人年增至17.85件/万人年；而在此期间，美国这两项指标增速缓慢，尤其是每万名研究人员专利数更是出现了下滑的趋势，即便如此，中国仍与美国存在较大差距。

（三）中国科技创新能力追赶指数

参照《中国创新发展报告（2016）》中追赶指数的编制方法，以美国6个创新能力核心指标的2020年预测值作为标杆值，计算1991~2015年中国科技创新能力追赶指数，直观反映中美两国创新能力的差距。

首先，分别对美国的6个创新能力核心指标进行拟合，综合考虑T检验结果、自相关系数和偏相关系数、最大似然比和AIC/SC信息准则的结果，选定最优回归模型，并往后推得到2020年预测值（见表8）。

表8　美国创新能力核心指标的回归模型及其2020年预测值

创新能力核心指标	回归模型	2020年预测值
R&D经费支出（10亿美元）	$core_{1,t} = 5.907 + 1.028core_{1,t-1}$	612.16
R&D经费支出占GDP的比重（%）	$core_{2,t} = 0.199 + 0.926core_{2,t-1}$	2.68
研究人员全时当量（万人年）	$core_{3,t} = 70.464 + 2.678t$	150.75
每千名就业人员中研究人员（人年/千人）	$core_{4,t} = 5.927 + 0.128t$	9.78
三方专利数（件）	$core_{5,t} = 2017.700 + 0.869core_{5,t-1}$	15355.93
每万名研究人员专利数（件/万人年）	$core_{6,t} = -0.211 + 0.991core_{6,t-1}$	104.29

其次，以表8中美国创新能力核心指标的2020年预测值作为中国创新能力核心指标的标杆值，将中国各指标的原始数据转换成评价值，同时利用主成分分析法为各指标赋权，权重向量为（0.17,0.17,0.16,0.16,0.17,0.17），然后加权平均各指标的评价值，最终得到1991~2015年中国科技创新能力追赶指数（见表9）。

表 9　中国科技创新能力追赶指数（1991 ~ 2015 年）

年份	R&D 经费支出	R&D 经费支出占 GDP 的比重	研究人员全时当量	每千名就业人员中研究人员	三方专利数	每万名研究人员专利数	中国科技创新能力追赶指数
1991	0. 015	0. 270	0. 313	0. 074	0. 001	0. 003	0. 111
1992	0. 018	0. 272	0. 313	0. 073	0. 001	0. 003	0. 112
1993	0. 020	0. 259	0. 325	0. 075	0. 001	0. 003	0. 112
1994	0. 020	0. 235	0. 366	0. 084	0. 001	0. 003	0. 116
1995	0. 021	0. 212	0. 346	0. 078	0. 001	0. 004	0. 108
1996	0. 023	0. 210	0. 364	0. 081	0. 002	0. 004	0. 112
1997	0. 029	0. 238	0. 391	0. 086	0. 003	0. 007	0. 123
1998	0. 032	0. 241	0. 322	0. 070	0. 003	0. 010	0. 112
1999	0. 041	0. 280	0. 352	0. 076	0. 004	0. 012	0. 126
2000	0. 054	0. 333	0. 461	0. 099	0. 006	0. 012	0. 158
2001	0. 063	0. 351	0. 493	0. 104	0. 010	0. 020	0. 171
2002	0. 079	0. 395	0. 538	0. 113	0. 018	0. 032	0. 193
2003	0. 093	0. 418	0. 572	0. 120	0. 023	0. 040	0. 208
2004	0. 115	0. 453	0. 614	0. 128	0. 026	0. 042	0. 227
2005	0. 142	0. 488	0. 742	0. 153	0. 034	0. 045	0. 264
2006	0. 172	0. 511	0. 812	0. 167	0. 037	0. 044	0. 286
2007	0. 203	0. 512	0. 944	0. 193	0. 045	0. 046	0. 319
2008	0. 239	0. 539	1. 056	0. 215	0. 054	0. 050	0. 353
2009	0. 303	0. 620	0. 764	0. 155	0. 085	0. 108	0. 337
2010	0. 349	0. 638	0. 803	0. 163	0. 093	0. 113	0. 357
2011	0. 405	0. 662	0. 874	0. 176	0. 098	0. 109	0. 385
2012	0. 477	0. 711	0. 931	0. 187	0. 127	0. 133	0. 425
2013	0. 546	0. 743	0. 984	0. 197	0. 141	0. 140	0. 456
2014	0. 605	0. 754	1. 011	0. 202	0. 161	0. 156	0. 479
2015	0. 668	0. 771	1. 074	0. 214	0. 188	0. 171	0. 512

由表 9 可知，中国科技创新能力追赶指数在 1991 ~ 1999 年起步阶段增长缓慢且出现两次小幅回落，在 2000 ~ 2007 年加速阶段明显提速增长，在 2008 ~ 2015 年高速发展阶段出现小幅波动后进行新一轮提速，至 2015 年已达 0. 512，说明 25 年来我国不断追赶科技强国脚步，创新能力显著提升，中美两国差距逐渐缩小。

通过各指标来看，R&D 经费支出和 R&D 经费支出占 GDP 的比重的追赶速度非常快，与美国的差距已经显著缩小，说明我国对科技创新的重视程度与日俱增，物质资源相对充足；研究人员全时当量的初始水平相对最高，追赶速度相对最快，已经成功赶超美国；但每千名就业人员中研究人员的差距还非常明显，说明我国科技创新的人力资源总量充足但密度不够，需要持续加大人力资本投入；而其余两项指标，三方专利数和每万名研究人员专利数，不仅初始水平低，而且在追赶多年后，依然与美国差距显著，说明我国创新资源的使用效率相对较低，创新活动的产出水平相对落后，这与国内统计指标的表现截然相反，究其原因，主要是我国科技创新的国际化水平还不高，创新成果的国际认可度还不够。

六　结论和启示

国家创新能力是指一个国家通过制度安排与政策设计，充分发挥各创新参与者（企业、大学和科研机构、政府）在知识创造、扩散和使用过程中的协调与协同作用，寻求资源的最优配置以产生创新技术，并使之成功商业化以获取商业利益的能力。

以国家创新能力综合测度指标体系为基本框架，对部分指标进行适当调整和修正，更新得到包含创新环境、创新资源、创新成果和创新效益4个领域共计16项指标的指标体系。首先，运用主成分分析方法，对上述4个领域分别进行综合评价得到各领域得分，并利用曲线回归方法求得各领域得分2020年、2035年和2050的预测值。结果表明，创新环境、创新资源和创新成果3个领域的得分均呈现非线性高速增长趋势，而创新效益得分增速较慢，呈现线性增长趋势。然后，再次利用主成分分析法综合4个领域的得分，得到国家创新能力综合得分。结果表明，我国国家创新能力在“十二五”期间迅速提升，未来还有很大上升空间。

以国家创新能力综合测度指标体系中各指标的1991年数值作为基准值，编制1991～2015年中国国家创新能力发展指数。结果表明，（1）1991～1999年为我国科技创新的起步阶段，2000～2007年为加速阶段，2008～

2015 年为高速发展阶段；（2）创新环境发展指数增长较慢，但趋势良好，可以通过杠杆作用促进其他创新领域的快速发展；（3）创新资源发展指数在经历了多年快速增长后，2014～2015 年增速有所放缓，我国应持续加大创新资源的投入，尤其是对高层次人才的培养，以促进物质资本和人力资本协调共进；（4）创新成果发展指数领先于其他发展指数的优势越来越明显，说明我国创新资源的使用效率显著提升，创新活动的产出水平相应提高；（5）创新效益发展指数基本一直落后于创新成果发展指数，2009～2015 年甚至落后于创新资源发展指数，且二者差距有扩大的趋势，说明我国创新成果的经济转化率并不理想。总而言之，虽然我国的创新环境不断改善、创新资源日益充足、创新成果迅速增长，但是创新效益的表现无法匹配其他创新领域的发展。因此，我国科技创新的工作重点应放在提升创新成果的经济转化率上，帮助知识扩散、转移和使用，打通科技创新和经济社会之间的通道。

选定 6 个创新能力核心指标，对 8 个国家的创新现状进行横向比较，并以 2020 年美国各创新能力核心指标的预测值作为标杆值，计算得到中国科技创新能力追赶指数。结果表明，25 年来我国不断追赶科技强国脚步，创新能力显著提升，但仍存在明显差距。（1）虽然我国的创新资源总量相对充足但密度和强度相对落后，需要继续加大创新资源的投入；（2）虽然国内统计指标显示我国创新成果增长迅速，但受到国际认可的数量还很少，说明我国科技创新的国际化水平还不高，知识产品的国际认可度还不够，创新成果商业化并获取经济效益的渠道因此受限；（3）创新投入中我国高等学校 R&D 经费支出的比重偏低，应加大对基础研究和应用研究的投入，构建以企业为核心、高等学校和研发机构协同发展的创新生态圈。

综上所述，虽然近年来我国科技创新快速发展、成果丰硕，但创新成果的经济转化率过低，科技经济“两张皮”问题依然存在。为持续增强国家创新能力，首先，深化科技体制改革，完善科技创新服务平台，加大知识产权保护力度，营造良好创业创新环境，构建以企业为核心、高等学校和研发机构协同发展的创新生态圈；其次，优化创新资源配置，避免资源分散、重复或浪费，稳定持续增加对基础研究和应用研究的投入，促进物质资本和人力资本协调共进；再次，推进科技创新国际化战略，提升我国创新成果的国际认可度，拓宽知识产品商业化并获取经济效益的渠道；最后，进行科技创新绩效评估改革，帮助知识扩散、转移和使用，打通成果转化“最后一公里”，缝合科技经济“两张皮”，让科技创新真正转化为现实生产力，成为引领发展的第一动力。

参考文献

[1] 常国辉：《制约国家科技成果转化的因素及对策》，《黑龙江科学》2016 年第 11 期，第 106 ~ 107 页。

[2] 辜胜阻：《缝合科技经济“两张皮”》，《纺织科学研究》2014 年第 1 期，第 18 ~ 19 页。

[3] 温桂兵：《基于模糊综合评价的国家创新能力实证分析》，《科技进步与对策》2005 年第 6 期，第 33 ~ 35 页。

[4] 张于喆、张义梁：《国家自主创新能力内涵的研究》，《经济问题探索》2006 年第 11 期，第 4 ~ 8 页。

[5] 周元、梁洪力、王海燕：《论中国创新悖论：“两张皮”与“76%”》，《科学管理研究》2015 年第 3 期，第 1 ~ 4 页。

[6] EU, “European Innovation Scoreboard 2000,” Secretary – General of the European Commission, Brussels.

[7] EU, “Global Innovation Scoreboard 2006,” Secretary – General of the European Commission, Brussels.

[8] Freeman, C., *Technology Policy and Economic Performance*: *Lessons from Japan* (London: Printer Publishers, 1987).

[9] Freeman, C., “The National System of Innovation in Historical Perspective,” *Cambridge Journal of Economics*, 1995, 19 (1): 5 – 24.

[10] Furman, J. L., M. E. Porter, S. Stern, “The Determinants of National Innovative Capacity,” *Research Policy*, 2002, 31 (6): 899 – 933.

[11] OECD, *Main Science and Technology Indicators*, 1998 vols 1&2; 1997 vols 1&2; 1996 vol 2; 1995 vol 2; 1993 vol 2; 1992 vol 2; 1990 vol 2; 1989 vol 2; 1988 (1982 – 1988) vol 2; 1987 (1981 – 1987).

[12] WIPO, “Global Innovation Index 2017 Report,” http: //www. wipo. int/publications/en/.

B.3
建设乡村创新系统　推进乡村振兴战略*

陈 劲　尹西明　赵 闯　朱心雨**

摘　要： 本文着眼于创新发展的最新趋势和联合国可持续发展目标，立足于乡村振兴战略，针对目前创新领域对乡村创新关注不足的问题，首次提出“乡村创新系统”的概念。乡村创新系统是围绕乡村振兴与可持续发展主题，与创新相关的主体要素和非主体要素、地理要素和时空要素以及协调各要素之间关系的制度、政策和文化在创新过程中相互依存、相互作用而形成的社会经济系统。本文对比了乡村创新系统和城市创新系统的异同，提出了乡村创新系统建设的科技创新、制度创新和网络组织建设“三位一体”驱动乡村振兴的机制，简述了乡村创新系统建设的理论与实践挑战，并总结了乡村创新系统促进乡村振兴的实践经验与典型案例。对于国家和区域创新系统建设有重大的理论贡献，同时对于落实创新驱动发展战略和精准扶贫方略、完善国家创新与扶贫政策、实现乡村振兴和可持续发展具有重要的实践价值。

关键词： 创新驱动　乡村创新系统　乡村振兴战略　国家创新系统　反贫困

---

* 本文主干内容已发表于《科学与管理》2018 年第 1 期，原标题为“乡村创新系统的兴起”，本文经修改完善后得到。

** 陈劲，清华大学经管学院教授、博士生导师，主要研究方向为技术创新管理、创新政策、中国特色创新管理理论等；尹西明，清华大学经管学院、清华大学技术创新研究中心博士研究生；赵闯，清华大学经管学院、清华大学技术创新研究中心博士研究生；朱心雨，清华大学社会科学学院硕士研究生。

引 言

改革开放以来，我国城镇化建设和反贫困事业都取得了举世瞩目的成就——城镇人口占总人口的比率已经从 1978 年的 17.9% 上升至 2017 年的 58.32%，贫困人口占总人口的比例也从 1981 年的 88.32% 下降到了 2017 年的 3.1%①。然而，我国仍然存在诸如农业发展质量效益竞争力不高、农民增收后劲不足、农村自我发展能力弱等挑战，农村的创新发展和全面振兴迫在眉睫。近年来，留守儿童问题、农村黑社会势力问题、腐败问题频频发生；环境污染问题、城乡发展不均衡②、农村集体行动力不足③、科技创新对农村发展支持不足等问题进一步凸显，乡村治理体系变革刻不容缓。

进入中国特色社会主义新时代，我国社会主要矛盾已经转化为“人民日益增长的美好生活需要和不平衡不充分的发展之间的矛盾”，从“物质文化需要”到“美好生活需要”，从“落后的社会生产”到“不平衡不充分的发展”，我国目前最大的发展不平衡依然是城乡发展不平衡，最大的不充分仍然是农村发展不充分。党的十九大明确提出“实施乡村振兴战略”④，2018 年 1 月 2 号的“中央一号文件”也进一步强调“实施乡村振兴战略，是解决人民日益增长的美好生活需要和不平衡不充分的发展之间矛盾的必然要求，是实现‘两个一百年’奋斗目标的必然要求，是实现全体人民共同富裕的必然要求”⑤。

---

① 数据来源丁国家统计局、世界银行以及新华社 2017 年 2 月 18 日报道《我国 5 年减贫超 6800 万》。

② 叶兴庆：《实现国家现代化不能落下乡村》，《中国发展观察》2017 年第 21 期，第 10 ~ 12、27 页。

③ 王亚华：《提升农村集体行动能力 加快农业科技进步》，《中国科学院院刊》2017 年第 10 期，第 1096 ~ 1102 页。

④ 参见《习近平：决胜全面建成小康社会夺取新时代中国特色社会主义伟大胜利——在中国共产党第十九次全国代表大会上的报告》，新华社，2017 年 10 月 27 日。

⑤ 参见《中共中央国务院关于实施乡村振兴战略的意见》，新华社，2018 年 2 月 4 日。

芝加哥学派著名社会学家派克（Robert Eara Park）也明确提出，都市是西方社会的实验室，乡村是东方社会学的实验室。现代西方的社会问题都是都市社会问题，而东方的社会问题是乡村社会问题。在派克写的《论中国》一文中，他指出“东方文明与西方文明的根本不同就是乡村社会与都市社会的不同”①。联合国可持续发展目标中的第一个就是消除贫困（No Poverty），没有农村的现代化，就没有国家的现代化，中国问题的出路在乡村，乡村振兴的关键在于通过提升乡村创新能力，进而逐步建立乡村创新系统，实现乡村可持续发展，促进人民幸福。

在国际竞争方面，中国的发展也面临竞争压力和现实挑战。中国制造业与服务业创新关注度高、进展快，但农业创新严重滞后。以美国、以色列、加拿大、澳大利亚等为代表的国家在农业创新方面探索出不少的成功模式，为减少城乡差距、促进乡村振兴提供了经验。以以色列为例，以色列十分重视农业的科技投入，农业发展走资源高效集约化的道路，20 世纪 80 年代，以色列科技进步对农业增长的贡献率就已经达到96%。② 虽然我国在工程领域的科技创新取得了长足进展，并在量子通信、航天工程、人造卫星、人工智能等领域获得了国际领先优势③，但是我国农副食品加工业，家具制造业，纺织服装、服饰业，木材加工和木、竹、藤、棕、草制品业，皮革、毛皮、羽毛及其制品和制鞋业等这些有关民生的消费品行业的创新水平很低，创新成效明显不足④，农业科技投入占农业产值的比重仅为 0.3% 左右（以色列则为 3%）。加强农业科技领域创新成为新的发展方向和潜力所在，建立适合本国国情的农业科技创新体系是一个国家现代农业发展的基石。

---

① 孙平：《从派克到费孝通——谈费孝通忆派克对中国社会学、人类学的贡献》，《开放时代》2005 年第 2 期，第 32 ~ 41 页。

② 郭久荣：《以色列农业科技创新体系及对中国农业科技发展的启迪作用》，《世界农业》2006 年第 7 期，第 39 ~ 42 页。

③ Chen Jin, Yin Ximing, "Could China Be the Next Innovation Giant? — China's Science, Technology and Innovation Policy Towards an Innovative Nation," *Journal of Asian Community*, forthcoming, 2018.

④ 陈劲主编《中国创新发展报告（2016）》，社会科学文献出版社，2017。

在创新研究方面，朴素式创新①、负责任创新②、包容性创新③、创新与反贫困④、创新与和平⑤、创新与可持续发展（创新应对气候变化、全球变暖等社会挑战）⑥、创新与人才培养⑦等新议题逐步涌现出来；而民间创新系统的建立和创新治理的社会参与机制的建设，是科技创新强国建设的新任务⑧，其中最重要的部分就是乡村创新系统的建立。如何结合国家战略，用体验经济、社群经济、共享经济等新经济形态激发基层创新活力，获得持久创新效益，成为新的研究要点。同时，对于创新研究的分类，一方面是基于区域的划分，分为国家创新系统⑨和区

① Radjou, N. & J. Prabhu, *Frugal Innovation: How to Do More with Less* (First Trade Paper Edition edition) (New York: The Economist, 2015); Weyrauch, T. & C. Herstatt, "What is Frugal Innovation? Three Defining Criteria," *Journal of Frugal Innovation*, 2016, 2 (1): 1 - 17; Leliveld, A. & P. Knorringa, "Frugal Innovation and Development Research," *The European Journal of Development Research*, 2018, 30 (1): 1 - 16.

② Stilgoe, J., R. Owen & P. Macnaghten, "Developing a Framework for Responsible Innovation," *Research Policy*, 2013, 42 (9): 1568 - 1580; Pandza, K. & P. Ellwood, "Strategic and Ethical Foundations for Responsible Innovation," *Research Policy*, 2013, 42 (5): 1112 - 1125.

③ Sonne, L., "Innovative Initiatives Supporting Inclusive Innovation in India: Social Business Incubation and Micro Venture Capital," *Technological Forecasting and Social Change*, 2012, 79 (4): 638 - 647; Soman, D., J. G. Stein & J. Wong, *Innovating for the Global South: Towards an Inclusive Innovation Agenda* (University of Toronto Press, 2014); Foster, C. & R. Heeks, "Drivers of Inclusive Innovation in Developing Country Markets: A Policy Perspective," in *Inclusive Innovation for Sustainable Development* (*Palgrave Macmillan*, 2016), pp. 57 - 74; Pansera, M. & R. Owen, "Framing Inclusive Innovation within the Discourse of Development: Insights from Case Studies in India," *Research Policy*, 2018, 47 (1): 23 - 34.

④ Bradshaw, T. K., "Theories of Poverty and Anti-Poverty Programs in Community Development," *Community Development*, 2007, 38 (1): 7 - 25.

⑤ Miklian, J. & K. Hoelscher, "A New Research Approach for Peace Innovation," in *Innovation and Development* (Unknown, 2017), pp. 1 - 19; 陈劲、黄江：《创新、和平与发展：和平创新研究初探》，《学习与探索》2017 年第 12 期。

⑥ 联合国可持续发展目标（SDGs），http://www.un.org/sustainabledevelopment/。

⑦ 托尼·瓦格纳：《创新者的培养》（第 1 版），陈劲、王鲁、刘文澜译，科学出版社，2015。

⑧ 陈劲：《建设面向未来的世界科技创新强国》，《人民论坛·学术前沿》2017 年第 11 期，第 34 ~ 41 页。

⑨ Freeman, C., *Technology, Policy, and Economic Performance: Lessons from Japan* (Pinter Publishers, 1987); Freeman, C., "The 'National System of Innovation' in Historical Perspective," *Cambridge Journal of Economics*, 1995, 19 (1): 5 - 24; Lundvall, B.-Å., *National Systems of Innovation: Toward a Theory of Innovation and Interactive Learning* (Anthem Press, 2010); Nelson, R. R., *National Innovation Systems: A Comparative Analysis* (Oxford University Press, 1993).

域创新系统[①]；另一方面是从产业经济学的角度进行划分，分为产业创新系统[②]和企业创新系统[③]。这些划分方法缺少从城市、乡村二元视角对创新系统进行分析，缺少对乡村创新的系统研究。乡村创新系统是实现精准扶贫、包容性增长和可持续发展的基础，是对目前创新系统的重要补充，作为一种独立的研究范式和新的创新概念被正式提出，兼具理论意义和实践价值。

一　乡村创新系统与城市创新系统：城乡二元创新的综合分析框架

实现国家现代化不能落下农村。[④] 乡村创新发展是国家创新发展不可分割的部分，乡村创新体系和城市创新体系作为国家和区域创新体系的重要支撑，对促进和完善国家和区域创新系统建设、提升国家创新能力具有重要的基础性意义。我国学者在20世纪90年代以创新理论、区域经济学和系统论为基础，提出了"城市创新系统"的概念[⑤]，用以研究城市创新系统的原理和运行过程，为我国城市创新战略的正确制定和有效实施提供了相应的理论依据[⑥]。

城市发展需要依托城市创新系统，城市创新系统作为国家创新系统和企

① Cooke, P., "Regional Innovation Systems: Competitive Regulation in the New Europe," *Geoforum*, 1992, 23 (3): 365 – 382; Cooke, P., "The Role of Research in Regional Innovation Systems: New Models Meeting Knowledge Economy Demands," *International Journal of Technology Management*, 2004, 28 (3 – 6): 507 – 533.

② Malerba, F. & L. Orsenigo, "The Dynamics and Evolution of Industries," *Industrial and Corporate Change*, 1996, 5 (1): 51 – 87; Malerba, F., "Sectoral Systems of Innovation and Production," *Research Policy*, 2002, 31 (2): 247 – 264.

③ 陈劲、黄淑芳：《企业技术创新体系演化研究》，《管理工程学报》2014年第28期，第219～227页。

④ 叶兴庆：《实现国家现代化不能落下乡村》，《中国发展观察》2017年第21期，第10～12、27页。

⑤ 赵黎明、李振华：《城市创新系统的动力学机制研究》，《科学学研究》2003年第1期，第97～100页；赵黎明、冷晓明：《城市创新系统》，天津大学出版社，2002。

⑥ 卢中华、王玲：《城乡创新系统一体化的内在机制研究——以山东省寿光市为例》，《科技进步与对策》2010年第23期，第47～50页。

业创新系统之间的桥梁，对建设创新型城市和智慧城市有重要作用。① 但是，正如社会学家派克所言，“西方的问题出路在城市，东方——尤其是中国——问题的出路在农村”，实施乡村振兴战略的重要战略依托和振兴路径，是建立和完善乡村创新系统，从根本上推动解决农业、农村、农民（“三农”）问题，实现农业农村的可持续发展与现代化目标。

与城市创新系统相对应，本文正式提出“乡村创新系统”的概念。所谓乡村创新系统，是指围绕乡村振兴与可持续发展主题，各种与创新相关的主体要素（创新的主体和组织机构——包括农民、基层政府和自治组织、中小企业等）和非主体要素（创新所需要的物质、资源条件）、地理要素与时空要素，以及协调各要素之间关系的制度、政策和文化在创新过程中相互依存、相互作用而形成的社会经济系统。

为了便于学术研究者和公共政策制定者对乡村创新系统和城市创新系统的异同点有更为清晰的认识，本文从创新目标、创新主体、基本要素、创新模式、创新环境、创新挑战、作用机制、产业依托、创新人才、创新政策等10个维度对城市创新系统和乡村创新系统做了初步的对比（见表1），提供了一个综合分析的框架视角。

表1　乡村创新系统与城市创新系统：城乡二元创新的综合分析框架

序号	分析视角	乡村创新系统	城市创新系统
1	创新目标	反贫困，乡村振兴，可持续发展	产业升级，智慧城市，可持续发展
2	创新主体	新型农民，基层政府，乡村自治组织，中小企业，集体企业	企业，企业家，政府，大学和研究机构
3	基本要素	劳动力，资金，知识，信息，技术，土地，制度，文化，规范	
4	创新模式	“新农合”，科技下乡，城乡联动，“互联网+”，科技成果转化	科技创新驱动，产学研协同创新，开放式创新

① 廖德贤、张平：《区域创新系统中的城市创新系统》，《科技情报开发与经济》2005年第5期，第181～182页。

续表

序号	分析视角	乡村创新系统	城市创新系统
5	创新环境	网络松散，小农经济，劳动密集型，市场机制不完善，创新资源不足，创新基础设施滞后，交易成本高，创新资源存量少、流动性低	基础设施完善，创新资源（产业、人才、资源、政策）集聚，网络主体互动密集，市场经济发展成熟，资源流动充分
6	创新挑战	农村空心化，城乡发展不均衡，自我发展能力弱，土地与产权改革遇瓶颈，创新资源配置效率低，社会治理面临挑战	交通拥挤，环境污染，产业升级，生活成本高，可持续发展面临挑战
7	作用机制	农业现代化、在地城镇化、三产融合发展，创新治理	新型工业化、城镇化、信息化
8	产业依托	现代农业，现代旅游业，手工业	第二产业，第三产业，战略性新兴产业
9	创新人才	新型职业农民，返乡农民工，创业者，大学生村官	高校人才，企业研发人员，海外人才
10	创新政策	较少，落实难	较多，执行高效

二　乡村创新系统建设“三位一体”驱动乡村振兴的路径机制

乡村创新系统的主要功能是通过新知识、新技术和新的商业模式的产生、扩散和应用，来调动乡村创新主体全面参与乡村创新，促进内部基础要素和支撑性要素的自由流动，并通过互联网等中介组织网络实现与城市创新系统的协同联动，利用城市创新系统的创新扩散，加速自身的生态发展与价值创造。具体而言，乡村创新系统通过对创新政策和活动的执行和评估、对创新资源的供给和优化配置，构建利于乡村创新的基础设施、资本体系[①]和文化氛围，完善创新制度与创新政策，培育新乡村创新创业精神，促进新知识、新技术的产生及其在内部的扩散应用，提高科技驱动在乡村创新的占

① 张红宇：《金融支持农村一二三产业融合发展问题研究》，《新金融评论》2015 年第 6 期，第 148 ~ 160 页。

比，推动农村三产融合发展[①]，最终实现农业农村农民三位一体可持续发展。创新从来不是单一的技术投入或要素投入，而是科学、技术、政策、制度和网络建设协同促进的复杂过程[②]，需要应用整合式的创新政策思维，从农业科技创新、制度和管理创新、网络与中介组织创新等多方面入手，推进乡村创新综合能力提升，实现乡村振兴，相关示意见图1。

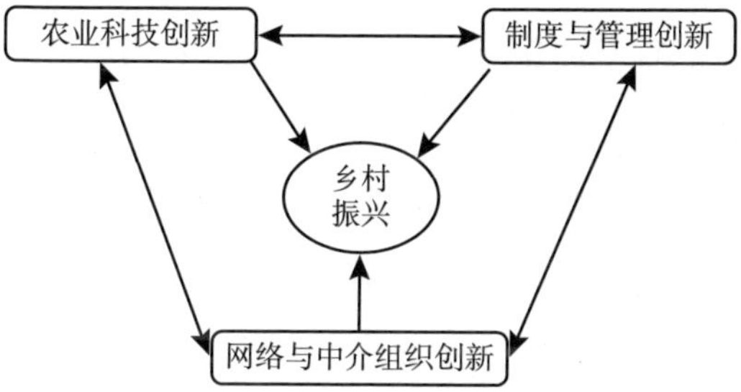

图1　乡村创新系统建设“三位一体”驱动乡村振兴的机制模式

（一）农业科技创新赋能现代“三农”发展

科技是第一生产力，乡村创新系统的发展核心是农业科技创新与扩散应用，农业科技创新的核心是建立和完善农业科技创新体系。这一体系是由公共部门的农业科研机构、高等院校、农业科技推广服务机构组成的国家农业科技创新体系、农业企业技术创新体系、农业科技中介服务体系以及国内外农业科技创新环境组成的网络系统，核心是农业科学技术知识的生产、循环流转和应用。近年来，我国财政对农业科研的公共投资一直处在占农业产值0.3%的水平，与国际平均水平1%有较大差距，与农业科技创新强国以色列的3%更是相去甚远。[③]

① 马晓河：《推进农村一二三产业深度融合发展》，《中国合作经济》2015年第2期，第43~44页。

② 陈劲、尹西明、梅亮：《整合式创新：基于东方智慧的新兴创新范式》，《技术经济》2017年第12期，第1~10、29页。

③ 奚炜菁：《发达国家农业科技创新体系建设对江苏的启示》，《群众》2012年第4期。

以企业为主体、产学研结合的技术创新体系不仅是城市创新系统的核心组成部分，而且是农业科技创新最根本的驱动力。但是与城市创新系统的不同之处在于，乡村创新系统中缺少大学和研究机构这一知识生产主体，而且集体经济和乡镇中小企业由于受规模、资金和管理经验等的限制，技术创新能力远逊于城市系统中的企业。因此，乡村创新系统建设在强化农业科技创新投入和科技创新队伍建设的同时，仍然需要依托与城市创新要素的协同，通过农业科技企业的自主创新与新型职业农民参与的用户创新，强化产学研合作与科技成果转化应用。

世界各国农业发展经验和我国农业发展探索表明，农业科技创新不仅是影响一国农村经济增长的关键因素，而且是国家创新体系和乡村创新系统的重要组成部分，更是发展现代农业的重要支撑。综观美国、日本、以色列等发达国家的农业科技创新能力建设，均是在政府主导科技创新投入的基础上，引入市场竞争合作机制，发挥大学在农业科技体系中的基础性作用，合理引导企业和非政府公共投资参与农业科技创新和应用体系建设，注重通过科技成果转化和农民素质的提高，为农业发展注入更多科技元素，提高单位土地和投入要素的产出效率。

（二）制度与管理创新激励全员参与

创新不是依靠单个方面的改进或提升，也不是自然而然生发出来的，而是有组织、有设计地开展创新的结果。① 乡村创新能力的提升不仅仅需要政府主导的多元化科技创新体系的建立和完善，更需要通过因地制宜的城镇化②，土地制度、集体产权制度和经营管理制度的改革，来加强乡村治理体系的服务与支撑能力，调动全员参与全要素创新的积极性，形成全民创新创业的文化氛围。制度经济学的共识之一是应通过产权制度改革激励社会主体

① 史蒂夫·柯拉尔、埃德·弗朗汉姆、萨拉·简森·佩里、埃米莉·亨特：《有组织的创新：美国繁荣复兴之蓝图》，陈劲、尹西明译，清华大学出版社，2017。

② 尹西明、刘昶、胡人允等：《因地制宜的新型城镇化：城镇化典型模式与收入影响因素分析——基于河北省 9 县市的调研数据》，《科学与现代化》2014 年第 3 期。

参与经济发展的积极性和创造力，我国现阶段的家庭承包责任制就是通过制度改革激发农业创新主体参与积极性的典型代表。农村集体用地和宅基地“三权”改革①、农业生产支持保护制度完善、农业科技成果产权保护制度建设等是适应市场化、国际化趋势，保护和调动农民、企业以及科研机构等创新主体全员参与乡村创新系统建设，实现乡村创新创业能力和综合能力提升的重要制度保障。与此同时，政府组织还应当加大对农业生态环境保护技术的投入力度，加快农业高新技术开发的政策与法律制定实施进程，实现农业发展、环境保护与自主创新的同步推进。

制度变革基础上的管理创新是实现乡村治理体系变革的重要保障。基层自治组织和乡镇企业通过管理模式创新激励和带动全员创新，是实现致富脱贫和农村包容性增长的重要途径。② 鼓励农业专业化服务发展、加快构建新型农业经营管理体系③有助于控制农业劳动力流失、吸引农业创新人才，而有效借助电子商务和农村电子政务也是提升农业和农村管理效率的新手段④。

（三）网络与中介组织创新加快创新要素自由流动

农业科技创新体系和创新制度建设的根本目的在于，提升科技创新投入产出和保障多元主体参与乡村创新过程，借助网络与中介组织、行业协会等市场化的力量实现农村供给侧改革、降低创新要素流动的时间与资金成本。⑤ 而且，乡村创新系统和国家创新系统的机制类似，不是一个静态的创

① 王亚华：《农村土地“三权分置”改革：要点与展望》，《人民论坛·学术前沿》2017 年第 6 期，第 56～60 页。

② Sengupta，P.，“How Effective is Inclusive Innovation without Participation?” *Geoforum*，75 (2016)：12－15.

③ 吴小梅：《新常态下加快构建新型农业经营体系研究》，《中国市场》2017 年第 35 期，第 68、72 页。

④ 王亚华：《如何重振中国农村治理现代化前瞻》，《农民科技培训》2017 年第 12 期，第42～44 页。

⑤ 王亚华：《中国用水户协会改革：政策执行视角的审视》，《管理世界》2013 年第 6 期，第 61～71、98、187～188 页。

新环境，而是一个促进创新要素自由流动、创新成果快速扩散和赋能农业、农民、农村发展的动态系统①，创新系统内的知识、人才、资本与新技术的自由流动与应用速度，决定了乡村创新能力的提升速度。因此，促进乡村创新能力提升、加快乡村振兴的关键，是加强网络组织能力建设、加快创新要素的自由流动和促进创新成果的高效转化。在此过程中，社会化、立体化和网络化的中介服务体系、新型农业合作社、普惠金融融资体系、农业技术远程培训网络、信息化服务体系和现代物流体系等中介组织和网络体系建设，具有重要的支撑价值。尤其是现代互联网和现代物流普及对完善乡村创新网络基础设施、联通乡村创新系统和城市创新系统具有重要价值，这对加快城乡人力资本和智力资本流动、匹配城乡创新要素与商业机会、降低现代农业和旅游服务业与城市需求的对接交易成本具有显著作用。

三　乡村创新系统建设的理论与实践挑战

建立和完善乡村创新系统，加快乡村振兴，达成精准扶贫和反贫困目标，实现城乡联动和可持续、包容性发展，是一项系统工程，既对政策制定者提出了诸多基于中国情境的挑战，也是创新学者面临的新的战略性议题。这一议题未来研究的可能方向和主要挑战主要包括创新政策、创新治理和经济发展三个方面。

（一）创新政策：战略驱动与顶层设计保障乡村创新系统良性发展

乡村振兴战略是我国创新驱动发展战略在乡村的体现与落实，相应的乡村创新政策既要遵循一般的创新政策规律，也要结合我国乡村发展现状与现有的创新资源基础、环境基础进行针对性的顶层设计。如何在乡村振兴战略

① Nelson, R. R., *National Innovation Systems: A Comparative Analysis* (Oxford University Press, 1993); Clarke, T., J. Chelliah & E. Pattinson, "National Innovation Systems in the Asia Pacific: A Comparative Analysis," in *Innovation in the Asia Pacific* (Springer, Singapore, 2018), pp. 119 ~ 143.

的整体规划下，将农业科技创新、产业发展与乡村发展相结合，与农村土地制度、产权制度改革相结合？如何评估和优化现有的农业科技创新政策为乡村创新体系注入持久的知识资源？如何设计乡村治理体系创新，促进城乡二元创新系统的建设与完善？如何重塑农村经济市场秩序，强化支持乡村创新的中介服务体系？

（二）创新治理：创新过程和要素管理提升乡村综合创新能力

未来十几年是中国农村大变革时期，乡村振兴需要全面深化与系统加强农村治理[①]，通过创新治理模式提升乡村综合创新能力。乡村创新系统的良性发展必须基于对创新规律的准确把握以及对创新过程和创新要素的有效管理。现阶段我们该如何准确认识现有乡村创新体系的特征？如何建立有效的乡村创新能力评估指标体系？有哪些促进农村创新的路径和范式？如何将现有的创新理论，诸如包容性创新、朴素式创新、开放式创新、整合式创新应用于乡村创新系统的建设？如何营造重视农业人才、发展农业科技和开展创新创业的文化氛围，吸引新型农业人才返乡创新创业？如何认识乡村创新体系对区域创新体系以及国家创新体系的作用机制？这些都是提升乡村综合创新能力的重要话题。

（三）经济发展：体制机制改革加速乡村创新系统发展

农业现代化是推动农村现代化、实现农民可持续发展的基础，通过产权制度、经营制度和金融财税制度改革促进三产深度融合[②]，县域经济、集体经济和农村中小企业发展是乡村创新系统的重要内容。如何通过乡村创新系统的建设实现农村三产融合发展与创新？农业产业体系如何创新与完善？“三农”人才队伍和新型职业农民创新能力如何提升？如何通过科技成果转

① 王亚华：《如何重振中国农村治理现代化前瞻》，《农民科技培训》2017 年第 12 期，第42 ~ 44 页。

② 李美云：《国外产业融合研究新进展》，《外国经济与管理》2005 年第 12 期，第 12 ~ 20、27 页。

化和科技服务体系建设促进农村经济提质提效？农业科技创新要素投入与产出的创新经济学机制是什么？如何突破现有产权和土地制度改革困境，实现城乡创新系统要素的自由流动和有效配置？这些都是超越了一般城市经济学和创新经济学范畴的独特议题，需要在实践探索中找寻乡村创新系统建设的“中国方案”。

四　乡村创新系统助力农村发展的典型案例与主要经验

（一）科技创新促进农业跨越式发展——以隆平高科与华大小米为例

农业发展，种业先行。成立于1999年并以“杂交水稻之父”袁隆平院士名字命名的袁隆平农业高科技股份有限公司（简称“隆平高科”），以“推动种业进步，造福世界人民”为使命，通过构建全球化的商业育种体系以及国际先进的生物技术平台，以“种业运营”和“农业服务”两大体系为切入点，依托持续的研发创新推动农业科技创新能力提升和产业变革。隆平高科拥有500余人的全球化研发团队，年研发投入占企业营收的比例约为10%，在中国、菲律宾、印度、美国、巴西等国家设立研发机构和实验基地，主要农作物种子的研发创新能力居世界领先水平。与此同时，隆平高科依托隆平高科公益基金会开展农业领域的科技服务慈善活动，并积极开展援外农业培训和项目合作，迄今已为亚非拉60多个发展中国家培训了5000余名农业技术人才，为中国乃至世界的种业与农业发展做出了积极贡献，在2017年跻身全球种业企业前十强。

基因科技，保障农粮安全，造福人类。为改善全球生态环境和人类饮食结构，同时响应国家农业发展政策和“一带一路”倡议，华大小米产业股份有限公司（简称“华大小米”）于2015年在深圳成立，依托华大基因集团各大高新技术平台，着眼于谷子从育种、种植到深加工的完整产业链，依托以谷子为模式的生物基因组学及分子育种研究成果，批量获取并保护了谷子的遗传信息核心知识产权，完成了谷子基因组图谱的绘制，揭示出谷子抗旱节水、丰产、耐瘠等生理机制，为全球范围内深刻认识谷子生物特性、表型和生理机制，推动新兴农业经济发展提供了强大的农业科技支撑，有望成为驱动中国现代农业科技的技术引擎之一。

（二）乡村治理变革助力乡村创新生态建设——以浙江义乌何斯路村与奉化滕头村为例

浙江义乌的何斯路村在乡村治理创新方面着力发挥村民主体作用，探索出“功德银行+基层党建”的治理新道路。功德银行通过记录村民的善行并换算为各家各户的积分，鼓励村民互帮互助形成奉献的精神。信用是乡村熟人社会的通行证，假如没有信用二字，乡村的治理寸步难行。何斯路村通过将信用具象化，党员代表起示范作用，创造了一个互信互利的乡村社会。

浙江滕头村原来是奉化市萧王庙街道的一个远近闻名的穷村，农业生产和农民生活条件相当落后，素有“有女不嫁滕头郎”的说法。20世纪80年代中期，乡镇企业迅猛发展，农民纷纷退包土地、进城务工，土地大面积抛荒。时任村党支部副书记的傅企平提出土地适度规模经营改革方案，带领村民开启了土地经营改革的步伐，随后滕头村又陆续成功实施了旧村改造、集体企业股份制改造、生态农业建设等，最终把原来只有300户约800人的穷乡僻壤小村庄打造成了联合国“地球生态500佳”村庄和首批全国文明村、全国生态示范区和国家5A级旅游区。正是乡村治理体系的不断变革，助力滕头村探索出了“连锁滕头”的生态创新发展模式。

（三）基于互联网的中介网络组织变革提升乡村创新能力——以浙江丽水淘宝村为例

阿里巴巴农村战略是“互联网+”在乡村渗透、促进乡村网络组织建设的典型代表。随着乡村的物流体系日益完善、宽带覆盖面扩大，一些“淘宝村”逐渐形成规模，截至2017年底，阿里平台催生了2118个淘宝村，电商带动就业人数超过2800万人，2017年全国淘宝村销售额达到1200亿元。以浙江丽水淘宝村为例，村民通过邻里示范、社交示范和网商协会平台互相学习交流，自发推动了自主创业的热潮，进一步吸引了物流等配套服务商的聚集，从而推动了乡村电子商务的发展。丽水淘宝村是通过大数据和新零售的创新管理模式推动乡村创新网络建设、实现城乡联动、农民脱贫、农村发展的典型案例。

五 结论与启示

为了更好地实施乡村振兴战略，促进农业农村农民发展，加快城乡一体化建设，本文立足中国国情和全球可持续发展的趋势，针对目前创新领域对乡村创新的关注不足等问题，首次提出了“乡村创新系统”的概念。随后，本文指出了乡村创新系统和城市创新系统的异同，提出了乡村创新系统从科技创新、制度创新和网络组织创新“三位一体”驱动乡村振兴的机制，简述了乡村创新系统建设的理论与实践挑战，最后简要总结了乡村创新系统促进乡村振兴的实践经验与案例。为我国科技创新工作者和公共政策制定者提供了实现乡村振兴的创新系统论，对于国家和区域创新系统建设有重大的理论贡献，同时对于落实创新驱动发展战略和精准扶贫方略、完善国家创新与扶贫政策，实现乡村振兴和可持续发展具有重要的实践价值。

产 业 篇

Industry Part

B.4
中国制造业产业创新能力的综合分析

陈钰芬*

摘 要： 产业创新是国家创新系统的重要组成部分，是国家产业政策支持创新的重要体现。本文从创新环境、创新投入、创新组织及创新绩效四个方面设计了一套产业创新能力测度指标体系，对全国制造业27个产业（剔除垄断产业）的创新能力进行了总体描述分析，对制造业各产业的创新能力进行了综合分析和比较，并通过聚类分析将27个产业划分为高技术、中技术、低技术三类产业。在此基础上编制和测算2013～2015年高技术、中技术和低技术三大类产业以及制造业创新指数，目的是更加深入地了解制造业的创新能力和水平，为政府制定相关创新政策提供依据。

* 陈钰芬，浙江工商大学统计与数学学院副院长、教授，主要研究方向为科技创新评价和测度、企业创新管理与战略决策等。

关键词： 产业创新能力　产业竞争力　创新效益

一　产业创新能力的概念和内涵

党的十九大报告指出，“我国社会主要矛盾已经转化为人民日益增长的美好生活需要和不平衡不充分的发展之间的矛盾”，其中“不平衡不充分的发展”表明我国经济工作的重点已由“提高效率”逐步转向“结构调整”。党的十九大对制造业提出更高的定位和更细化的布局，建设“制造强国”、建设“创新型国家”的导向指明了中国经济的未来出路，强调实现两个建设必须完成产业创新升级。产业创新作为国家创新系统的重要组成部分，是国家产业政策支持创新的重要体现。产业创新在许多情况下代表的是一个企业群体的创新集合，产业创新的实质是对旧产业结构实现创造性破坏，从而实现产业结构的突变性升级。

产业结构突变的动力归纳为四个方面，包括消费需求、技术创新、企业创新意识和产业内企业的竞争压力。产业创新的实现由四个层次循序渐进完成，以技术创新为核心依次实现产品创新、市场创新、产业融合，最终实现产业间的跨越。产业创新作为一个系统的过程，在满足市场需求的前提下，还依赖于技术要素、资本要素、人力要素和外部要素等一系列客观因素。本文选取制造业相关产业一系列涉及科技活动的指标，就创新环境、创新投入、创新组织和创新绩效四个方面对产业创新能力进行分析。

二　产业创新能力测度指标体系

（一）产业创新能力测度指标体系的设计

基于产业创新理论，根据数据的可获取性，从创新环境、创新投入、创新组织以及创新绩效四个方面设计产业创新能力的测度指标体系。具体指标如表 1 所示。

表 1　产业创新能力测度指标体系

一级指标	二级指标	观测指标	变量标识	单位
创新环境	创新基础	有 R&D 活动的企业占比	X_1	%
		有研发机构的企业占比	X_2	%
	创新支持	企业 R&D 经费中来自政府的资金	X_3	万元
创新投入	R&D 强度	R&D 经费支出占主营业务收入比重	X_4	%
		外部 R&D 经费支出占主营业务收入比重	X_5	%
	R&D 人员占比	R&D 人员占从业人数比重	X_6	%
	技术引进	引进技术经费支出	X_7	万元
		购买国内技术经费支出	X_8	万元
	消化吸收	消化吸收经费支出	X_9	万元
	技术改造	技术改造经费支出	X_{10}	万元
创新组织	创新项目	每万人 R&D 项目数	X_{11}	项/万人
		每万人新产品开发项目数	X_{12}	项/万人
	开放合作	外部 R&D 经费与内部 R&D 经费支出之比	X_{13}	%
创新绩效	创新成果	每万名从业人员有效发明专利数	X_{14}	件/万人
		每万名从业人员发明专利申请数	X_{15}	件/万人
	经济效益	新产品销售收入占主营业务收入的比重	X_{16}	%

其中，每万人 R&D 项目数 = R&D 项目数/从业人员数；每万人新产品开发项目数 = 新产品开发项目数/从业人员数。

（二）数据说明

表 1 中所有指标的数据来源于历年《中国科技统计年鉴》和《中国统计年鉴》，并经计算而得。

三　产业创新能力综合分析

（一）产业创新能力综合评价

为深入了解制造业 27 个产业创新能力的发展状况，本节运用主成分分析法，依据 2015 年产业创新能力各项指标，将创新能力划分为创新环境、创新投入、创新组织和创新绩效四方面，分别对27个产业创新能力的各个方面进行评价分析，最后综合四方面水平得到各产业创新综合能力，并对各产业做比较。

1. 创新环境

依照建立的产业创新能力测度指标体系（如表1所示），创新环境方面共涉及3个指标，分别为有R&D活动的企业占比（X_1）、有研发机构的企业占比（X_2）、企业R&D经费中来自政府的资金（X_3）。

运用主成分分析法对上述3个指标进行综合分析，由于第一主成分能反映原始变量73.74%的信息，因此选用第一主成分具有一定代表性。第一主成分表达式为：

$$PCR1 = 0.650X_1 + 0.651X_2 + 0.391X_3$$

根据第一主成分得分，27个产业创新环境得分及其排序结果如表2所示。

表2　2015年各产业创新环境得分及其排序

产业	创新环境得分	排名
仪器仪表制造业	3.401	1
铁路、船舶、航空航天和其他运输设备制造业	2.831	2
医药制造业	2.607	3
计算机、通信和其他电子设备制造业	2.213	4
电气机械和器材制造业	1.434	5
专用设备制造业	1.419	6
通用设备制造业	1.119	7
化学纤维制造业	0.823	8
汽车制造业	0.562	9
化学原料和化学制品制造业	0.452	10
有色金属冶炼和压延加工业	0.107	11
金属制品业	-0.452	12
食品制造业	-0.648	13
橡胶和塑料制品业	-0.691	14
石油加工、炼焦和核燃料加工业	-0.732	15

续表

产业	创新环境得分	排名
文教、工美、体育和娱乐用品制造业	-0.766	16
酒、饮料和精制茶制造业	-0.921	17
黑色金属冶炼和压延加工业	-0.934	18
纺织业	-0.949	19
农副食品加工业	-1.237	20
印刷和记录媒介复制业	-1.244	21
造纸和纸制品业	-1.293	22
非金属矿物制品业	-1.299	23
木材加工和木、竹、藤、棕、草制品业	-1.360	24
纺织服装、服饰业	-1.450	25
皮革、毛皮、羽毛及其制品和制鞋业	-1.470	26
家具制造业	-1.522	27

根据表2得知，共有11个产业的创新环境得分在0以上，即超过40%的产业创新环境得分高于一般水平。其中，仪器仪表制造业在科技活动开展、研发机构建设及政府支持力度方面优势显著，因此该产业的创新环境显著优于其他产业，创新环境情况较好的产业还包括铁路、船舶、航空航天和其他运输设备制造业，医药制造业，计算机、通信和其他电子设备制造业，电气机械和器材制造业，专业设备制造业及通用设备制造业。产业创新能力的提升依赖于产业创新环境的优化，与其他产业相比，这7个产业类型偏向于高端技术型，开展R&D活动企业的比重及拥有研发机构企业的比重显著高于我国制造业的一般水平，具有巨大发展潜力，拥有充沛的资金，易获得政府资助，特别是铁路、船舶、航空航天和其他运输设备制造业。创新环境得分大于0的产业还有汽车制造业、化学纤维制造业、化学原料和化学制品制造业、有色金属冶炼和压延加工业，这4个产业侧重于机器制造和化工制造，产业类型倾向于中端技术型，该类产业较为注重科技活动的开展及研发机构的建设，具有一定的发展潜力，因此具有较好的创新环境。此外，创新环境得分低于0的产业偏向于中低端技术型，纺织服装、服饰业，皮革、毛皮、羽毛及其制品和制鞋业，家具制造业这3个产业为传统制造业，创新环

境发展最为落后，在科技活动开展、研发机构建设及政府投资力度方面均显著低于制造业一般水平，政府应大力鼓励该类产业企业培养创新意识，加大投资力度。

2. 创新投入

依照建立的产业创新能力测度指标体系，创新投入方面共涉及 7 个指标，分别为 R&D 经费支出占主营业务收入比重（X_4）、外部 R&D 经费支出占主营业务收入比重（X_5）、R&D 人员占从业人数比重（X_6）、引进技术经费支出（X_7）、购买国内技术经费支出（X_8）、消化吸收经费支出（X_9）、技术改造经费支出（X_{10}）。

运用主成分分析法对创新投入 7 个指标进行综合分析，经分析得到第一主成分解释了原始变量 56.19% 的信息，因此使用第一主成分对创新投入进行综合评价。第一主成分表达式为：

$$PCR1 = 0.383X_4 + 0.311X_5 + 0.400X_6 + 0.380X_7 + 0.401X_8 + 0.392X_9 + 0.372X_{10}$$

根据第一主成分得分，27 个产业创新投入得分及其排序结果如表 3 所示。

表 3　2015 年各产业创新投入得分及其排序

产业	创新投入得分	排名
汽车制造业	5. 688	1
计算机、通信和其他电子设备制造业	3. 354	2
铁路、船舶、航空航天和其他运输设备制造业	2. 906	3
医药制造业	2. 169	4
化学原料和化学制品制造业	1. 830	5
黑色金属冶炼和压延加工业	1. 817	6
电气机械和器材制造业	1. 480	7
仪器仪表制造业	0. 954	8
通用设备制造业	0. 827	9
有色金属冶炼和压延加工业	0. 608	10
专用设备制造业	0. 603	11
化学纤维制造业	-0. 433	12

续表

产业	创新投入得分	排名
石油加工、炼焦和核燃料加工业	-0.694	13
橡胶和塑料制品业	-0.919	14
金属制品业	-1.029	15
造纸和纸制品业	-1.164	16
食品制造业	-1.215	17
酒、饮料和精制茶制造业	-1.291	18
非金属矿物制品业	-1.316	19
纺织业	-1.323	20
农副食品加工业	-1.529	21
印刷和记录媒介复制业	-1.733	22
文教、工美、体育和娱乐用品制造业	-1.792	23
纺织服装、服饰业	-1.843	24
家具制造业	-1.911	25
木材加工和木、竹、藤、棕、草制品业	-1.987	26
皮革、毛皮、羽毛及其制品和制鞋业	-2.059	27

根据表3得知，创新投入方面共有11个产业得分在0以上，即11个产业的创新投入得分超过制造业一般水平；整体来看，创新投入情况与创新环境基本一致。处于较高水平创新环境的汽车制造业创新投入得分显著高于其他产业，表明汽车制造业处于我国产业发展中举足轻重的位置，反映了消费者对汽车产业品质升级具有极大需求。另外，创新投入得分较高的产业还包括计算机、通信和其他电子设备制造业，铁路、船舶、航空航天和其他运输设备制造业，医药制造业，化学原料和化学制品制造业，黑色金属冶炼和压延加工业及电气机械和器材制造业。这7个产业重视R&D经费投入，拥有雄厚R&D人力资本，对创新能力的提升提供了有力保障。创新投入得分大于0的产业还有仪器仪表制造业、通用设备制造业、有色金属冶炼和压延加工业、专用设备制造业。此外，家具制造业，木材加工和木、竹、藤、棕、草制品业，皮革、毛皮、羽毛及其制品和制鞋业这3个产业的创新投入情况最为落后，对技术创新的重视不够，应培养和鼓励该类产业在人力和资本上加大投入，为全面提高产业创新能力奠定基础。

3. 创新组织

依照前面建立的产业创新能力测度指标体系，创新组织方面共涉及3个指标，分别为每万人R&D项目数（X_{11}）、每万人新产品开发项目数（X_{12}）、外部R&D经费与内部R&D经费支出之比（X_{13}）。

运用主成分分析法对上述3个指标进行综合分析，第一主成分能反映原始变量77.31%的信息，因此选用第一主成分进行综合分析较为合适。第一主成分表达式为：

$$PCR1 = 0.633X_{11} + 0.631X_{12} + 0.447X_{13}$$

根据第一主成分得分，27个产业创新组织得分及其排序结果如表4所示。

表4　2015年各产业创新组织得分及其排序

产业	创新组织得分	排名
医药制造业	3.994	1
仪器仪表制造业	3.449	2
铁路、船舶、航空航天和其他运输设备制造业	2.300	3
专用设备制造业	1.565	4
通用设备制造业	1.521	5
汽车制造业	1.230	6
电气机械和器材制造业	1.139	7
化学原料和化学制品制造业	0.690	8
化学纤维制造业	0.177	9
计算机、通信和其他电子设备制造业	0.138	10
有色金属冶炼和压延加工业	0.043	11
金属制品业	-0.356	12
食品制造业	-0.385	13
橡胶和塑料制品业	-0.388	14
石油加工、炼焦和核燃料加工业	-0.708	15
黑色金属冶炼和压延加工业	-0.856	16
农副食品加工业	-0.918	17
酒、饮料和精制茶制造业	-0.924	18
印刷和记录媒介复制业	-1.045	19

续表

产业	创新组织得分	排名
非金属矿物制品业	-1.122	20
造纸和纸制品业	-1.122	21
文教、工美、体育和娱乐用品制造业	-1.173	22
纺织业	-1.202	23
家具制造业	-1.218	24
木材加工和木、竹、藤、棕、草制品业	-1.487	25
纺织服装、服饰业	-1.630	26
皮革、毛皮、羽毛及其制品和制鞋业	-1.710	27

由表4可知，医药制造业，仪器仪表制造业，铁路、船舶、航空航天和其他运输设备制造业，专用设备制造业，通用设备制造业的创新组织得分位列前五，分别为3.994、3.449、2.300、1.565、1.521，可见这些产业的创新项目较多，开放合作程度较高，对资源的整合优化能力更强。而创新组织得分在平均水平以上的还有汽车制造业，电气机械和器材制造业，化学原料和化学制品制造业，化学纤维制造业，计算机、通信和其他电子设备制造业，有色金属冶炼和压延加工业。由此可见，产业创新组织得分较高的产业主要集中在高端工业产品制造业，这些产业对技术的要求更高，更需要技术的创新来带动发展。而纺织业，家具制造业，木材加工和木、竹、藤、棕、草制品业，纺织服装、服饰业，皮革、毛皮、羽毛及其制品和制鞋业的创新组织得分居于后五位，其创新组织较为落后，缺乏相应的技术创新项目，与企业外部组织的研发合作也较少。

4. 创新绩效

依照前面建立的产业创新能力测度指标体系，创新绩效方面共涉及3个指标，分别为每万名从业人员有效发明专利数（X_{14}）、每万名从业人员发明专利申请数（X_{15}）、新产品销售收入占总销售收入的比重（X_{16}）。

运用主成分分析法对上述3个指标进行综合分析，第一主成分能反映原始变量89.90%的信息，因此选用第一主成分进行综合分析较为合适。第一主成分表达式为：

$$PCR1 = 0.585 X_{14} + 0.600 X_{15} + 0.545 X_{16}$$

根据第一主成分得分，27 个产业创新绩效得分及其排序结果如表 5 所示。

表 5　2015 年各产业创新绩效得分及其排序

产业	创新绩效得分	排名
计算机、通信和其他电子设备制造业	4.174	1
仪器仪表制造业	2.964	2
铁路、船舶、航空航天和其他运输设备制造业	2.545	3
专用设备制造业	2.114	4
电气机械和器材制造业	2.038	5
医药制造业	1.910	6
通用设备制造业	1.009	7
汽车制造业	0.939	8
化学原料和化学制品制造业	0.558	9
化学纤维制造业	0.333	10
有色金属冶炼和压延加工业	-0.248	11
金属制品业	-0.538	12
黑色金属冶炼和压延加工业	-0.592	13
橡胶和塑料制品业	-0.719	14
造纸和纸制品业	-0.870	15
食品制造业	-1.038	16
石油加工、炼焦和核燃料加工业	-1.041	17
纺织业	-1.058	18
印刷和记录媒介复制业	-1.129	19
家具制造业	-1.196	20
文教、工美、体育和娱乐用品制造业	-1.213	21
非金属矿物制品业	-1.322	22
酒、饮料和精制茶制造业	-1.399	23
农副食品加工业	-1.422	24
纺织服装、服饰业	-1.488	25
木材加工和木、竹、藤、棕、草制品业	-1.644	26
皮革、毛皮、羽毛及其制品和制鞋业	-1.667	27

由表 5 可知，计算机、通信和其他电子设备制造业以 4.174 的创新绩效得分位居首位，可见该产业企业的创新成果多，创新效益高。其次为仪器仪

表制造业，铁路、船舶、航空航天和其他运输设备制造业，这些产业均为高技术产业，本身对技术创新的需求就比较大，加之较好的创新环境和较大的创新投入为创新活动的开展打下了坚实的基础，促使这些产业具有较好的创新绩效，反过来进一步推动了企业发展，形成良性循环。而酒、饮料和精制茶制造业，农副食品加工业，纺织服装、服饰业，木材加工和木、竹、藤、棕、草制品业，皮革、毛皮、羽毛及其制品和制鞋业的创新绩效得分位居后五位，这些产业本身对技术创新的重视程度偏低，创新投入不足，开展的创新项目较少，与外部合作 R&D 的资源与能力不足，致使其创新成果偏少、创新效益偏低。

5. 产业创新综合能力

依据产业创新能力测度指标体系，对创新环境、创新投入、创新组织、创新绩效四项一级指标进行主成分分析，第一主成分能反映全部一级指标 87.30% 的信息，因此选用第一主成分进行综合分析，其第一主成分得分及其排序结果如表 6 所示。

表 6　2015 年各产业创新综合能力第一主成分得分及其排序

产业	第一主成分得分	排名
医药制造业	4.116	1
仪器仪表制造业	3.750	2
铁路、船舶、航空航天和其他运输设备制造业	3.195	3
汽车制造业	2.290	4
专用设备制造业	1.696	5
通用设备制造业	1.611	6
电气机械和器材制造业	1.603	7
计算机、通信和其他电子设备制造业	1.599	8
化学原料和化学制品制造业	1.032	9
化学纤维制造业	0.311	10
有色金属冶炼和压延加工业	0.200	11
黑色金属冶炼和压延加工业	-0.509	12
金属制品业	-0.627	13
橡胶和塑料制品业	-0.708	14
食品制造业	-0.756	15

续表

产业	第一主成分得分	排名
石油加工、炼焦和核燃料加工业	-0.891	16
酒、饮料和精制茶制造业	-1.236	17
农副食品加工业	-1.394	18
纺织业	-1.444	19
文教、工美、体育和娱乐用品制造业	-1.463	20
造纸和纸制品业	-1.473	21
非金属矿物制品业	-1.508	22
印刷和记录媒介复制业	-1.528	23
家具制造业	-1.782	24
木材加工和木、竹、藤、棕、草制品业	-1.927	25
纺织服装、服饰业	-2.025	26
皮革、毛皮、羽毛及其制品和制鞋业	-2.134	27

为直观反映27个产业的创新综合能力以及各个产业之间存在的差异，依据表6绘制了27个产业的创新综合能力第一主成分得分条形图，即图1。

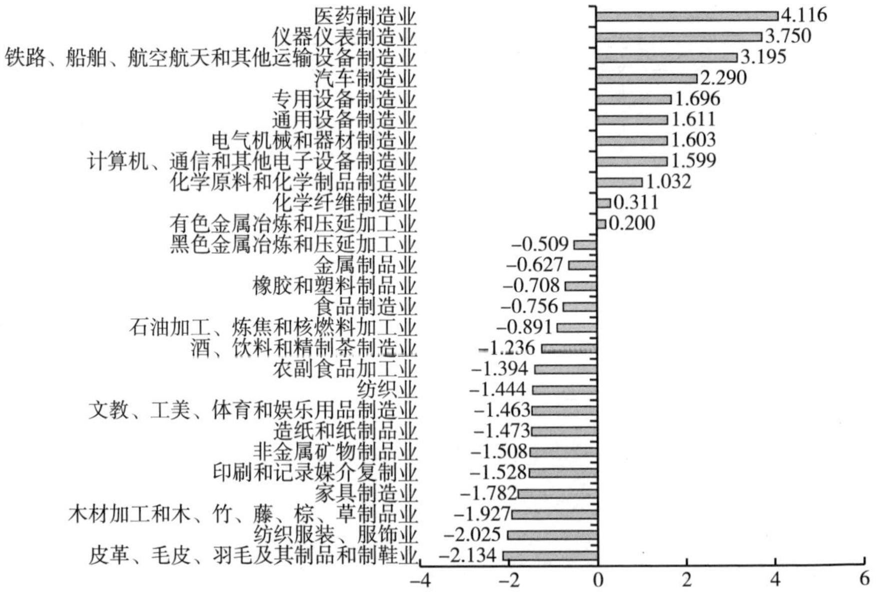

图1　2015年各产业创新综合能力第一主成分得分及其排序

由表6和图1可知，创新综合能力得分位居前四位的是医药制造业，仪器仪表制造业，铁路、船舶、航空航天和其他运输设备制造业，汽车制造业。这些产业的创新综合能力得分均在2.0以上，可见这些产业在技术创新上更具竞争力。其次创新综合得分在平均水平以上的产业还有专用设备制造业，通用设备制造业，电气机械和器材制造业，计算机、通信和其他电子设备制造业，化学原料和化学制品制造业，化学纤维制造业，有色金属冶炼和压延加工业。这些产业的创新综合能力在制造业27个产业中具有相对较好的优势，这与产业本身的创新环境、创新投入、创新组织、创新绩效息息相关。而木材加工和木、竹、藤、棕、草制品业，纺织服装、服饰业，皮革、毛皮、羽毛及其制品和制鞋业的创新综合能力得分处于最后三位，这些产业均为传统制造业，对技术创新的要求不高，且缺乏创新意识，创新投入不足，开展创新项目的动力和能力欠缺，利用外部创新资源的能力也较弱。

（二）产业创新能力的聚类分析

为突出2015年27个产业在创新建设过程中所处的创新能力发展阶层，运用聚类分析方法，结合2015年创新环境、创新投入、创新组织和创新绩效四方面的得分（如表7所示），对27个产业进行分类，并采用系统聚类的Ward法，得聚类谱系图（如图2所示）。

表7　2015年各产业创新能力一级指标综合得分

产业	创新环境得分	创新投入得分	创新组织得分	创新绩效得分
纺织业	-0.949	-1.323	-1.202	-1.202
纺织服装、服饰业	-1.450	-1.843	-1.630	-1.630
皮革、毛皮、羽毛及其制品和制鞋业	-1.470	-2.059	-1.710	-1.710
木材加工和木、竹、藤、棕、草制品业	-1.360	-1.987	-1.487	-1.487
家具制造业	-1.522	-1.911	-1.218	-1.218
造纸和纸制品业	-1.293	-1.164	-1.122	-1.122
印刷和记录媒介复制业	-1.244	-1.733	-1.045	-1.045
文教、工美、体育和娱乐用品制造业	-0.766	-1.792	-1.173	-1.173

续表

产业	创新环境得分	创新投入得分	创新组织得分	创新绩效得分
农副食品加工业	-1.237	-1.529	-0.918	-0.918
食品制造业	-0.648	-1.215	-0.385	-0.385
酒、饮料和精制茶制造业	-0.921	-1.291	-0.924	-0.924
石油加工、炼焦和核燃料加工业	-0.732	-0.694	-0.708	-0.708
橡胶和塑料制品业	-0.691	-0.919	-0.388	-0.388
非金属矿物制品业	-1.299	-1.316	-1.122	-1.122
黑色金属冶炼和压延加工业	-0.934	1.817	-0.856	-0.856
有色金属冶炼和压延加工业	0.107	0.608	0.043	0.043
金属制品业	-0.452	-1.029	-0.356	-0.356
汽车制造业	0.562	5.688	1.230	1.230
通用设备制造业	1.119	0.827	1.521	1.521
专用设备制造业	1.419	0.603	1.565	1.565
电气机械和器材制造业	1.434	1.480	1.139	1.139
仪器仪表制造业	3.401	0.954	3.449	3.449
铁路、船舶、航空航天和其他运输设备制造业	2.831	2.906	2.300	2.300
计算机、通信和其他电子设备制造业	2.213	3.354	0.138	0.138
化学原料和化学制品制造业	0.452	1.830	0.690	0.690
医药制造业	2.607	2.169	3.994	3.994
化学纤维制造业	0.823	-0.433	0.177	0.177

由图 2 可得，27 个产业可以划分为三大类。

第一类包括：医药制造业，仪器仪表制造业，铁路、船舶、航空航天和其他运输设备制造业，汽车制造业，专用设备制造业，通用设备制造业，电气机械和器材制造业，计算机、通信和其他电子设备制造业，化学原料和化学制品制造业。这 9 个产业基于雄厚的资金实力、人力资本优势和政策支持，创新能力显著领先于其他产业，该类别可归为高技术产业。

第二类包括：化学纤维制造业，有色金属冶炼和压延加工业，黑色金属冶炼和压延加工业，金属制品业，橡胶和塑料制品业，食品制造业，石油加工、炼焦和核燃料加工业。这 7 个产业拥有雄厚的资金和充沛的资源，创新能力强，该类别可归为中技术产业。

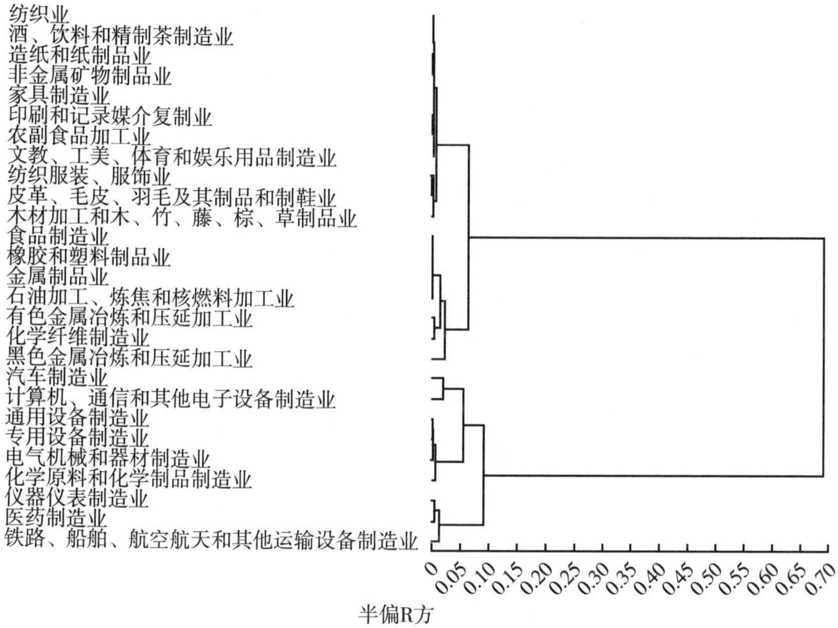

图2　2015 年各产业创新能力聚类谱系

第三类包括：酒、饮料和精制茶制造业，农副食品加工业，纺织业，文教、工美、体育和娱乐用品制造业，造纸和纸制品业，非金属矿物制品业，印刷和记录媒介复制业，家具制造业，木材加工和木、竹、藤、棕、草制品业，纺织服装、服饰业，皮革、毛皮、羽毛及其制品和制鞋业。这 11 个产业多为传统产业，其资金相对缺乏，创新能力相对薄弱，需要培养和增强产业创新意识，增加创新投入，激发企业创新活力，该类别可归为低技术产业。

四　产业创新能力指数分析

为更加直观地了解 2013 ~ 2015 年中国制造业产业创新能力的发展趋势，本节以 2012 年制造业的各项指标为基准，编制 2013 ~ 2015 年制造业创新指数。

（一）数据说明

1. 指标调整

为了在对产业进行重新组合后不受产业规模、产业合并的影响，本节将上文中产业创新能力测度指标体系的个别绝对指标进行调整。需要调整的指标如下：

“企业 R&D 经费中来自政府的资金” 调整为“R&D 经费中政府资金所占比重”；

“引进技术经费支出”“购买国内技术经费支出”“消化吸收经费支出”“技术改造经费支出” 这四个指标合并调整为“技术引进消化吸收经费占主要业务收入的比重”。

2. 权重的确定

本文采用等权法来确定权重。

（二）三大类产业创新指数

以 2012 年制造业整体的各项指标数据作为标准值，权数用等权法计算得到，结果如表 8 所示。

表 8　产业创新能力各指标权重及标准值

一级指标	权数	二级指标	权数	标准值
创新环境	0.25	有 R&D 活动的企业占比	0.333	13.73%
		有研发机构的企业占比	0.333	11.31%
		R&D 经费中政府资金所占比重	0.333	4.39%
创新投入	0.25	R&D 经费支出占主营业务收入比重	0.25	0.77%
		外部 R&D 经费支出占主营业务收入比重	0.25	0.04%
		R&D 人员占从业人数比重	0.25	3.22%
		技术引进消化吸收经费占主要业务收入的比重	0.25	0.53%
创新组织	0.25	每万人 R&D 项目数	0.333	30.3315 项/万人
		每万人新产品开发项目数	0.333	34.1212 项/万人
		外部 R&D 经费与内部 R&D 经费支出之比	0.333	5.80%

续表

一级指标	权数	二级指标	权数	标准值
创新绩效	0.25	每万名从业人员有效发明专利数	0.333	29.2420 件/万人
		每万名从业人员发明专利申请数	0.333	18.5842 件/万人
		新产品销售收入占主营业务收入的比重	0.333	11.89%

1. 低技术产业

利用原始数据和指标标准值对低技术产业各指标进行指数计算，结果见表9。

表9　低技术产业各指标原始数据及指数

指标	原始数据			标准值	指数		
	2013年	2014年	2015年		2013年	2014年	2015年
有R&D活动的企业占比(%)	9.163	10.617	12.466	13.730	0.6674	0.7732	0.9079
有研发机构的企业占比(%)	7.614	8.459	9.306	11.310	0.6732	0.7479	0.8228
R&D经费中政府资金所占比重(%)	2.790	2.487	2.372	4.390	0.6355	0.5665	0.5403
R&D经费支出占主营业务收入比重(%)	0.427	0.453	0.494	0.770	0.5545	0.5883	0.6416
外部R&D经费支出占主营业务收入比重(%)	0.012	0.012	0.013	0.040	0.3000	0.3000	0.3250
R&D人员占从业人数比重(%)	1.722	1.844	1.923	3.220	0.5348	0.5727	0.5972
技术引进消化吸收经费占主要业务收入的比重(%)	0.266	0.231	0.189	0.530	0.5019	0.4358	0.3566
每万人R&D项目数(项/万人)	16.618	17.848	17.586	30.332	0.5479	0.5884	0.5798
每万人新产品开发项目数(项/万人)	18.877	19.715	18.507	34.121	0.5532	0.5778	0.5424
外部R&D经费与内部R&D经费支出之比(%)	2.864	2.648	2.600	5.800	0.4938	0.4565	0.4483
每万名从业人员有效发明专利数(件/万人)	11.592	15.233	18.704	29.242	0.3964	0.5209	0.6396
每万名从业人员发明专利申请数(件/万人)	7.235	8.425	9.287	18.584	0.3893	0.4533	0.4997
新产品销售收入占主营业务收入的比重(%)	6.748	6.886	7.231	11.890	0.5676	0.5791	0.6082

利用表8中的权重，采用加权平均法对低技术产业各子系统指数及总指数进行计算合成（结果见表10）。

表10　低技术产业各指标指数

指标	2013年	2014年	2015年
创新环境指数	0.6587	0.6959	0.7570
创新投入指数	0.4728	0.4742	0.4801
创新组织指数	0.5316	0.5409	0.5235
创新绩效指数	0.4511	0.5178	0.5825
产业创新指数	0.5286	0.5572	0.5858

利用表10中2013～2015年低技术产业各指标数据绘制雷达图，即图3。

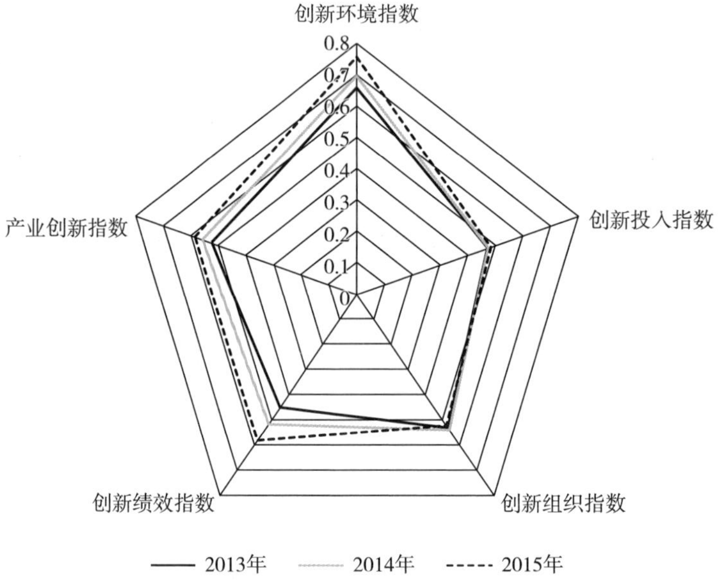

图3　低技术产业创新指数

由图3可以看出，2013～2015年低技术产业创新指数处于持续增长的状态。创新能力的大部分指标有了显著提升，2015年创新环境指数为0.7570，比2013年提高0.0983；创新绩效的变化最大，2015年创新绩效指数为0.5825，比2013年提高0.1314；创新投入指数略有增长；创新组织指数变化较小，在2015年有所降低。

2. 中技术产业

利用原始数据和指标标准值对中技术产业指标进行指数计算，结果见表11。

表11　中技术产业各指标原始数据及指数

指标	原始数据			标准值	指数		
	2013年	2014年	2015年		2013年	2014年	2015年
有R&D活动的企业占比(%)	17.159	19.645	22.813	13.730	1.2497	1.4308	1.6615
有研发机构的企业占比(%)	13.718	14.900	16.195	11.310	1.2129	1.3174	1.4319
企业R&D经费中政府资金所占比重(%)	1.957	2.039	1.961	4.390	0.4459	0.4645	0.4467
R&D经费支出占主营业务收入比重(%)	0.803	0.831	0.880	0.770	1.0429	1.0792	1.1429
外部R&D经费支出占主营业务收入比重(%)	0.025	0.029	0.025	0.040	0.6250	0.7250	0.6250
R&D人员占从业人数比重(%)	4.174	4.501	4.648	3.220	1.2962	1.3979	1.4435
技术引进消化吸收经费占主要业务收入的比重(%)	0.700	0.616	0.489	0.530	1.3208	1.1623	0.9226
每万人R&D项目数(项/万人)	36.906	39.322	40.053	30.332	1.2167	1.2964	1.3205
每万人新产品开发项目数(项/万人)	34.932	38.315	37.095	34.121	1.0238	1.1229	1.0872
外部R&D经费与内部R&D经费支出之比(%)	3.075	3.443	2.889	5.800	0.5302	0.5936	0.4981
每万名从业人员有效发明专利数(件/万人)	31.833	42.030	56.168	29.242	1.0886	1.4373	1.9208
每万名从业人员发明专利申请数(件/万人)	21.647	24.174	24.618	18.584	1.1648	1.3008	1.3247
新产品销售收入占主营业务收入的比重(%)	11.510	11.921	12.119	11.890	0.9680	1.0026	1.0193

利用表8中的权重，采用加权平均法对中技术产业各子系统指数及总指数进行计算合成（结果见表12）。

表12　中技术产业各指标指数

指标	2013年	2014年	2015年
创新环境指数	0.9695	1.0709	1.1800
创新投入指数	1.0713	1.0911	1.0335
创新组织指数	0.9236	1.0043	0.9686
创新绩效指数	1.0738	1.2469	1.4216
产业创新指数	1.0095	1.1033	1.1509

利用表12中2013～2015年中技术产业各指标数据绘制雷达图，即图4。

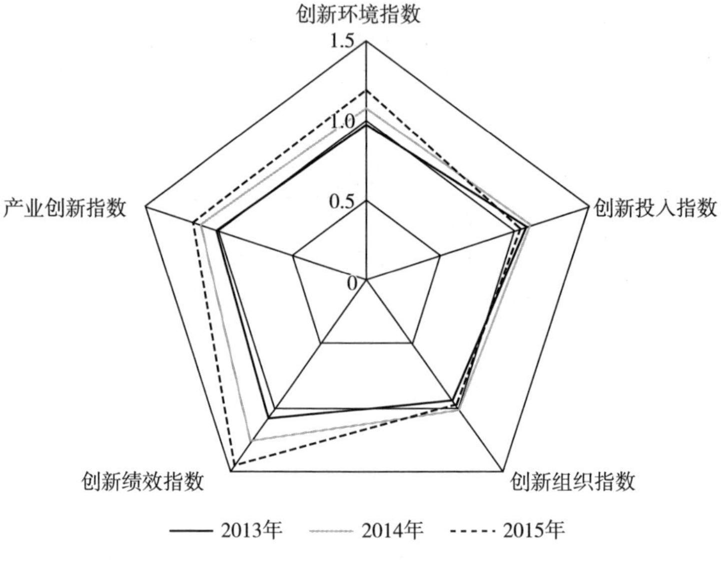

图4　中技术产业创新指数

由图4可以看出，2013～2015年中技术产业创新指数有了显著的提高。创新能力的部分指标有了提升，2015年创新环境指数为1.1800，比2013年提高0.2105；创新绩效的变化最大，2015年创新绩效指数为1.4216，比

2013 年提高 0. 3478；创新组织指数和创新投入指数的变化较小，在 2015 年有所下降，创新投入指数减幅最大，2015 年相比 2014 年减少了 0. 0576。

3. 高技术产业

利用原始数据和指标标准值对高技术产业指标进行指数计算，结果见表 13。

表 13　高技术产业各指标原始数据及指数

指标	原始数据			标准值	指数		
	2013 年	2014 年	2015 年		2013 年	2014 年	2015 年
有 R&D 活动的企业占比(%)	26. 895	29. 895	33. 046	13. 730	1. 9588	2. 1773	2. 4068
有研发机构的企业占比(%)	20. 445	21. 578	23. 426	11. 310	1. 8077	1. 9079	2. 0712
企业 R&D 经费中政府资金所占比重(%)	5. 735	5. 357	5. 495	4. 390	1. 3064	1. 2203	1. 2517
R&D 经费支出占主营业务收入比重(%)	1. 463	1. 494	1. 573	0. 770	1. 9000	1. 9403	2. 0429
外部 R&D 经费支出占主营业务收入比重(%)	0. 086	0. 088	0. 102	0. 040	2. 1500	2. 2000	2. 5500
R&D 人员占从业人数比重(%)	6. 041	6. 270	6. 331	3. 220	1. 8761	1. 9472	1. 9661
技术引进消化吸收经费占主要业务收入的比重(%)	0. 550	0. 455	0. 424	0. 530	1. 0377	0. 8585	0. 8000
每万人 R&D 项目数(项/万人)	59. 953	60. 816	53. 011	30. 332	1. 9766	2. 0050	1. 7477
每万人新产品开发项目数(项/万人)	70. 932	70. 611	59. 495	34. 121	2. 0788	2. 0694	1. 7436
外部 R&D 经费与内部 R&D 经费支出之比(%)	5. 909	5. 899	6. 493	5. 800	1. 0188	1. 0171	1. 1195
每万名从业人员有效发明专利数(件/万人)	73. 987	94. 641	122. 966	29. 242	2. 5302	3. 2365	4. 2051
每万名从业人员发明专利申请数(件/万人)	42. 651	48. 033	49. 003	18. 584	2. 2950	2. 5846	2. 6368
新产品销售收入占主营业务收入的比重(%)	23. 815	24. 647	25. 389	11. 890	2. 0030	2. 0729	2. 1353

利用表8中的权重，采用加权平均法对高技术产业各子系统指数及总指数进行计算合成（结果见表14）。

表14　高技术产业各指标指数

指标	2013年	2014年	2015年
创新环境指数	1.6910	1.7685	1.9099
创新投入指数	1.7410	1.7365	1.8398
创新组织指数	1.6914	1.6972	1.5369
创新绩效指数	2.2760	2.6313	2.9924
产业创新指数	1.8498	1.9584	2.0698

利用表14中2013~2015年高技术产业各指标数据绘制雷达图，即图5。

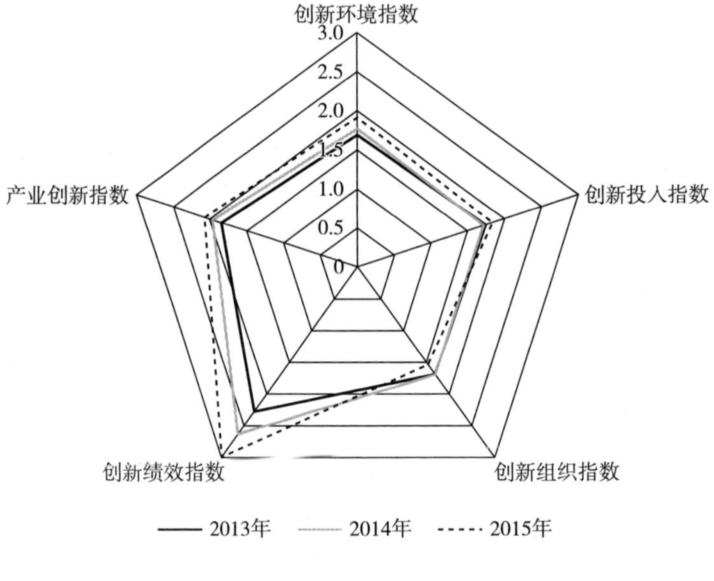

图5　高技术产业创新指数

由图5可以看出，2013~2015年高技术产业指数能力有持续增长的趋势。创新绩效的变化最大，2015年创新绩效指数为2.9924，比2013年提高

0.7164；2015 年创新环境指数为 1.9099，比 2013 年提高 0.2189；创新投入指数在 2014 年有所下降，在 2015 年又有所上升；创新组织指数在 2015 年有了显著下降，减少了 0.1603。

4. 三大类产业创新指数的比较

由上述分析可以看出三大类产业的创新能力有显著差异，下面从创新环境指数、创新投入指数、创新组织指数、创新绩效指数以及产业创新指数五方面对三大类产业进行比较。

（1）创新环境指数

根据各产业 2013 ~ 2015 年创新环境指数数据绘制趋势图，即图 6。

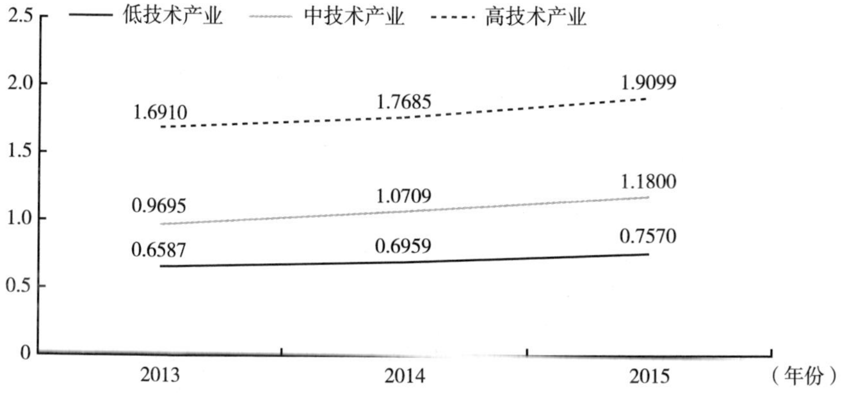

图 6　2013 ~ 2015 年三大类产业创新环境指数趋势

由图 6 可知，在 2013 ~ 2015 年，三大类产业创新环境指数呈现持续增长的趋势。三类产业中高技术产业的创新环境指数涨幅最大，且明显高于其他两类产业；中技术产业与低技术产业创新环境指数的增速相近，但中技术产业的创新环境指数明显高于低技术产业。

（2）创新投入指数

由图 7 可知，在 2013 ~ 2015 年，三大类产业创新投入指数变化趋势不同。高技术产业的创新投入指数在 2014 年有所下降，在 2015 年呈上升状态，且增幅较大；中技术的创新投入指数在 2013 ~ 2015 年处于先升后降状态，但下降幅度不大；低技术产业的创新投入指数最低，在 2013 ~ 2015 年变化不明显。

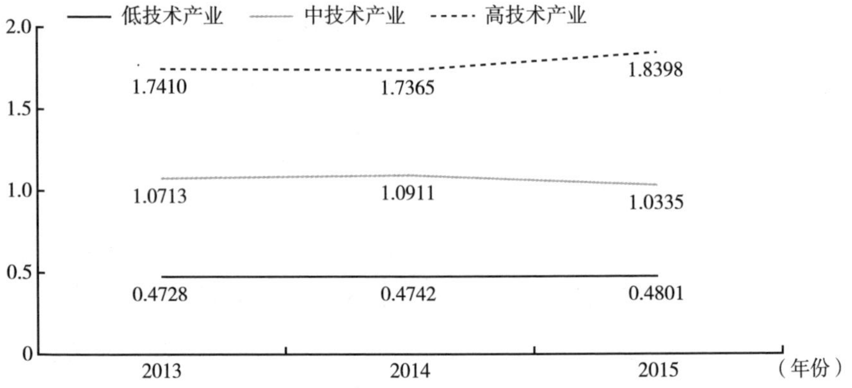

图 7　2013 ~ 2015 年三大类产业创新投入指数趋势

（3）创新组织指数

由图 8 可知，2013 ~ 2015 年三大类产业创新组织指数的变化趋势相同。在 2014 年有所上升，但在 2015 年有所下降。2015 年高技术产业的创新组织指数下降幅度最大，但仍领先于其他两类产业；中技术产业与低技术产业创新组织指数的变化幅度大致相同，但中技术产业的创新组织指数领先于低技术产业。

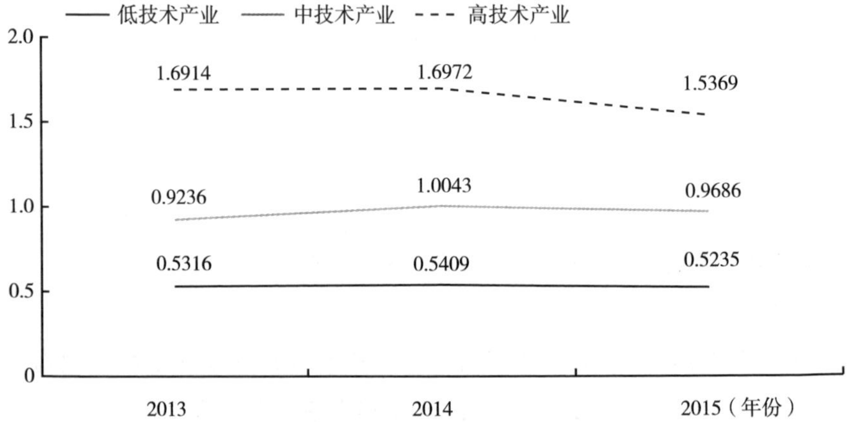

图 8　2013 ~ 2015 年三大类产业创新组织指数趋势

（4）创新绩效指数

由图9可知，2013～2015年三大类产业创新绩效指数均呈现持续上升趋势。高技术产业的创新绩效指数增幅最大，且遥遥领先其他两类产业；中技术产业创新绩效指数在2014～2015年的增幅大于低技术产业，且整体上比低技术产业的高；低技术产业创新绩效指数最低。

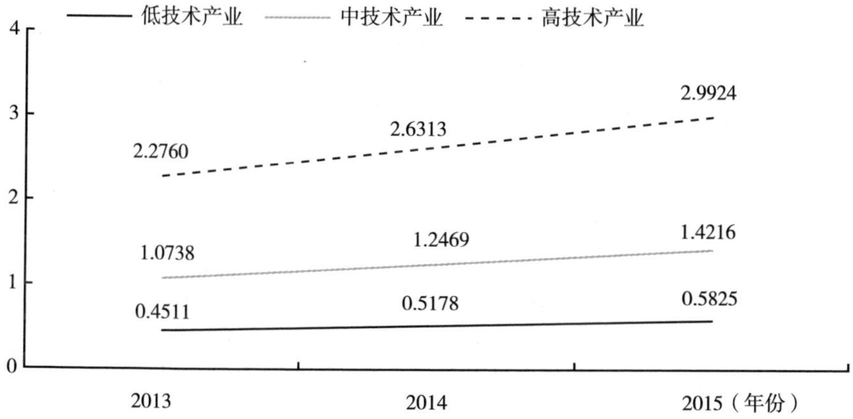

图9　2013～2015年三大类产业创新绩效指数趋势

（5）产业创新指数

由图10可知，2013～2015年三大类产业创新指数呈现持续增长趋势。高技术产业的创新指数增幅最大，且遥遥领先于其他两类产业；低技术产业的创新指数增幅最小，且比其他两类产业低。

综合图6至图10，在2013～2015年，高技术产业创新能力最强，各项指数均遥遥领先于其他两类产业；中技术产业次之；低技术产业的创新能力最差，各项指数均低于其他两类产业。

（三）制造业创新指数

将历年《中国科技统计年鉴》中规模以上企业各产业总计的数据作为制造业的原始数据，利用原始数据和指标标准值对制造业指标进行指数计算，结果见表15。

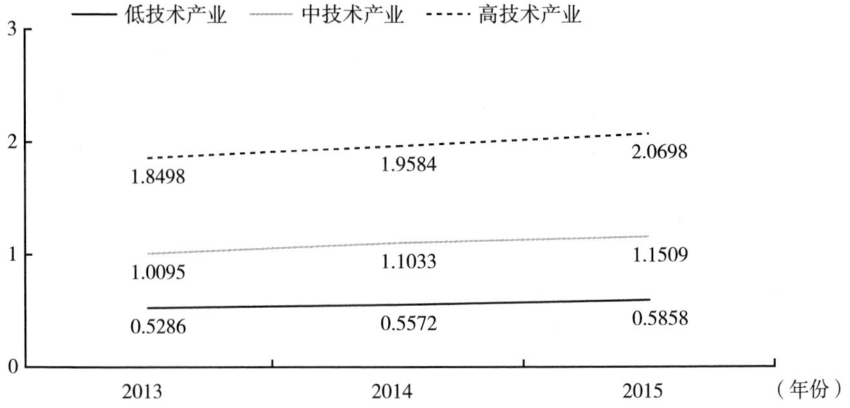

图 10　2013～2015 年三大类产业创新指数趋势

表 15　制造业各指标原始数据及指数

指标	原始数据			标准值	指数		
	2013 年	2014 年	2015 年		2013 年	2014 年	2015 年
有 R&D 活动的企业占比(%)	15. 718	17. 807	20. 217	13. 730	1. 1448	1. 2970	1. 4725
有研发机构的企业占比(%)	12. 400	13. 390	14. 598	11. 310	1. 0964	1. 1839	1. 2907
R&D 经费中政府资金所占比重(%)	4. 357	4. 102	4. 181	4. 390	0. 9925	0. 9344	0. 9524
R&D 经费支出占主营业务收入比重(%)	0. 885	0. 918	0. 982	0. 770	1. 1494	1. 1922	1. 2753
外部 R&D 经费支出占主营业务收入比重(%)	0. 042	0. 044	0. 049	0. 040	1. 0500	1. 1000	1. 2250
R&D 人员占从业人数比重(%)	3. 709	3. 910	3. 995	3. 220	1. 1519	1. 2143	1. 2407
技术引进消化吸收经费占主要业务收入的比重(%)	0. 468	0. 399	0. 341	0. 530	0. 8830	0. 7528	0. 6425
每万人 R&D 项目数(项/万人)	35. 970	37. 332	34. 303	30. 332	1. 1859	1. 2308	1. 1309
每万人新产品开发项目数(项/万人)	40. 987	41. 889	36. 899	34. 121	1. 2012	1. 2277	1. 0814
外部 R&D 经费与内部 R&D 经费支出之比(%)	4. 710	4. 742	5. 006	5. 800	0. 8121	0. 8176	0. 8631
每万名从业人员有效发明专利数(件/万人)	38. 230	49. 534	64. 225	29. 242	1. 3074	1. 6939	2. 1963
每万名从业人员发明专利申请数(件/万人)	22. 754	25. 850	26. 763	18. 584	1. 2244	1. 3909	1. 4401
新产品销售收入占主营业务收入的比重(%)	13. 959	14. 505	15. 105	11. 890	1. 1740	1. 2199	1. 2704

利用表8中的权重，采用加权平均法对制造业各子系统指数及总指数进行计算合成（结果见表16）。

表16　制造业各指标指数

指标	2013年	2014年	2015年
创新环境指数	1.0779	1.1384	1.2385
创新投入指数	1.0586	1.0648	1.0961
创新组织指数	1.0664	1.0920	1.0251
创新绩效指数	1.2353	1.4349	1.6356
创新指数	1.1095	1.1825	1.2488

利用表16中2013～2015年制造业各指标数据绘制雷达图，即图11。

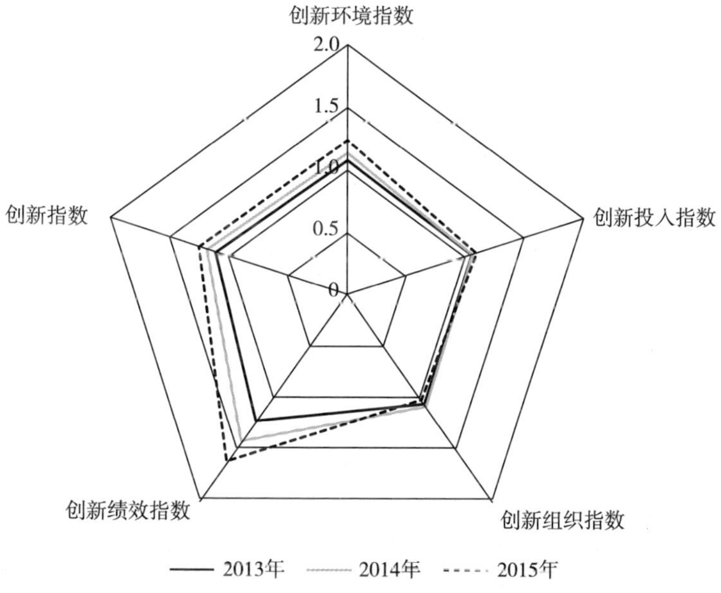

图11　制造业创新指数

由图11可以看出，2013～2015年制造业创新指数呈逐年增长趋势。创新绩效指数的增幅最大，2015年的创新绩效指数为1.6356，比2013年增加0.4003；创新环境指数和创新投入指数的增长较少，创新环境指数2015年仅比2013年增加0.1606，创新投入指数2015年仅比2013年增加0.0375；2015年创新组织指数有所下降，减少了0.0669。

五　结论和启示

本文从创新环境、创新投入、创新组织、创新绩效四个方面，建立了产业创新能力测度指标体系，对2015年制造业各产业的创新能力进行综合分析，并将制造业27个产业分为高技术产业、中技术产业、低技术产业三类，在此基础上计算制造业创新指数，动态分析2013～2015年制造业各产业及产业间的创新能力发展状况。

通过主成分分析，对2015年制造业各产业的创新环境、创新投入、创新组织、创新绩效以及创新综合能力进行综合分析，得到医药制造业的创新综合能力最强，其次为仪器仪表制造业，铁路、船舶、航空航天和其他运输设备制造业以及汽车制造业。这些产业本身就是高技术产业，在技术创新上更具竞争力，而且较好的创新环境和创新组织、较大的创新投入也为其发展打下了坚实的基础，促使这些产业的企业的创新绩效进一步提升，形成较好的良性循环。而木材加工和木、竹、藤、棕、草制品业，纺织服装、服饰业，皮革、毛皮、羽毛及其制品和制鞋业的创新综合能力较弱，这些产业均为传统制造业，对技术创新的要求不高，且缺乏创新意识。

根据2015年制造业各产业的创新环境、创新投入、创新组织、创新绩效得分进行聚类分析，将27个产业划分为三类。其中，第一类包括医药制造业，仪器仪表制造业，铁路、船舶、航空航天和其他运输设备制造业，汽车制造业，专用设备制造业，通用设备制造业，电气机械和器材制造业，计算机、通信和其他电子设备制造业，化学原料和化学制品制造业，属于高技术产业，这些产业在技术创新上占据较大的优势，其创新基础坚实，创新投入大，具有较高的创新绩效，创新能力显著高于其他产业。第二类包括化学纤维制造业，有色金属冶炼和压延加工业，黑色金属冶炼和压延加工业，金属制品业，橡胶和塑料制品业，食品制造业，石油加工、炼焦和核燃料加工业，属于中技术产业。第三类包括酒、饮料和精制茶制造业，农副食品加工业，纺织业，文教、工美、体育和娱乐用品制造业，造纸和纸制品业，非金属矿物制品业，印刷和记录媒介复制业，家具制造业，木材加工和木、竹、藤、棕、草制品业，纺织服装、服饰业，皮革、毛皮、羽毛及其制品和制鞋业，属于低技术产业，这些产业本身的创新意识较为薄弱，加之缺乏创新投入，创新能力远低于其他产业，因此需要加大创新投入，营造良好的创新氛围，促进产业改革升级。

在聚类分析的基础上，以 2012 年制造业各项指标为基准，编制了制造业创新指数，并比较分析三大类产业的创新能力。从整体上看，2013 ~ 2015 年制造业的创新指数呈现逐年增长的趋势。其中，高技术产业的创新指数显著高于其余两类产业，其增幅最为明显，且有缓慢上升的趋势。其次为中技术产业。而低技术产业的创新能力最弱，在 2013 ~ 2015 年低技术产业创新指数增长相对缓慢，趋势并不明显，且各项指数均低于其他两类产业。

由此可见，制造业整体创新能力逐年增长，创新发展趋势较好，但各产业间的创新能力差距仍较为明显。在高技术产业稳步发展的同时，应增强对低技术产业的重视，加大创新投入，通过对产业的改造升级进一步挖掘产业的创新潜力，推动制造业的有序发展。

B.5
智能制造："中国制造2025"的主攻方向

——周济院士专访

臧冀原　黄海霞*

题注：［**"科学技术是第一生产力""创新是引领发展的第一动力"**。我们要按照习近平总书记要求，**"继续做好信息化和工业化深度融合这篇大文章，推进智能制造，推动制造业加速向数字化、网络化、智能化发展。"**］

党的十九大报告指出："建设现代化经济体系，必须把发展经济的着力点放在实体经济上，把提高供给体系质量作为主攻方向，显著增强我国经济质量优势。加快建设制造强国，加快发展先进制造业，推动互联网、大数据、人工智能和实体经济深度融合。"制造业是实体经济的主体，是国民经济的支柱，也是国家安全和人民幸福安康的物质基础，无疑是我国经济实现创新驱动、转型升级的主战场。"中国制造2025"实施三年以来，凝聚了全国制造业界的共识，取得了巨大的成就，引起我国各级政府、企业界、学界的高度关注。

为此，国家创新蓝皮书《中国创新发展报告（2017～2018）》主编陈劲教授特约周济院士进行了专访。周济院士在先进制造、智能制造方面做了深入的研究，近年来，主持开展了中国工程院重大咨询项目"制造强国战略研究"，是"中国制造2025"的主要倡导者之一。

周济院士（1946年8月26日生）　机械工程专家，中国工程院院

* 臧冀原，中国工程院制造业研究室助理研究员，主要研究方向为制造强国、智能制造、先进制造领域相关产业发展；黄海霞，清华大学技术创新研究中心研究员，主要研究方向为技术创新与管理、创新制度与政策。

士。1970年毕业于清华大学，1984年获美国纽约州立大学（布法罗）博士学位。现任中国工程院院长。曾任华中科技大学校长，湖北省委常委兼省科技厅厅长，武汉市市长，教育部部长。

长期致力于机械设计、数控技术与智能制造的教学和研究工作，研究并组织实施了发展与推广应用数控、CAD和智能制造的技术路线；提出并实践了单调性分析优化、数控加工直接插补等算法理论；主持研制的数控系统及系列软件产品广泛应用于机械、能源等行业，创造了显著的社会效益和经济效益。

黄海霞：周济院士，您好！很荣幸能够代表国家创新蓝皮书《中国创新发展报告（2017～2018）》主编——清华大学技术创新研究中心主任陈劲教授，对您进行专访，也非常感谢您抽出宝贵时间接受我们的采访。党的十九大报告提出"加快建设制造强国，加快发展先进制造业，推动互联网、大数据、人工智能和实体经济深度融合"，作为国家制造强国建设战略咨询委员会的副主任，我国制造领域最重要的专家之一，您对中国制造业转型升级的主要路径是怎样看待的？

周济院士：习近平总书记在党的十九大报告中号召："加快建设制造强国，加快发展先进制造业"。习近平总书记强调："要推进中国制造向中国创造转变，中国速度向中国质量转变，制造大国向制造强国转变。"中国特色社会主义进入了新时代，我国经济发展也进入了新时代。新时代我国经济发展的主要特征，就是我国经济发展已由高速增长阶段转向高质量发展阶段。

我认为，当前我国经济正处在转变发展方式、优化经济结构、转换增长动力的攻关期，制造业生产与消费存在严重的供需矛盾，面临中低端产品过剩、高端产品供给不足的问题。实现创新驱动发展、推进供给侧结构性改革是实现高质量发展的迫切要求和我国发展的战略任务。制造业是实体经济的主体，是技术创新的主战场，是供给侧结构性改革的主要领域。实现高质量发展，必须要加快推动制造业实现质量效益提高、产业结构优化、发展方式转变、增长动力转换。

对于如何实现中国制造业的转型升级、高质量发展，我们要深刻领会“科学技术是第一生产力”“创新是引领发展的第一动力”的思想。我们要按照习近平总书记要求，“继续做好信息化和工业化深度融合这篇大文章，推进智能制造，推动制造业加速向数字化、网络化、智能化发展。”

在我看来，智能制造是中国制造业转型升级的主要路径，没有其他的路可选。针对这个问题，我们进行了一年多的细致认真研究，在 *Engineering* 上发表了《走向新一代智能制造》，详细进行了论述，后面所讲的内容很多是其中的研究成果。

智能制造的快速推进，一方面可以使得企业全面提升研发、生产、管理和服务的数字化网络化智能化水平，持续改善产品质量，提高企业生产效率，满足在新常态下企业迫切希望实现创新和转型升级的需求，另一方面还可以带动更多的新技术、新产品、新装备快速发展，催生一大批新应用、新业态和新模式，驱动新兴制造业蓬勃发展、传统制造业优化升级，为中国经济的增长注入强有力的新动能。智能制造的快速发展，将有力地支持制造业的优化升级，推动我国制造业迈向全球价值链的中高端，使得我国制造能够保持中高速增长。

黄海霞： 当前我们正处于新一代信息技术与制造技术的深度融合阶段，新一代智能制造正在引领和推动新一轮工业革命，引起制造业发展理念、制造模式发生重大而深刻的变革，您认为这些变革为制造业的转型升级提供了怎样的历史性机遇？

周济院士： 习近平总书记指出：“新一轮科技革命和产业变革与我国加快转变经济发展方式形成历史性交汇。”这为我们实施创新驱动发展战略提供了难得的重大机遇，为中国制造业的创新驱动、转型升级指明了发展方向。

近些年来，新一轮工业革命方兴未艾，其根本动力在于新一轮科技革命。21 世纪以来，移动互联、大数据、云计算、物联网、超级计算等新一代信息技术飞速发展，几乎同时实现了群体性突破，并极其迅速地在社会各个行业得到普及应用。而这些历史性的技术进步，集中汇聚在新一代人工智能技术的战略性突破上，新一代人工智能可以说是这些技术突破的集大成者，这是一个质的飞跃。

为什么说是质的飞跃呢？60 年前，1956 年，一批顶级专家在美国达特茅斯（Dartmouth）聚会，首次确定了"人工智能"概念：让机器像人那样认知、思考和学习，即用计算机模拟人的智能。60 年来，人工智能技术几起几伏，顽强地奋斗，不断地前进，但总体而言，还是属于第一代技术，属于"人工智能 1.0"。这些技术不能从根本上解决工程实际问题。六十年一甲子，量变到质变。近年来，随着计算能力的极大提高，互联网引发了真正的大数据，在各种先进技术互融互通的基础上，人工智能技术已经实现战略突破，进入了"新一代人工智能"（AI 2.0）时代。

新一代人工智能呈现深度学习、跨界融合、人机协同、群体智能等新特征，大数据智能、跨媒体智能、人机混合增强智能、群体集成智能和自主智能装备正在成为发展重点。当然，新一代人工智能技术还在极速发展的进程中，当前还属于"弱人工智能"时代。未来的"强人工智能"，甚至"超人工智能"，将不断拓展人类"脑力"，应用范围将无所不在。新一代人工智能已经成为新一轮科技革命的核心技术，这就为制造业革命性的产业升级提供了历史性机遇。就像前面说的，这就是新一代人工智能是新一轮科技革命的核心技术。世界各国都把新一代人工智能的发展摆在了最重要的位置。

新一代人工智能技术与先进制造技术的深度融合，形成新一代智能制造技术，成为新一轮工业革命的核心驱动力。新一代智能制造正在引领和推动新一轮工业革命，引起制造业发展理念、制造模式发生重大而深刻的变革，重塑制造业的技术体系、生产模式、发展要素及价值链，推动中国制造业获得竞争新优势，推动全球制造业发展步入新阶段，实现社会生产力的整体跃升。

黄海霞："工业 4.0"、智能制造时代的来临，已经预示着中国的制造业必然要从过去的生产方式向新的生产方式发展，中国制造业逐步走向智能制造是历史的自然选择。您认为，在向制造业强国的发展过程中，我们可以向德国、日本等这些制造业第一梯队的强国借鉴什么？中国的智能制造如何发挥自身独特的优势？

周济院士：在中国工程院做的“制造强国战略”一期的研究中，我们提出，主要工业化国家的制造业综合指数分布成三个方阵：美国遥遥领先，处于第一方阵；德国、日本处于第二方阵；中国、英国、法国、韩国处于第三方阵。中国与第一、第二方阵国家的差距主要是全员劳动生产率低、增加值率低、创新能力薄弱、知名品牌缺乏。

近年来，面对以智能制造为核心技术的新一轮工业革命，世界各国尤其是发达国家都在结合自身实际和优势，积极采取行动，抢占未来发展战略制高点，确保本国在未来制造业竞争中的国际领先和主导地位。美国发布“先进制造业伙伴计划”、德国发布“工业 4.0 战略计划实施建议”、日本提出“社会 5.0 战略”、英国提出“工业 2050 战略”、法国提出“未来工业计划”、韩国提出“制造业创新 3.0 计划”，都将发展智能制造作为本国构建新形势下制造业竞争优势的关键举措，并提出了相应的发展技术路线。

《中国制造 2025》是中国政府实施制造强国战略第一个十年的行动纲领。《中国制造 2025》提出，要通过“三步走”的战略，大体上每一步用十年左右的时间来实现我国从制造业大国向制造业强国转变的目标。第一步，用十年时间，到 2025 年，中国迈入世界制造强国行列；第二步，到 2035 年，中国制造业整体达到世界制造强国阵营中等水平；第三步，新中国成立一百年时，中国制造业又大又强，综合实力进入世界制造强国前列。这与党的十九大报告中对我国发展阶段和 2035 年基本实现社会主义现代化的目标是相符的。

在这里，“制造强国”有两重含义：其一，“强”是形容词，中国由制造大国成为制造强国；其二，“强”是动词，制造业强则国家强，通过制造业的发展使中国更加繁荣富强。要强调的是，这里讲的制造业是“大制造业”，是个广义的概念，既包括机械加工、装备制造等离散型制造业，也包括冶金、化工、生物制药等连续型（流程类）制造业。同时，未来先进制造业的范畴会进一步扩大到材料制造——新材料的数字化设计与制造、生物制造——生物体的数字化设计与制造等。

当前，中国和发达国家掌握新一轮工业革命的核心技术的机会是均等的，这为我国制造业发挥后发优势、实现跨越发展提供了可能和契机。我国制造业具有自己的发展特色与独特优势。经过新中国成立以来60多年特别是改革开放近40年的快速发展，中国已经成为世界制造大国，中国制造正处在从数量扩张向质量提升发展的关键阶段。

今后20年，正是"智能制造"这个新一轮工业革命核心技术发展的关键时期，我国制造业转型升级的需求和新一轮科技革命与产业变革的交汇点就是智能制造，中国制造业完全可以抓住这一千载难逢的历史机遇，集中全国优势兵力打一场战略决战，实现战略性的重点突破、重点跨越，实现与西方发达国家并行甚至超越，实现中国制造业的换道超车、跨越发展。

黄海霞：周院长，我在学习智能制造资料的过程中看到很多名词，像精益生产、柔性制造、敏捷制造、数字化制造、计算机集成制造、网络化制造等，它们和智能制造的关系是什么？到底什么才是智能制造？

周济院士：这个问题特别好，其实这也是我们广大制造业从业者关心和迷惑的问题。中国工程院有个课题"中国智能制造发展战略研究"重点研究了这个问题。我们认为："广义而论，智能制造是一个大概念，是先进信息技术与先进制造技术的深度融合，贯穿于产品设计、制造、服务等全生命周期的各个环节及相应系统的优化集成，旨在不断提升企业的产品质量、效益、服务水平，减少资源消耗，推动制造业创新、绿色、协调、开放、共享发展。"

不论是从中国的视角，还是从世界的视角，这数十年来，智能制造在实践演化中确实形成许多不同的相关范式，不完全数一数也有十几种了。包括你前面提到的那些，像精益生产、柔性制造、并行工程、敏捷制造、数字化制造、计算机集成制造、网络化制造、云制造、智能化制造等，确实都是和智能制造相关的范式，在指导制造业技术升级中都发挥了积极作用。但是同时，众多的范式也有它的弊端，范式太多就不利于形成统一的智能制造技术路线，会给企业在推进智能升级的实践中造成许多困扰。就是说，这个也是智能制造，那个也是智能制造，到底怎么做，大家就会迷惑。面对智能制造不断涌现的新技术、新理念、新模式，确实有必要归纳总结提炼出基本范式。

同时，我们认为智能制造是伴随着信息化的发展同步发展的。全球范围内，信息化发展可分为三个阶段：从 20 世纪 50 年代到 90 年代中期，信息化表现为以 3C 应用为主要特征的数字化阶段；从 20 世纪 90 年代中期开始，互联网从诞生、壮大到大规模普及应用，时间很短，但发展极快，信息化进入以万物互联为主要特征的网络化阶段；当前，在移动互联网、大数据、云计算、超级计算、物联网集群突破，并在各个行业融合应用的基础上，人工智能也实现战略性突破，信息化进入以新一代人工智能技术为主要特征的智能化阶段。

综合前面提到的智能制造相关范式，结合信息化与制造业在上述三个阶段的融合特征，我们认为，智能制造可以被总结、归纳和提升出三个基本范式，也就是：数字化制造、数字化网络化制造、数字化网络化智能化制造——新一代智能制造。

智能制造的三个基本范式次第展开、迭代升级。一方面，三个基本范式体现着西方发达国家智能制造发展历程中的三个阶段；另一方面，对中国而言，必须发挥后发优势，采取三个基本范式“并行推进、融合发展”的技术路线。

黄海霞：您刚刚提到的智能制造三个基本范式，是对智能制造的首创性总结，对厘清智能制造的认识和推进智能制造的应用有着巨大的指导意义，您能否对智能制造的这三个基本范式做进一步解释？

周济院士：正如我刚才提到的，智能制造的三个基本范式，包括数字化制造、数字化网络化制造、数字化网络化智能化制造——新一代智能制造。

我们认为，**数字化制造是智能制造的第一种基本范式，**也可称为第一代智能制造。

20 世纪下半叶以来，正是数字化制造引领和推动了第三次工业革命，以计算机数字控制为代表的数字化技术广泛应用于制造业，推动制造业发生革命性变化。数字化制造是在制造技术和数字化技术融合的背景下，通过对产品信息、工艺信息和资源信息进行数字化描述、集成、分析和决策，进而快速生产出满足用户要求的产品。数字化制造主要聚焦于提升企业内部的竞争力，提高企业产品设计和制造质量、提高劳动生产率、缩短新产品研发周期、降低成本和提高能效。

数字化制造的主要特征可以分为以下几点。一是，数字技术在产品中得到普遍应用，形成"数字一代"创新产品。二是，大量采用 CAD/CAE/CAPP/CAM 等数字化设计建模和仿真方法、数控机床等数字化装备，建立了信息化管理系统。三是，实现生产全部过程的各环节的集成并优化运行，产生了以计算机集成制造系统（CIMS）为标志的解决方案。

20 世纪 80 年代以来，我国企业逐步推广应用数字化制造，推进设计、制造、管理过程的数字化，推广数字化控制系统和制造装备，推动企业信息化，取得了巨大的技术进步。特别是近年来，广东、江苏、浙江等各地大力推进"机器换人""数字化改造"，一大批数字化生产线、数字化车间、数字化工厂建立起来，这个目前看，是数以千计，数以万计的，众多的企业完成了数字化制造升级，我国数字化制造迈入了新的发展阶段。同时，必须清醒地认识到，我国大多数企业，特别是广大中小企业，还没有完成数字化制造转型。面对这样的现实，我国在推进智能制造过程中必须要坚持实事求是，踏踏实实地完成数字化"补课"，进一步夯实智能制造发展的基础，数字化"补课"一步是不能省略的。但是，还必须深刻地认识到，西方发达国家是在数字化制造普及的基础上推进网络化制造的，而我国在数字化制造"补课"过程中不必沿着西方顺序发展的路径，我们可以并且必须并行推进数字化制造和数字化网络化制造，帮助企业扎实完成数字化制造"补课"，同时，实现数字化网络化制造升级。

需要说明的是，数字化制造贯穿于智能制造的三个基本范式和智能制造的全部发展历程。我们在谈的数字化制造是作为第一种基本范式的数字化制造，这是一种相对狭义的定位。国际上也有若干关于数字化制造的比较广义的定义和理论，比如德国的 Digtal Manufacture 等就把数字化制造的范围扩得很大，甚至包括智能制造，这是研究视角的不同。

数字化网络化制造是智能制造的第二种基本范式，也可称为"互联网+制造”，或第二代智能制造。

20世纪末，互联网技术快速发展并得到广泛普及和应用，“互联网+”不断推进制造业和互联网融合发展。这个阶段大家都是有切身感受的，互联网技术和“互联网+”给制造业带了巨大的变化，制造技术与数字技术、网络技术的密切结合重塑制造业的价值链，制造业从数字化制造的范式向数字化网络化制造的范式转变。

数字化网络化制造是在数字化制造的基础上，深入应用先进的通信技术和网络技术，用网络将人、流程、数据和事物连接起来，联通企业内部和企业间的“信息孤岛”，通过企业内、企业间的协同和各种社会资源的共享与集成，实现产业链的优化，快速、高质量、低成本地为市场提供所需的产品和服务。

数字化网络化制造主要特征可以从产品、制造和服务三个方面来谈。一是，在产品方面，数字技术、网络技术得到普遍应用，产品实现网络连接，设计、研发实现协同与共享。二是，在制造方面，实现横向集成、纵向集成和端到端集成，打通整个制造系统的数据流、信息流。三是，在服务方面，企业与用户通过网络平台实现连接和交互，企业生产开始从以产品为中心向以用户为中心转型。

21世纪以来，世界主要国家加速推进智能制造。德国“工业4.0”以信息物理系统（CPS）为核心，将产品、制造、服务数据化、集成化，实现企业内和企业间的集成和互联互通。美国“工业互联网”提出将全球工业系统与高级计算、分析、传感技术及互联网高度融合，重构全球工业，激发生产力。德国“工业4.0”和美国“工业互联网”的报告都完整地阐述了数字化网络化制造范式，并且精辟地提出了实现数字化网络化制造的技术路线。

从我们国家来讲，过去这几年，我国工业界也是大力推进“互联网+制造”。一方面，一批数字化制造基础较好的企业成功转型，实现了数字化网络化制造；另一方面，大量原来还未完成数字化制造的企业，则采用并行推进数字化制造和数字化网络化制造的技术路线，完成了数字化制造的“补课”，同时跨越到数字化网络化制造阶段。

这里我们可以举两个例子。一个是三一重工，它是数字化基础比较好的企业。三一重工是我国工程机械领域最早进行数字化转型的企业，2008 年筹建的三一重工 18 号厂房是亚洲最大的数字化制造车间。之后，三一重工推进网络化进程，自主部署基于设备全球互联的物联网、大数据平台，为用户提供包括预测性维护、物联网金融等新业务，显著提高了产品的质量、水平和效益。目前，三一重工已发展成位居世界前列的工程机械制造企业。另一个是浙江春风动力。春风动力原来是一家摩托车配件厂，数字化水平不高；通过“互联网 + 创新 + 制造”，很好地完成了数字化“补课”，全面打造了“制造云、电商云、物流云、设计云、流程云”，产品质量达到国际一流水平。目前，春风动力已经发展成为特种摩托车行业的世界级“隐形冠军”企业。

今后一个阶段，我国推进智能制造的重点是大规模推广和全面应用数字化网络化制造——第二代智能制造。

数字化网络化智能化制造是智能制造的第三种基本范式，也可称为新一代智能制造。

就像前面谈到的，近年来，在经济社会发展强烈需求下，在互联网的普及、大数据的涌现、物联网的发展等信息环境急速变化的驱动下，人工智能加速发展，实现了战略性突破。先进制造技术与新一代人工智能技术深度融合，形成新一代智能制造——数字化网络化智能化制造。大数据智能、人机混合增强智能、群体智能、跨媒体智能、自主智能等新一代人工智能技术与制造技术的融合，将重构产品、制造、服务等产品全生命周期的各环节，催生新技术、新产品、新产业、新业态、新模式，深刻改变人类生产生活方式和思维模式，实现社会生产力的整体跃升。我们在近期的研究过程中，发现了一些例子，包括产品的，像智能手机、智能汽车等；生产中的一些大数据应用，在炼化行业、3C 数控加工，甚至在一些很传统的行业，像酿酒、酿醋都有，以及在服务中的一些远程预测性维护、设备健康保障等领域。当然，这些应用都处于很初级的新一代人工智能阶段，但我们的企业是有一些探索了的。

新一代智能制造的主要特征表现在制造系统具备了“认知学习”能力。通过深度学习、增强学习、迁移学习等技术的应用，当然还不只是这些技术，制造领域的知识产生、获取、应用和传承效率将发生革命性变化，显著提高创新与服务能力。新一代智能制造是真正意义上的“智能制造”。

智能制造的三个基本范式体现了智能制造发展的内在规律：阶段性和融合性。从阶段性来说，三个基本范式按时间先后展开，时间上有交叠，但是三个范式各有自身阶段的特点和要重点解决的问题，也是先进信息技术不同阶段与先进制造技术融合发展的结果；从融合性上来说，三个基本范式在技术上是相互交织、迭代升级的，技术中你中有我、我中有你，并不能说数字化制造阶段就没有网络技术，也不能说数字化网络化阶段就不用数字技术。对中国等新兴工业国家而言，应发挥后发优势，采取三个基本范式“并行推进、融合发展”的技术路线。

黄海霞：所以您认为我们国家在智能制造上应采用“并行推进、融合发展”的技术路线？

周济院士：是的。“并行推进、融合发展”，这必然是中国推进智能制造的技术路线，也是广大新兴工业国家都应采用的路线，未来西方发达国家在推动新一代人工智能在制造业的应用时，也应该走这个路线。

我们知道，在西方发达国家，智能制造是一个“串联式”的发展过程。它们是在充分发展数字化制造之后，大概经历了几十年，再发展数字化网络化制造，进而迈向更高级的智能制造阶段的，这是一个技术发生的时间顺序。西方在发展数字化制造的期间，网络化技术还没有出现，或说还处于比较初级的阶段，所以顺序发展是它们的必然选择。在中国，我们的制造业对于智能升级需求是迫切的，近年来我国技术进步也很快，但是总体而言，中国智能制造的基础还非常薄弱，大多数企业，特别是广大中小企业，还没有完成数字化制造转型。面对这样的现实，中国如何推进制造业的技术改造、智能升级？这是一个必须要回答的问题。

首先，我们必须实事求是。要认清现状，认清自身阶段，认清自己需求，中国企业在推进智能升级的过程中要踏踏实实地完成数字化“补课”，夯实智能制造发展的基础，基础不牢地动山摇。其次，我们不必、也不可能走西方发达国家“顺序发展”的路径，要发挥后发优势，努力探索一条智能制造跨越式发展的新路。

近几年，中国制造业界大力推进“互联网＋制造”的成功实践给我们提供了重要的启示和宝贵的经验。就像在前面讲数字化网络化范式时说的，一方面，一批数字化制造基础较好的企业成功转型，实现了数字化网络化制造；另一方面，部分原来还未实现数字化制造的企业，通过采用并行推进数字化制造和数字化网络化制造的技术路线，在完成了数字化“补课”的同时，成功实现了向数字化网络化制造的跨越。

所以我们说，中国推进智能制造，应采取“并联式”的发展方式，采用“并行推进、融合发展”的技术路线：并行推进数字化制造、数字化网络化制造、新一代智能制造，以及时充分应用高速发展的先进信息技术和先进制造技术的融合式技术创新，引领和推进中国制造业的智能转型。

刚刚讲了三个范式的内涵、特征，我们要认识到未来的发展方向，同时，我们要充分考虑中国智能制造发展的现状，也要认识到新一代智能制造技术还不成熟。因此，未来若干年，中国制造业转型升级的工作重点还是要放在大规模推广和全面应用“互联网＋制造”，在大力普及“互联网＋制造”的过程中，也要特别重视各种先进技术的融合应用，“以高打低、融合发展”，用适用的先进技术解决发展中的问题。在使得广大企业都能高质量完成数字化“补课”的同时，尽快尽好应用新一代智能制造技术，大大加快制造业转型升级的速度。

再过若干年，在新一代智能制造技术基本成熟之后，中国制造业将进入全面推广应用普及新一代智能制造的新阶段。

在标准方面，我国在推动三个基本范式“融合发展”时，必须制定统一的标准。未来数十年，我国企业在智能升级过程中，将普遍面临多次范式转化和技术升级，必须高度重视制定和实行智能制造的相关标准，为后续发展做好准备，避免企业的低水平重复建设，这有利于我国推进智能制造的分阶段实施和不断升级。

黄海霞：未来20年，是中国制造业实现由大到强的关键时期，“中国制造2025”已经推进了3年，那么未来的7年，甚至到2035年，在实现我国基本实现社会主义现代化的这个总目标上，您认为我国制造业在推进智能制造的战略部署方面有什么考虑吗？

周济院士：未来20年，是中国制造业实现由大到强的关键时期，也是制造业发展质量变革、效率变革、动力变革的关键时期。我们必须要紧紧抓住新一轮科技革命与产业变革带来的千载难逢的战略机遇，以深化供给侧结构性改革为主线，以智能制造为主攻方向，科学研究制定中国智能制造发展战略和技术路线，大力推动新一代人工智能技术与制造技术的深度融合发展，实现中国制造业转型升级、跨越发展。

未来20年，我国的智能制造发展总体将分成两个阶段、三步来实现。

第一阶段，2025年目标。

到2020年，数字化网络化制造在全国得到大规模推广应用，在发达地区和重点领域实现全面应用；同时，新一代智能制造在部分领域获得探索性的成功。

到2025年，数字化网络化制造在全国普及并得到深度应用；同时，新一代智能制造在重点领域试点示范取得显著成果，并开始在部分企业推广应用。

第二阶段，2035年目标。

到2035年，新一代智能制造在制造业实现大规模推广、应用，实现中国制造业的转型升级；制造业总体水平达到世界先进水平，部分领域处于世界领先水平，并为2050年我国建成世界一流的制造强国打下坚实基础。

我们在战略方针的考虑上，要强调“五个坚持”的方针。

坚持“创新引领”。我们应该紧紧抓住新一代智能制造带来的历史性机遇，充分利用互联网、大数据、人工智能等先进技术，瞄准高端方向，加快研究、开发、示范、推广和应用新一代智能制造技术，用创新引领和推动制造业生产质量和效率提升，实现中国制造业由大变强。

坚持“因企制宜”。针对企业而言，它们是智能制造实施的主体，那么推动智能制造，就要充分发挥企业的内生动力。我们国家的企业参差不齐，水平差异极大，因此在实现智能转型时，不能搞“一刀切”。各个企业特别是广大中小企业，要结合自身发展的实际情况，充分考虑技术先进性、适用性和经济性，理性地寻找适合自己转型升级的技术路径，不能“一拥而上”。

坚持“产业升级”。我们国家的制造业升级，或说技术改造智能升级的主要路径是推动智能制造。这个过程不能仅仅停留在典型、示范、部分制造环节或者部分制造领域，而是要着眼于广大企业、各个行业和整个制造产业，一定是一个“由点到面，推广普及”的过程。这样才能从根本上推动中国制造业质量变革、效率变革、动力变革，实现中国制造业全方位的智能化转型升级。

坚持打造良好的发展生态。智能制造离不开智能制造的生态环境。各级政府、科技界、学界、金融界等社会各界要共同营造良好的生态环境，帮助和支持企业特别是广大中小企业实现智能升级。我国要营造“大众创业、万众创新”的良好环境，建设“用产学研金政”紧密结合的智能制造技术创新体系，形成从事推广应用各种共性使能技术和提供系统解决方案的新兴企业集群。

推进智能制造的关键在于人才，要以人为本，动员各方力量，努力培养新一代智能制造优秀人才，建设一支规模宏大、结构合理、支撑有力的智能制造人才队伍。

坚持开放与协同创新。中国制造业界要不断扩大与世界各国制造业界的交流，实行更高水平的开放。中国的市场是开放的市场，中国的创新体系是开放的创新体系。我们要和世界制造业的同行们共同努力，共同推进新一代智能制造，共同推进新一轮工业革命，使制造业更好地为人类造福。

区 域 篇

Region Part

B.6

中国区域创新能力的综合分析

陈钰芬*

摘　要： 创新是引领发展的第一动力，是建设现代化经济体系的战略支撑，区域创新能力是区域经济发展的重要引擎。本文从创新环境、创新资源、创新成果及创新效益四个方面设计指标体系，综合考察我国各区域的创新能力发展状况及动态变化趋势。同时，将全国30个省级区域分为东部地区、中部地区、西部地区和东北部地区，分别描述分析这四大区域的创新能力发展趋势。在此基础上，运用主成分分析法、功效系数法和聚类法，综合比较分析各省级区域的创新能力，由此提出具有参考价值的政策建议。

* 陈钰芬，浙江工商大学统计与数学学院副院长、教授，主要研究方向为科技创新评价和测度、企业创新管理与战略决策等。

关键词： 区域创新能力　区域竞争力　创新效益

一　区域创新能力的概念和内涵

党的十九大报告提出，创新是引领发展的第一动力，是建设现代化经济体系的战略支撑。我们要加强国家创新体系建设，强化战略科技力量，深化科技体制改革，建立以企业为主体、以市场为导向、产学研深度融合的技术创新体系。同时，该报告提出要实施地区协调发展战略，强调要创新引领率先实现东部地区优化发展，建立更加有效的地区协调发展新机制。因此，客观反映各区域创新能力的发展实际及动态趋势，有助于深入了解区域创新能力发展的特征和优劣势，为各地区有针对性地采取合适的创新政策提供依据，对促进创新驱动区域经济的持续发展具有重要意义。

区域创新能力是指一个地区的创新系统中的各个主体因素，利用信息化手段，将知识转化为新产品、新工艺、新服务的能力，是一个地区技术创新能力的综合体现，也决定了区域长期的经济发展能力。中国科技发展战略研究小组在对区域创新能力进行大量研究后，提出区域创新能力可细分为五个方面，即知识创造能力、知识流动能力、企业的技术创新能力、创新环境和创新经济绩效。由此可见，区域创新能力不仅仅是区域创新系统中各个要素能力的累加，更多地反映了区域创新系统中各个主体相互作用的结果，由此需要企业、高校、科研院所以及政府等各主体通力合作，形成创新凝聚力，使区域经济获取竞争优势。

二　区域创新能力评价体系

（一）设计区域创新能力评价体系

基于技术创新理论，在正确理解和充分界定区域创新能力的概念、内涵和特征的基础上，考虑到数据的可获取性，本文从创新环境、创新资源、创新成果以及创新效益四个维度设计了区域创新能力评价体系。为更科学合理地反映区域创新能力，基于《中国创新发展报告（2016）》中的区域创新能力测度指标体系，对部分指标进行了调整。创新环境方面，原先考虑到经济发展是创新的基础，人均 GDP 反映一个地区的经济发展水平，但为了更纯粹地反映重视创新的环境，将“人均 GDP”删去；近年来，随着高等教育普及率的提高，大专以上学历人数显著增长，为更好地反映劳动者素质，将“大专以上学历人数占就业人数比重”改为“本科以上学历人数占就业人数比重”。创新资源方面，删去了原有的“人均 R&D 经费支出”指标，保留了规模指标（R&D 经费支出）和强度指标（R&D 经费支出占 GDP 比重）来反映经费投入情况。创新成果方面，利用发明专利和科技论文的规模指标和水平指标来具体反映。创新效益方面，新增了反映创新带来的生态效益的指标，由于“单位 GDP 能耗”是逆指标，对其取倒数，用“1/单位 GDP 能耗”反映。区域创新能力评价体系具体如表 1 所示。

表 1　区域创新能力评价体系

目标层	领域层	指标层	变量标识	单位
国家创新能力评价体系	创新环境	人均 ICT 投入	X_1	元
		本科以上学历人数占就业人数的比重	X_2	%
		有 R&D 活动的规模以上工业企业占比	X_3	%
		地方财政科技拨款占地方财政预算支出的比重	X_4	%
	创新资源	R&D 经费支出	X_5	亿元
		R&D 经费支出占 GDP 比重	X_6	%
		R&D 人员全时当量	X_7	万人年
		每万人研究与开发人员数	X_8	人年/万人
	创新成果	发明专利授权数	X_9	件
		每万人发明专利授权数	X_{10}	件/万人
		科技论文数	X_{11}	篇
		每万个研发人员科技论文数	X_{12}	篇/万人年
	创新效益	高技术产品出口占货物出口额的比重	X_{13}	%
		高技术产业产值占 GDP 的比重	X_{14}	%
		新产品销售收入占产品销售收入的比重	X_{15}	%
		1/单位 GDP 能耗	X_{16}	（万元/吨标准煤）

（二）数据说明

表 1 中所有的指标数据来源于历年的《中国统计年鉴》、《中国科技统计年鉴》以及《中国能源统计年鉴》，并进行了换算。

三 区域创新能力总体分析

本节从区域创新能力评价体系中选取了 6 个核心指标，分别为：有 R&D 活动的规模以上工业企业占比（%）、R&D 经费支出占 GDP 比重（%）、每万人研究与开发人员数（人年/万人）、每万人发明专利授权数（件/万人）、高技术产业产值占 GDP 的比重（%）和 1/单位 GDP 能耗（万元/吨标准煤），并对不同地区的这 6 项核心指标进行了比较分析。同时，考虑到分析 30 个省份的截面数据会使得结果过于繁杂，且难以提取区域特征，因此本节将 30 个省份按经济区域划分为东部、中部、西部和东北部四大区域。

东部包括：北京、天津、河北、上海、江苏、浙江、福建、山东、广东和海南。

中部包括：山西、安徽、江西、河南、湖北和湖南。

西部包括：内蒙古、广西、重庆、四川、贵州、云南、西藏、陕西、甘肃、青海、宁夏和新疆，西藏因有较多指标数据缺失而被剔除。

东北部包括：辽宁、吉林和黑龙江。

（一）有 R&D 活动的规模以上工业企业占比

有 R&D 活动的规模以上工业企业占比，反映了工业企业对研发活动的重视程度。依据四大区域 2011 ~ 2015 年有 R&D 活动的规模以上工业企业数占规模以上企业数的比例，可得到表 2 中数据。同时为直观反映该指标的变化情况，根据表 2 中数据绘制发展趋势图，即图 1。

表 2　2011 ~ 2015 年我国四大区域有 R&D 活动的规模以上工业企业占比

单位：%

年份＼地区	东部地区	中部地区	西部地区	东北地区
2011	14.070	9.450	6.510	4.490
2012	17.410	10.080	7.530	4.960
2013	18.290	11.650	8.590	6.220
2014	20.770	12.880	10.690	7.140
2015	23.844	14.437	12.103	6.941

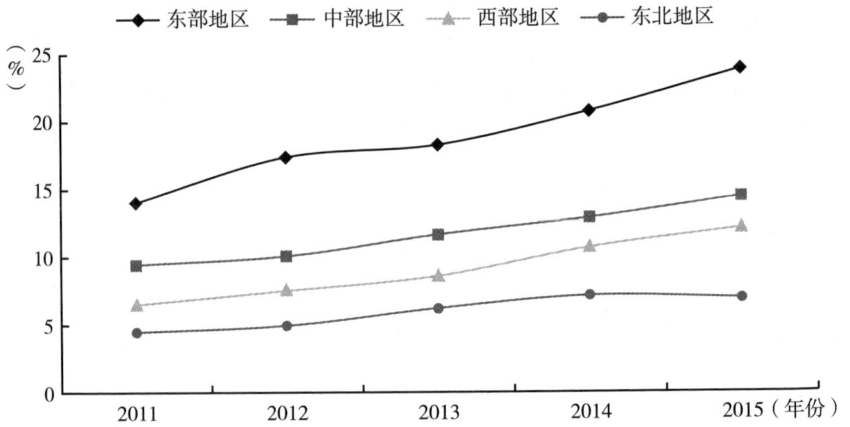

图 1　2011 ~ 2015 年我国四大区域有 R&D 活动的规模以上工业企业占比的发展趋势

从整体上看（如表 2 和图 1 所示），2011 ~ 2015 年我国各区域有 R&D 活动的规模以上工业企业占比整体呈现逐年上升的趋势，可见各区域工业企业对研发活动的重视程度逐步提高，但区域间差距明显。东部地区有 R&D 活动的规模以上工业企业占比明显高于其他地区，且逐年增幅明显；其次为中部地区、西部地区，这两个区域有 R&D 活动的规模以上工业企业占比同样表现出持续增长特征，不过增幅相较于东部地区较小；而东北地区该指标数值明显低于其他三个区域，有 R&D 活动的规模以上工业企业占比不足 10%，且 2015 年表现出下降趋势。总体来看，我国各区域工业企业对创新的重视程度仍然较低，即使创新活跃的东部地区有 R&D 活动的规模以上工业企业占比都不到 1/4。

（二）R&D经费强度

R&D 经费强度通过 R&D 经费支出占 GDP 比重来进行衡量，该项指标是体现科技创新投入的国际通用指标，能够有效衡量一个地区对研发创新活动在物质资源上的重视与支持程度，已成为地方科技发展规划的重要考核指标。计算结果整理成表 3。由表 3 中数据可绘制出 2011 ~2015 年各大区域 R&D 经费强度的发展趋势图，即图 2。

表 3　2011 ~2015 年我国四大区域 R&D 经费强度

单位：%

年份＼地区	东部地区	中部地区	西部地区	东北地区
2011	2. 144	1. 192	1. 044	1. 282
2012	2. 332	1. 299	1. 094	1. 281
2013	2. 440	1. 385	1. 124	1. 335
2014	2. 520	1. 426	1. 257	1. 265
2015	2. 582	1. 461	1. 203	1. 146

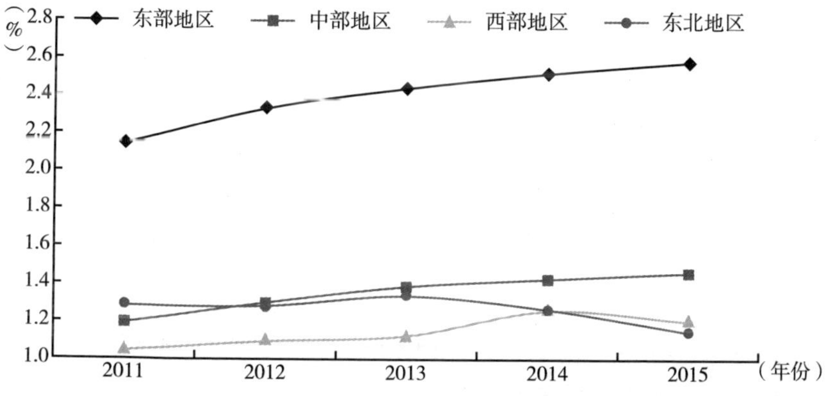

图 2　2011 ~2015 年我国四大区域 R&D 经费强度的发展趋势

由表 3 和图 2 可知，我国 2011 ~2015 年 R&D 经费支出占 GDP 比重在四大区域中变化趋势存在明显差异。东部地区在该指标的数值上处于绝对领先优势，无论是绝对水平还是增长速度均遥遥领先于其他区域，导致其他三大区域 R&D 经费强度与东部地区的差距越来越大。中部地区 R&D 经费强度一直保持上升趋势，但增长速度较为缓慢。西部地区 R&D 经费强度在 2011～2013 年一直处于最低水平，2014 年开始与东北地区接近，2015 年超过东北地区，发展势头良好；东北地区 R&D 经费强度在 2011～2015 年呈现先上升后下降的发展态势，2014 年开始下滑，2015 年加速下滑，表明东北地区 R&D 经费强度亟待提高，需要引起特别重视。

（三）每万人研究与开发人员数

为反映各区域对研发人力资本的投入情况，计算各大区域 2011～2015 年每万人研究与开发人员数，结果见表 4。图 3 为该指标的动态发展趋势图。

表 4　2011～2015 年我国四大区域每万人研究与开发人员数

单位：人年/万人

年份＼地区	东部地区	中部地区	西部地区	东北地区
2011	36.40	13.53	9.89	17.55
2012	41.06	15.04	11.09	18.44
2013	44.26	16.68	12.15	18.73
2014	46.19	17.45	12.75	19.32
2015	47.14	17.38	12.26	17.45

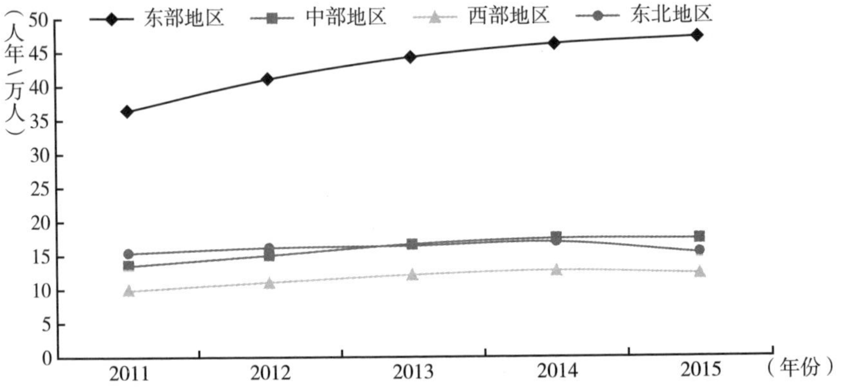

图 3　2011～2015 年我国四大区域每万人研究与开发人员数的发展趋势

结合表 4 和图 3 可知，2011～2014 年各大区域每万人研究与开发人员数总体呈上升趋势，但 2015 年中部地区、西部地区和东北部地区研发人力投入出现不同程度下滑。分区域来看，东部地区研发人力投入水平和增速依然显著高于其他区域，与其他区域的差距逐年拉大；中部地区与西部地区研发人员投入水平在2011~2014年呈缓慢上升趋势，2015年稍有下滑，即研发人员投入出现轻微缩减，该情况可能与人才引进量缩减有关；东北地区研发人员投入水平在2011~2014年基本保持不变，2015年出现下降，即研发人员投入表现出较明显的缩减，该情况可能与近年来东北地区经济发展放缓、人才流失严重有关。

（四）每万人发明专利授权数

每万人发明专利授权数可以反映一个国家或地区科技创新产出的质量和效率，计算出我国2011~2015年四大区域的发明专利授权数与每万人常住人口的比值，将数据整理成表5，并根据表5中数据绘制每万人发明专利授权数的发展趋势图，即图4。

表5　2011~2015年我国四大区域每万人发明专利授权数

单位：件/万人

年份＼地区	东部地区	中部地区	西部地区	东北地区
2011	1.485	0.337	0.332	0.577
2012	1.903	0.442	0.438	0.727
2013	1.875	0.481	0.459	0.689
2014	2.117	0.561	0.537	0.716
2015	3.386	0.967	0.850	1.171

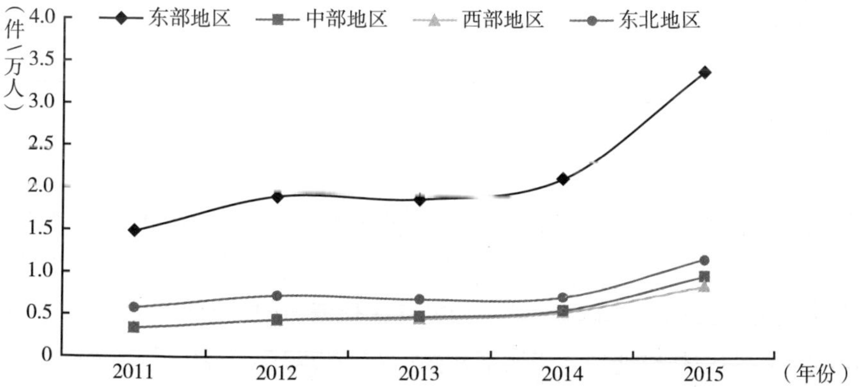

图4　2011~2015年我国四大区域每万人发明专利授权数的发展趋势

由表 5 和图 4 可知，2011～2015 年我国四大区域的每万人发明专利授权数均呈现上升趋势，各区域科技创新产出的质量不断提升。分区域来看，东部地区每万人发明专利授权数明显高于其余三个区域，特别是在 2015 年增幅明显，达到 3.386 件/万人；而中部、西部和东北部地区的每万人发明专利授权数的发展趋势基本一致，即 2011～2014 年增幅较小，2015 年有显著提升，但整体上东北地区略高于中、西部地区。因此，中部、西部、东北部地区的自主创新能力还有待提升，应更加注重科技产出的效率和质量。

（五）高技术产业产值占 GDP 的比重

为反映一国（或区域）的高新技术产业的整体产出情况，依据《中国科技统计年鉴》包含的相关数据，计算出我国四大区域 2011～2015 年高技术产业产值占 GDP 的比重，将数据整理成表 6，并根据表 6 中数据绘制发展趋势图，即图 5。

表 6　2011～2015 年我国四大区域高技术产业产值占 GDP 的比重

单位：%

年份＼地区	东部地区	中部地区	西部地区	东北地区
2011	26.783	9.142	5.997	7.249
2012	26.737	9.550	7.908	7.681
2013	26.941	11.094	9.225	8.090
2014	26.603	12.269	9.838	8.095
2015	26.461	13.922	10.167	7.137

由表 6 和图 5 可知，2011～2015 年，四大区域的高技术产业产值占 GDP 比重的发展趋势存在较大差异，该指标的数值大小反映出各个地区的创新效益。东部地区该指标数值始终领先于其他三个地区，在 2011～2015 年基本保持不变；中部地区、西部地区该指标数值的发展趋势相似，不过中部地区数值和增长速度均高于西部地区，在一定程度上反映了中部地区所拥有企业的创新能力强于西部地区。东北地区 2011～2014 年的高技术产业产

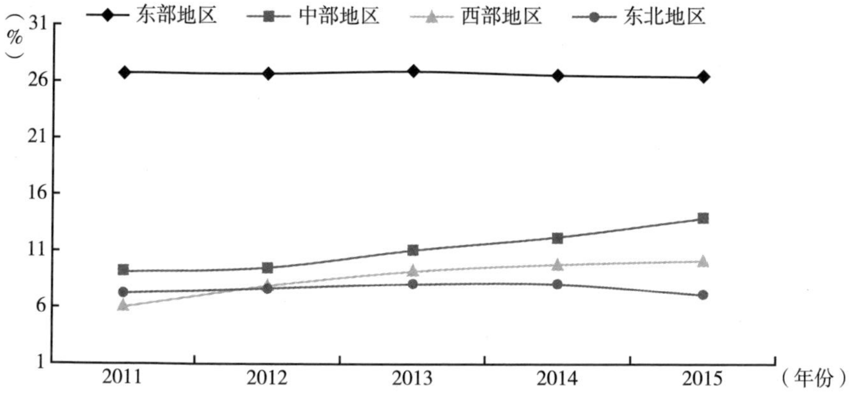

图5　2011～2015年我国四大区域高技术产业产值占GDP比重的发展趋势

值占GDP比重大致呈稳定状态，但在2015年有一个明显下降，说明东北地区的企业创新能力在下降。

（六）1/单位GDP能耗

根据《中国能源统计年鉴》数据，将四大区域2011～2015年每单位GDP能耗数据的倒数整理成表7。其中，能源消耗是将经济活动消耗的各种能量全部转换为标准煤吨数，单位GDP能耗是反映能源消费水平和能源消耗状况的主要指标，反映能源利用效率。由于单位GDP能耗指标是一个逆向指标，对该指标进行倒数处理，即1/单位GDP能耗。

表7　2011～2015年我国四大区域1/单位GDP能耗

单位：万元/吨标准煤

年份＼地区	东部地区	中部地区	西部地区	东北地区
2011	1.519	1.140	0.922	1.033
2012	1.604	1.207	0.960	1.094
2013	1.795	1.389	1.093	1.284
2014	1.900	1.466	1.135	1.357
2015	2.038	1.591	1.221	1.483

根据表7中数据，绘制出2011～2015年我国四大地区1/单位GDP能耗的发展趋势图，即图6。

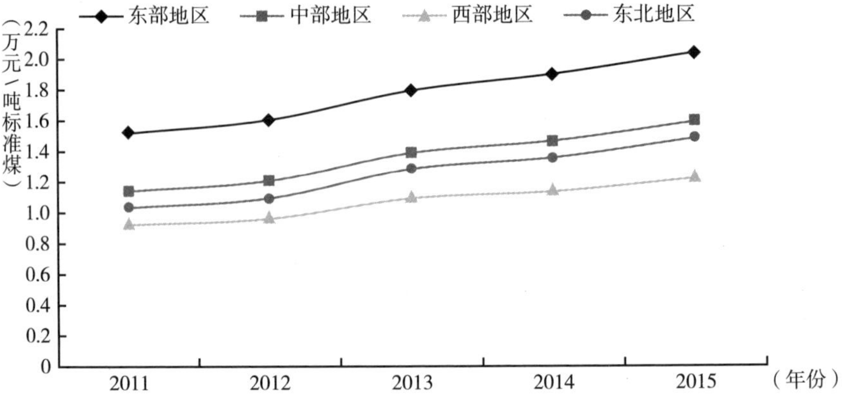

图6　2011～2015年我国四大区域1/单位GDP能耗的发展趋势

由表7和图6可知，2011～2015年“1/单位GDP耗能”这个指标数值在四大区域的发展趋势大致相同，处于持续增长状态，反映出各区域经济发展结构持续优化，能源利用效率逐年提高。四大区域中东部地区能源利用效率最高，经济发展结构最佳。中部地区与东北地区的能源利用效率大致相同，指标数值增长量与增长速度也较为接近，东北地区能源利用效率略低于中部地区。西部地区能源利用效率在2013年的增幅较大，但在2015年增长较为缓慢。

四　区域创新能力综合分析

（一）区域创新能力的综合评价

为综合分析2015年我国30个省份（西藏、港澳台除外）的区域创新能力发展水平，本节基于2015年区域创新能力指标数据，利用主成分分析法和功效系数法，分别对30个省份的创新环境、创新资源、创新成果、创新效益等方面进行综合评价。

1. 创新环境

依据表 1 的区域创新能力评价体系，各省份创新环境主要由四项指标综合反映，包括人均 ICT 投入（X_1）、本科以上学历人数占就业人数的比重（X_2）、有 R&D 活动的规模以上工业企业占比（X_3）和地方财政科技拨款占地方财政预算支出的比重（X_4）。运用主成分分析法对各省份的创新环境情况进行综合分析，第一主成分反映了原始变量 65.52% 的信息，对指标信息反映情况良好，且第一主成分表达式中 4 个原始指标的系数相差较小，因此选取第一主成分作为综合反映创新环境的变量。

第一主成分表达式为：

$$PCR1 = 0.383X_1 + 0.538X_2 + 0.514X_3 + 0.548X_4 \quad (1)$$

根据式（1）计算第一主成分的得分，式中各指标数值均为标准化后的数值，表 8 列出了 30 个省份创新环境得分及其排序结果。

表 8　2015 年各省份的创新环境得分及其排序

省　份	创新环境得分	排名	省　份	创新环境得分	排名
北　京	5.07	1	新　疆	-0.55	16
天　津	3.47	2	甘　肃	-0.59	17
上　海	2.88	3	山　东	-0.62	18
江　苏	2.43	4	辽　宁	-0.63	19
浙　江	2.06	5	吉　林	-0.77	20
广　东	1.07	6	江　西	-0.90	21
福　建	0.31	7	黑龙江	-0.98	22
安　徽	0.07	8	云　南	-1.03	23
海　南	-0.03	9	山　西	-1.06	24
青　海	-0.08	10	四　川	-1.22	25
宁　夏	-0.08	11	内蒙古	-1.30	26
湖　北	-0.26	12	广　西	-1.31	27
陕　西	-0.41	13	河　南	-1.38	28
湖　南	-0.49	14	河　北	-1.50	29
重　庆	-0.52	15	贵　州	-1.65	30

由表 8 可知，创新环境得分排名前五位的省份依次为北京、天津、上海、江苏和浙江。其中北京创新环境得分最高，显著高于其他地区，即该地区拥有最优越的创新环境，北京作为首都，具有资本和人才集聚效应；天津创新环境得分也较高，与其紧邻首都及临海的优越地理位置存在密切关系；此外，上海、江苏和浙江均处于长江三角洲繁荣地带，三地紧密相连，有助于创造良好的创新环境。创新得分大于 0 的省份还包括广东、福建和安徽，这 3 个省份得分均在 1.5 以下，创新环境相对良好，与其经济发展呈正向关系；创新环境得分排名后五位的省份为内蒙古、广西、河南、河北和贵州，落后的创新环境将阻碍创新驱动经济发展战略实施，因此政府需要大力营造良好的创新氛围。

2. 创新资源

创新资源状况主要由四项指标综合反映：R&D 经费支出（X_5）、R&D 经费支出占 GDP 比重（X_6）、R&D 人员全时当量（X_7）、每万人研究与开发人员数（X_8）。

运用主成分分析法对各省份的创新资源情况进行综合分析，第一主成分解释了原始变量 82.24% 的信息，因此选用第一主成分作为综合反映创新资源情况的变量。

第一主成分的表达式为：

$$PCR1 = 0.519X_5 + 0.494X_6 + 0.485X_7 + 0.502X_8 \tag{2}$$

30 个省份创新资源第一主成分得分及其排序结果如表 9 所示。

表 9 显示，北京创新资源得分居于首位，明显高于其他省份。江苏、广东的创新资源得分仅次于北京，分别位列第二名与第三名。得分在 0 以上的省份还包括浙江、上海、山东、天津、湖北、安徽、福建和陕西这 8 个省份。说明以上 11 个省份的创新资源丰富，企业重视 R&D 经费与 R&D 人力投入，企业创新能力处于全国平均水平之上。新疆、海南和青海这 3 个省份的创新资源得分在全国处于末尾位置，政府应注重研发活动的开展，加大研发经费投入，增加研发人员，更好地发展高新技术企业，以提高创新能力。

表 9　2015 年各省份创新资源得分及其排序

省　份	创新资源得分	排名	省　份	创新资源得分	排名
北　京	4.93	1	重　庆	-0.55	16
江　苏	3.95	2	河　北	-0.56	17
广　东	3.47	3	黑龙江	-0.98	18
浙　江	2.52	4	吉　林	-0.98	19
上　海	2.43	5	江　西	-1.10	20
山　东	1.97	6	山　西	-1.12	21
天　津	1.74	7	内蒙古	-1.19	22
湖　北	0.23	8	甘　肃	-1.19	23
安　徽	0.09	9	云　南	-1.33	24
福　建	0.05	10	宁　夏	-1.38	25
陕　西	0.05	11	广　西	-1.41	26
四　川	-0.17	12	贵　州	-1.55	27
河　南	-0.25	13	新　疆	-1.59	28
湖　南	-0.32	14	海　南	-1.67	29
辽　宁	-0.49	15	青　海	-1.72	30

3. 创新成果

各省份的创新成果主要由四项指标综合反映，包括发明专利授权数（X_9）、每万人发明专利授权数（X_{10}）、科技论文数（X_{11}）、每万个研发人员科技论文数（X_{12}）。由于 2015 年的科技论文数（X_{11}）缺失，因此通过 2011 ~ 2014 年的科技论文数外推得到 2015 年数据。

运用主成分分析法对各个省份的创新成果水平进行综合分析，其中第一主成分的方差贡献率为 74.98%，即反映了原始变量 74.98% 的信息，所以选取第一主成分作为综合反映创新成果的变量。

第一主成分的表达式为：

$$PCR1 = 0.482X_9 + 0.547X_{10} + 0.572X_{11} + 0.377X_{12} \quad (3)$$

主成分表达式的各项指标数值需满足标准化条件。依据第一主成分表达式计算得到各个省份的创新成果得分，整理结果如表 10 所示。

表 10　2015 年各省份创新成果得分及其排名

省　份	创新成果得分	排名	省　份	创新成果得分	排名
北　京	7. 03	1	甘　肃	-0. 36	16
上　海	2. 69	2	重　庆	-0. 38	17
江　苏	2. 61	3	福　建	-0. 68	18
广　东	1. 27	4	河　南	-0. 90	19
浙　江	1. 13	5	山　西	-0. 99	20
陕　西	0. 88	6	广　西	-1. 07	21
辽　宁	0. 26	7	河　北	-1. 11	22
山　东	0. 23	8	云　南	-1. 13	23
黑龙江	0. 23	9	江　西	-1. 15	24
湖　北	0. 22	10	新　疆	-1. 23	25
四　川	0. 12	11	海　南	-1. 35	26
湖　南	-0. 05	12	贵　州	-1. 42	27
天　津	-0. 09	13	青　海	-1. 48	28
吉　林	-0. 11	14	内蒙古	-1. 49	29
安　徽	-0. 14	15	宁　夏	-1. 52	30

由表 10 可知，北京的创新成果得分明显高于其他省份，位居全国第一，达到 7. 03。其次为上海、江苏、广东、浙江、陕西，这些地区的创新成果得分均在 0. 8 以上，位居第二层次，创新发展良好。而辽宁、山东、黑龙江、湖北、四川的创新成果得分位居第三层次，创新成果得分均大于 0。海南、贵州、青海、内蒙古、宁夏的创新成果得分位于全国后五位，创新成果水平有待提高。

4. 创新效益

区域创新能力的体现离不开创新效益的反馈，本文提取四项与创新效益贴合度较高的指标综合反映创新效益情况，包括高技术产品出口占货物出口额的比重（X_{13}）、高技术产业产值占 GDP 的比重（X_{14}）、新产品销售收入占产品销售收入的比重（X_{15}）、1/单位 GDP 能耗（X_{16}）。

运用主成分分析法综合分析各省份四项指标反映的创新效益情况，经分析得出第一主成分的方差贡献率为 56. 14%，即反映了原始变量 56. 14% 的信息，因此选用第一主成分对创新效益进行评价。

第一主成分的表达式为：

$$PCR1 = 0.456X_{13} + 0.594X_{14} + 0.379X_{15} + 0.543X_{16} \quad (4)$$

运用主成分分析方法，30 个省份创新效益得分及其排序结果如表 11 所示。

表 11　2015 年各省份创新效益得分及其排序

省　份	创新效益得分	排名	省　份	创新效益得分	排名
广　东	4.02	1	福　建	0.20	16
江　苏	3.85	2	广　西	-0.48	17
上　海	1.92	3	吉　林	-0.56	18
北　京	1.51	4	海　南	-0.84	19
天　津	1.34	5	山　西	-0.96	20
重　庆	1.34	6	辽　宁	-1.01	21
浙　江	1.20	7	贵　州	-1.25	22
河　南	1.12	8	河　北	-1.30	23
山　东	0.89	9	云　南	-1.48	24
四　川	0.41	10	黑龙江	-1.51	25
陕　西	0.40	11	内蒙古	-1.76	26
江　西	0.33	12	甘　肃	-1.79	27
湖　北	0.24	13	宁　夏	-1.96	28
安　徽	0.22	14	青　海	-2.06	29
湖　南	0.20	15	新　疆	-2.20	30

表 11 表明，广东、江苏、上海的创新效益得分位列前三，创新成果转化率较高，高技术产业发展较好，新产品效益可观。北京、天津、重庆、浙江、河南、山东创新效益得分紧随其后，创新对经济发展具有较好的促进作用。四川、陕西、江西、湖北、安徽、湖南、福建这 7 个省份的创新效益得分大于 0，高于全国平均水平。全国共有 16 个省份得分大于 0，说明一半以上地区的创新效益发展在全国平均水平之上。宁夏、青海、新疆的创新效益得分在全国处于末尾位置，创新效益较低。高创新效益能够激励政府和企业增加 R&D 投入，改善创新环境，提高创新资源利用效率，创新效益较低的地区应该增加创新投入，大力发展高新技术企业，实现创新效益最大化。

5. 区域创新综合能力

为全面体现30个省份的创新能力情况，运用主成分法从创新环境、创新资源、创新成果、创新效益四个方面进行分析，其中第一主成分的方差贡献率为65.52%，能够解释四个综合指标总得分信息的65.52%。根据第一主成分得分，计算各省份创新综合能力的得分，整理结果如表12所示，并依据表12中数据绘制条形图，即图7。

表12　2015年各省份区域创新综合能力得分及其排名情况

省　份	区域创新综合能力得分	排名	省　份	区域创新综合能力得分	排名
北　京	5.46	1	辽　宁	-0.57	16
江　苏	3.76	2	吉　林	-0.74	17
上　海	2.91	3	江　西	-0.86	18
广　东	2.87	4	黑龙江	-0.98	19
浙　江	2.03	5	海　南	-1.16	20
天　津	1.91	6	甘　肃	-1.17	21
山　东	0.70	7	山　西	-1.24	22
陕　西	0.24	8	广　西	-1.29	23
湖　北	0.10	9	河　北	-1.34	24
安　徽	0.05	10	宁　夏	-1.46	25
福　建	-0.05	11	云　南	-1.48	26
重　庆	-0.07	12	青　海	-1.58	27
湖　南	-0.22	13	新　疆	-1.65	28
四　川	-0.29	14	内蒙古	-1.71	29
河　南	-0.45	15	贵　州	-1.75	30

由表12和图7可知，北京创新综合能力得分明显高于其余省份，达到5.46，位居全国第一。其次为江苏、上海、广东、浙江、天津，这些地区的创新综合能力得分均在1.0以上，分别为3.76、2.91、2.87、2.03、1.91，创新综合发展情况较好。山东、陕西、湖北、安徽的创新综合能力得分处于第三层次，创新综合能力得分高于全国平均水平。云南、青海、新疆、内蒙古、贵州的创新综合能力得分排在全国倒数五位，区域创新能力较为薄弱。

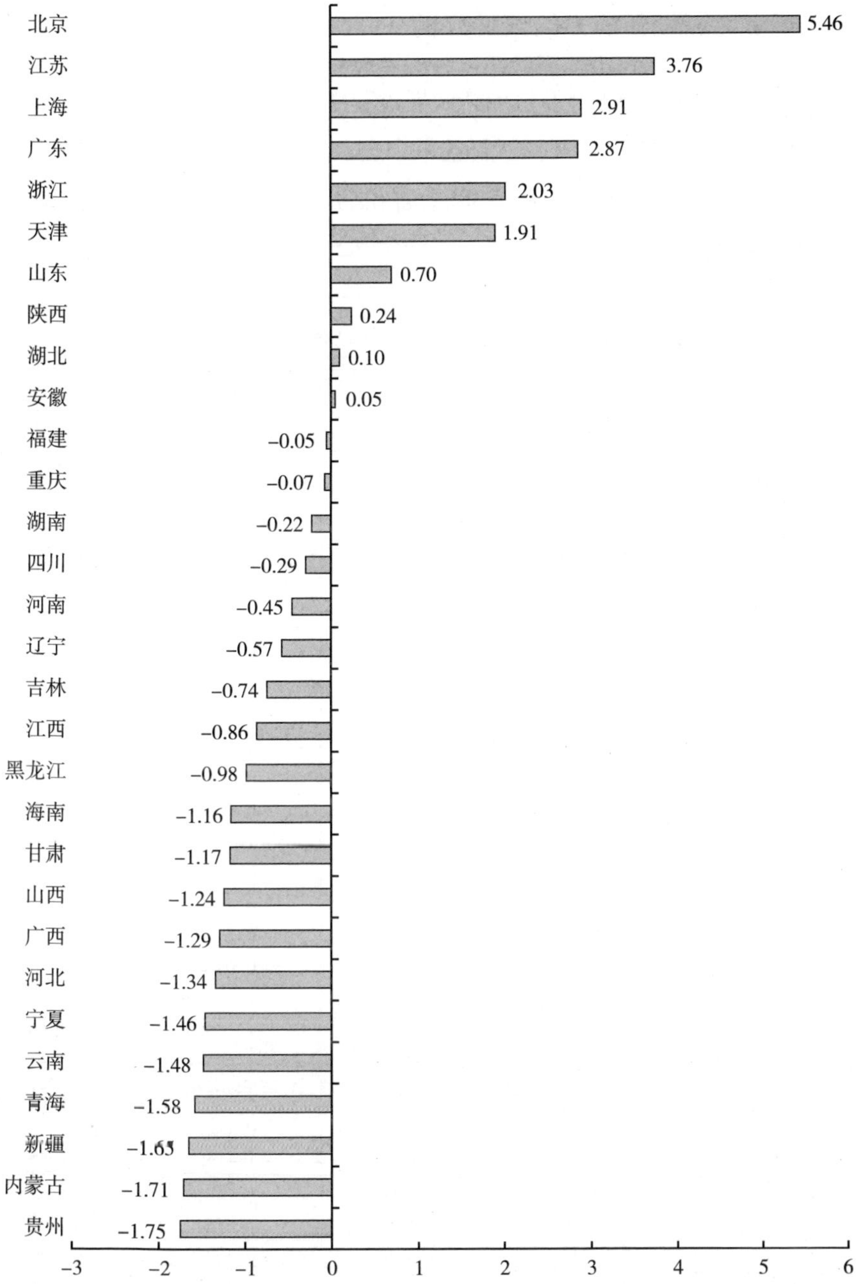

图 7　2015 年各省份创新综合能力得分

（二）区域创新能力的聚类分析

为细致分析我国30个省份创新发展过程中的优势和劣势，基于2015年各地区创新环境、创新资源、创新成果和创新效益四方面得分（见表13），利用系统聚类分析的Ward法对30个省份进行分类，并采用聚类谱系图（即图8）直观反映分类情况。

表13　2015年各省份创新能力领域层指标综合得分

省　份	创新环境	创新资源	创新成果	创新效益
北　京	5.07446	4.92639	7.03247	1.51
天　津	3.46548	1.73589	-0.08774	1.34
河　北	-1.50008	-0.56163	-1.10554	-1.30
山　西	-1.05783	-1.12313	-0.99140	-0.96
内蒙古	-1.29959	-1.18725	-1.49215	-1.76
辽　宁	-0.62756	-0.49098	0.26220	-1.01
吉　林	-0.76717	-0.98476	-0.11322	-0.56
黑龙江	-0.97525	-0.98377	0.22678	-1.51
上　海	2.87879	2.43353	2.68515	1.92
江　苏	2.43427	3.95026	2.60836	3.85
浙　江	2.06212	2.51908	1.12849	1.20
安　徽	0.07241	0.08750	-0.14035	0.22
福　建	0.31271	0.04816	-0.68244	0.20
江　西	-0.89897	-1.09802	-1.15035	0.33
山　东	-0.62008	1.97419	0.22768	0.89
河　南	-1.37752	-0.24525	-0.89592	1.12
湖　北	-0.26474	0.22676	0.21567	0.24
湖　南	-0.49485	-0.31634	-0.05044	0.20
广　东	1.07498	3.47271	1.26628	4.02
广　西	-1.31358	-1.41214	-1.06989	-0.48
海　南	-0.02850	-1.67426	-1.35281	-0.84
重　庆	-0.52470	-0.54883	-0.38430	1.34
四　川	-1.22395	-0.16841	0.12254	0.41
贵　州	-1.65219	-1.55113	-1.41650	-1.25
云　南	-1.03164	-1.32503	-1.12546	-1.48
陕　西	-0.40619	0.04645	0.87895	0.40
甘　肃	-0.59444	-1.19167	-0.35929	-1.79
青　海	-0.08344	-1.71624	-1.47962	-2.06
宁　夏	-0.08443	-1.37846	-1.52409	-1.96
新　疆	-0.54856	-1.58806	-1.23303	-2.20

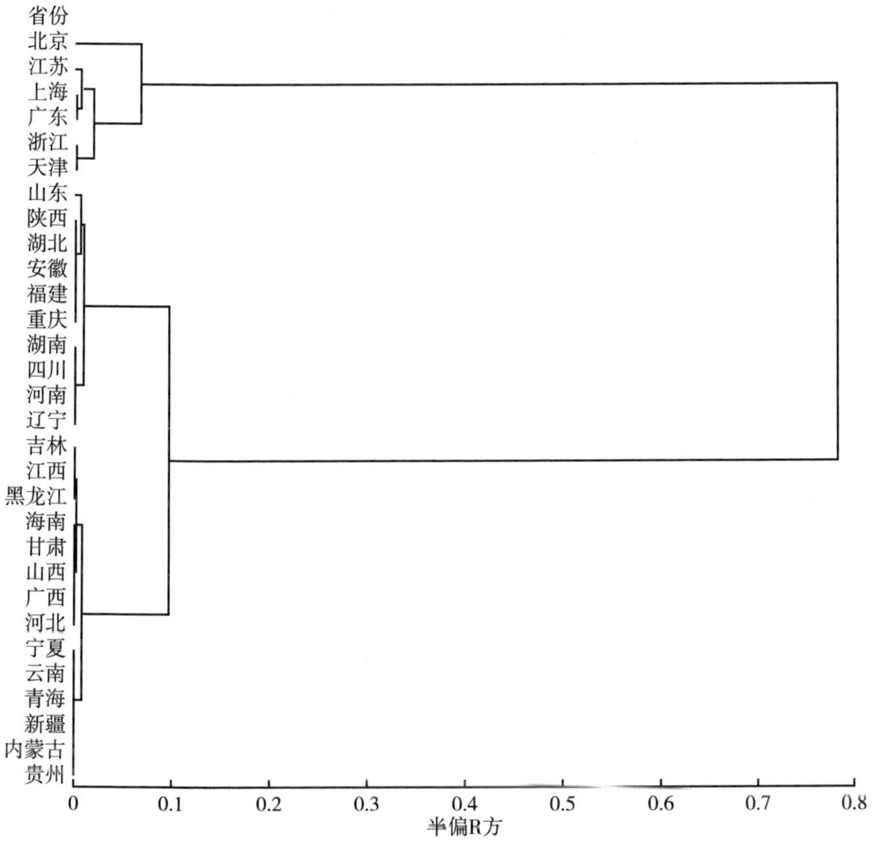

图 8　2015 年各省份创新能力聚类谱系

观察图 8 可以发现，2015 年我国各省份创新能力可划分为四类，北京在四项创新得分中均位居前列，创新能力最强，独居第一类；第二类包括上海、江苏、浙江、广东和天津，这 5 个省份拥有丰富的创新资源及优越的地理位置，经济发展水平较高，创新能力较强；第三类包括 9 个省份，分别为山东、陕西、四川、福建、湖南、湖北、安徽、重庆和河南，这些省份创新能力一般，有待进一步提升；其余 15 个省份处于第四类，包括辽宁、吉林、黑龙江、海南、甘肃、山西、广西、河北、江西、宁夏、云南、青海、新疆、内蒙古和贵州，该类省份的经济发展较为落后，创新能力薄弱，这些地区需要加大创新资源投入，优化创新资源配置，提高区域创新能力，进而促进经济又好又快发展。

五 结论和启示

本文从创新环境、创新资源、创新成果以及创新效益四个方面设计指标，分析了我国东部、中部、西部与东北部四大区域及30个省份在2011～2015年的区域创新能力及其动态趋势。通过对区域创新能力的六个核心指标，分别为有R&D活动的规模以上工业企业占比（%）、R&D经费支出占GDP比重（%）、每万人研究与开发人员数（人年/万人）、每万人发明专利授权数（件/万人）、高技术产业产值占GDP的比重（%）和1/单位GDP能耗（万元/吨标准煤）进行趋势分析，从动态上掌握东、中、西、东北四大区域创新能力的发展趋势，从而找出各区域的特点与不足。通过主成分分析法综合分析各个省份创新能力的实际发展状况。分析表明我国区域创新能力逐步增强，各地区高新技术企业表现出蓬勃发展态势。

东部地区、中部地区、西部地区这六个指标整体呈现逐年增长趋势；但东北地区的有R&D活动的规模以上工业企业占比在2015年、R&D经费支出占GDP比重在2014～2015年、每万人研究与开发人员数在2015年、高技术产业产值占GDP的比重在2015年有所下降，表明东北地区创新能力发展形势并不乐观，需要政府部门加以重视，相关政策应该从防止人才流失与发展高技术产业角度着手，以增强东北地区企业的创新能力。

各省级区域创新能力的主成分分析结果显示，地区间创新能力存在显著差异。北京市创新综合能力得分明显高于其余省份，位居全国第一；其次为江苏、上海、广东、浙江、天津，这些省份的创新能力在一般水平之上；而河北、广西、云南、内蒙古、贵州的创新综合能力得分排在全国倒数位置。

根据2015年各省级区域创新环境、创新资源、创新成果和创新效益四个综合指标得分，对30个省份进行聚类，得到四个创新能力类别。其中，北京单独位于第一类，其四项指标得分均位居前列，创新能力最强；第二类包括天津、广东、浙江、江苏和上海这5个省份，创新能力低于北京但高于其他24个省份，属于创新领先省份；9个省份处于第三类别，分别为重庆、河南、山东、福建、陕西、四川、湖北、湖南和安徽，该类区域创新能力一般，有较大的提升空间；第四类包括15个省份，分别为云南、江西、贵州、广西、黑龙江、新疆、宁夏、甘肃、青海、内蒙古、辽宁、吉林、山西、海南和河北，该类省份创新能力弱，经济发展相对落后，创新资源投入不足，创新环境较差，这些省份需要重视区域创新体系建设，提高创新资源投入水平和使用效率，加快培育经济增长新动力。

由于各省份在资源禀赋、经济发展水平等方面具有显著差异，需要结合各省份特点与比较优势来制定和实施创新政策。对于创新能力较强的地区，政策制定者应注重与本地创新能力紧密相关的新兴产业的培育和发展，进一步提高知识创新对经济发展的驱动作用，同时应该实施互帮互助政策，鼓励企业到创新能力相对落后的地区投资建厂，充分利用区域创新系统的知识扩散效应，促进关联区域创新能力的提高。对于创新能力偏弱的地区，政府应该整合区域内部和外部资源，一方面通过政策扶持提升本地企业创新积极性，激励企业学习和赶超创新能力较强的企业，加快孵化本地区的创新型企业；另一方面不断完善区域创新环境，吸引外地创新型企业入驻，引进前沿思想和技术，增强区域创新活力，提升区域创新能力。

B.7

雄安新区：全球创新发展的新高地

陈　劲*

摘　要：　将雄安新区建设成为具有国际影响力的创新高地，是国家的“千年大计”。本文认为，必须以综合集成和引领创新作为雄安新区的科技创新战略，并在创新主体引入和培育、创新人才集聚、创新资金投入、创新城市建设等方面做扎实的部署，尤其应在科技项目的公共性、知识产权的共享性等方面做重大的制度创新。

关键词：　雄安新区　创新　高地

一　雄安新区作为创新高地的战略机遇

中共中央、国务院决定设立河北雄安新区。这是以习近平同志为核心的党中央做出的一项重大的历史性战略选择，是具有深远历史意义的重大决策部署。除了疏解北京非首都功能外，雄安新区力争成为全国创新驱动发展新引擎，把创新驱动作为自身发展的根本动力，引导创新要素向内部集聚，在创新载体、运行机制、发展环境等方面营造良好创新氛围，吸引高端创新人才和团队，努力打造创新高地和科技新城。雄安新区应是继北京、上海之后的具有国际影响力的创新高地。

雄安新区作为未来具有世界影响力的创新高地，面临重大的战略机遇。

---

* 陈劲，清华大学经济管理学院教授、博士生导师，主要研究方向为技术创新管理、创新政策、中国特色创新管理理论等。

这是因为时代呼唤新型高端创新高地。当今，世界范围内科技加速发展，学科交叉和技术融合加快，新一轮科技革命正在兴起，颠覆性技术、新兴产业正在成为引领未来发展的重要力量，基础研究、技术创新、产业发展一体化发展趋势更加明显。加强国家创新高地的建设，有利于把握当前重要的战略机遇期，加快在若干新兴领域的超前部署，进一步加强基础研究，持续高质量地提供关键技术和共性技术，从而进一步提高我国科技的国际竞争力，为我国进一步迈向科技强国奠定扎实的基础。同时，自实施国家创新驱动发展战略以来，我国科技成果方面取得了迅猛的发展，科技论文数、发明专利申请数均位居世界前列。当务之急是要充分利用和整合现有科技成果，提高科技成果的转化与扩散效率。特别是要整合、共享创新链上的各类资源，显著提升科技成果转移转化的效率。有效提供“幸福生活”与社会发展所需的关键技术，需要大力发展民生科技，推进社会公益领域发展，需要进一步加大公共科技投入，形成绿色、低碳、可持续发展的公共科技体系。

传统的区域或城市科技创新中心建设过程中，虽然有若干创新单位或平台，但普遍存在体量小、学科单一、综合度低等问题，致使科技创新缺乏知识的规模效应。区域创新体系理论认为，单个创新主体的强势并不能确保整个创新系统有足够高的创新效率，只有当各主体产生广泛的关联和互动时，才能保证系统的创新效率。在当前大科学研究与综合性的创新更需要规模化、集团化组织实施的前提下，资源集聚显得尤为重要。而各主要城市在发展过程中，没有给科技创新预留足够的空间，使得各创新资源、创新要素的汇聚极为困难，创新发展的公益性方面也十分不足。从主动应对全球科技竞争新挑战、适应开放式创新的新要求看，还缺少世界一流水平的具有综合聚集效应的创新高地。雄安新区现有开发程度较低，发展空间比较充裕，具备高起点、高标准建设高端创新高地的基本条件。

二　雄安新区作为创新高地的战略定位

在科学、技术、产业交叉融合的发展趋势下，科技创新呈现多种模式。

既有基础研究的直接工程化和产业化，也有技术汇聚融合的集成创新，还有工程技术引领的工艺创新，科学、技术、工程与产业之间的非线性关系的链式创新。因此，科技创新的复杂性使得创新难度不断加大，对科技创新资源的组织和调配能力要求更高。基于国家战略目标的重大创新，也需要充分调动企业、大学、科研机构等各类创新主体的积极性和创造性，实现跨学科、跨部门、跨行业组织的深度合作和开放创新。

建设世界科技创新强国，战略转型是关键。科技创新战略必须从跟随到引领，从引进集成上升到自主原创，中国的科技创新必须立足战略转型，立足核心能力的完整建立，立足核心技术的充分占有。从自主研发到自主创新，从自主创新到自主可控，中国的科技创新主题词是“引领”。“百年科技创新强国梦”是指导今后一段时间我国科技、经济工作以及社会发展的最核心战略。

因此，雄安新区的创新发展应体现综合集成和引领原创两大特点。

一是应具备集成创新能力，能够集成科技与创新资源，建立协同合作机制，大幅度提高自主创新能力，形成我国具备国际竞争力的战略性新兴产业，带动地方、行业创新基地发展和全社会科技创新。

二是应具有重大原始性创新能力，能够发现、提出和承担国家战略性的重大科技创新任务，逐步形成引领世界的科技创新能力。突破型科技创新是区域经济持续发展的根本动力。北京、天津拥有较强的科研综合实力，雄安新区如能坚持“有所为、有所不为”的原则，就事关京津冀区域经济未来走向的先导性技术、产业关键技术、共性技术等重大基础性技术，进行联合攻关，力求取得突破，就能很快奠定自身在全国乃至世界科技创新中心的地位。

三　促进雄安新区作为创新高地的关键措施

（1）在雄安新区引进和建设一批综合型、引领型的创新型大学、重点科研院所和若干具有世界影响的创新型企业，为实现科技创新提供坚实的保障。成为世界主要科学中心和创新高地，必须拥有一批世界一流研究型大学、科研机构、创新型企业，如此才能够持续产出一批重大原创性科学成果。

（2）凝聚高水平科技队伍、培育创新人才。为进一步调动优势科技资源，汇聚、激励、培育优秀创新人才，稳定一批高水平的从事基础研究、技术集成与重大工程综合性创新的国家级科研队伍，形成世界级的科技与创新人才群体，这是建设高端创新高地的关键所在。

（3）提供充裕的有利于科技创新的资金。建立雄安新区科技创新的中央财政投入渠道，以战略性、前瞻性、基础性、公益性的国家重大科研项目安排，支持雄安新区的科技创新活动。在保障政府投入的基础上，发挥多方积极性，进一步吸收社会资金参与雄安新区科技创新，特别是大型产业基金的引入，形成国家与地方、企业联合共建机制。探索稳定支持与项目支持相结合、中央支持与地方支持相结合、财政资金投入与企业和社会资金投入相结合的多种支持方式和渠道。

（4）形成以绿色宜居、智慧互动、人文和谐为特征的城市建设格局。雄安新区应以绿色可持续发展为基本出发点，秉持开放互动的城市建设理念，不断建设基于高度信息化的智慧城市社区。雄安新区有丰厚的中医药基础，以此弘扬的中华传统文化，对于产出具有中国智慧的科技创新成果，具有重要影响。

四　雄安新区作为创新高地的制度创新

科技创新和制度创新相辅相成。深圳、浦东作为中国经济改革开放的试验区，对中国的经济发展做出了重要的贡献。雄安新区应作为中国社会发展和科技体制改革的试验区，重点面向关注社会发展和科技创新的制度创新。

（1）产权制度的创新。进一步突出社会主义公有制的特征，突出土地、资金、人才等的共有性。在住房等方面实现“共同享有”，显著地降低创新创业成本。与此同时，在人才方面，既要加快组织规划编制工作，坚持世界眼光、国际标准、中国特色、高点定位，集聚全国优秀人才，吸纳国际人才，又要关注人才共享的制度试验。

(2) 深化科技体制的重大改革。要改变目前科研项目申报、收益以个人化、短期化为主的弊端，逐步加大科技项目的公益性、社会性导向，开展更多的“公共创新”。在知识产权制度方面，要试验公共性科研项目知识产权向公众免费开放的制度，使得相关的科技成果能快速转移到相关的机构，这对于提升京津冀地区的产业创新能力具有重大价值。

参考文献

[1] 陈劲主编《中国创新发展报告（2016)》，社会科学文献出版社，2017。

[2] 习近平：《为建设世界科技强国而奋斗——在全国科技创新大会、两院院士大会、中国科协第九次全国代表大会上的讲话》，新华社，2016 年 5 月 31 日。

[3] 习近平：《中国共产党第十九次全国代表大会报告》，2017 年 10 月 18 日。

[4] 张学文、陈劲：《开放科学对产业创新的影响——基于美国制造业的实证研究》，《科学学研究》2013 年第 3 期，第 368 ~ 376 页。

[5] 中国科学技术发展战略研究院：《国家创新指数报告 2016—2017》，科学技术文献出版社，2017。

[6] Swann, G. M. P. , *Common Innovation*: *How We Can Create the Wealth of Nations* (Cheltenham: Edward Elgar, 2014).

[7] Von Hippel, E. A. , *Free Innovation* (MIT Press, 2016).

企　业　篇

Enterprise Part

B.8

企业技术创新主体分析

——缘起、界定、发展、指数与政策

张赤东*

摘　要： 企业是技术创新的主体，并且是唯一的主体，在国家技术创新体系建设中发挥着至关重要的作用。本文从历史分析、理论分析、实证分析和政策分析四个维度展开，全面、深入、系统地阐明企业技术创新主体问题。首先，从历史演进视角分析了中国出现企业技术创新主体地位问题的缘由，即体制转变、政策转变和发展方式转变所导致的技术创新主体“真空”现象。其次，从理论和政策研究视角提出了企业技术创新主体地位的概念界定和政策含义，为改进完善企业技术创新政策打下理论基

* 张赤东，中国科学技术发展战略研究院体制所副所长、研究员，主要研究方向为企业创新、创新系统和创新政策。

础。再次，以白描的手法对1978～2017年中国企业技术创新主体的地位与作用进行分析，描绘了企业技术创新发展的一般图景。第四，基于国家创新体系等理论提出企业创新驱动力指数，用以客观、科学地对企业技术创新主体地位的变化历程进行实证分析，经多渠道采集客观、权威、公开数据，结果表明中国企业技术创新主体地位在2000～2014年快速提升，在国家创新体系中的技术创新主体地位不断强化，已经进入“稳结构、提能力”的新阶段。最后，在对企业技术创新政策体系梳理和分析的基础上，分析了企业技术创新政策体系的三个基本特征，并依据上述理论分析和实证分析进一步提出了加强企业技术创新主体地位、加速以企业为主体的国家技术创新体系建设的若干政策建议。

关键词： 企业　技术创新主体　创新体系　企业创新驱动力指数　企业技术创新政策

企业成为技术创新主体，既是我国建设创新型国家的一个标志，也是中国改革开放顺利推进、取得实效的一个必然结果。

《国家中长期科学和技术发展规划纲要（2006—2020年）》（简称《科技规划纲要》）明确提出，建设创新型国家要“以建立企业为主体、产学研结合的技术创新体系为突破口，全面推进中国特色国家创新体系建设”，突出强调了企业在国家技术创新体系中的主体地位。党的十八大以来我国全面部署和实施“创新驱动发展战略”，党的十九大报告更是进一步明确了创新型国家建设任务，将其列入“两个阶段”发展的重要目标，再次强调在着力推动以科技创新为核心的全面创新中要充分发挥企业的技术创新主体作用。

一　企业技术创新主体的缘起

中国的国家工业体系和技术体系是参照苏联模式建立的，是在社会主义市场经济建设中发展起来的，与欧美发达国家相比存在很大的差异。因此，在建设创新型国家过程中出现了企业技术创新主体问题，而这恰好凸显出发挥企业技术创新主体作用的重要意义。

（一）计划经济下的工业与创新体系

新中国成立后，我国学习苏联社会主义计划经济模式——将公有制的社会主义国家建成一个大的“托拉斯”，通过托拉斯这一垄断组织内部精细计划的经济活动实现国家经济的快速发展，以社会主义计划经济的计划性避免市场经济的盲目性——建立我国的计划经济体系，在此基础上形成以计划为基础的工业体系、以政府为核心的科技体制和以政府为主体的国家创新系统。这个系统具有三个主要体制特征：一是建立了以政府属科研院所为核心的单一化工业科研组织体系；二是建立了以国家需要为首要动力，以“政府—科研院所—政府—工厂”为技术研究—应用周期，以发展战略技术为直接结果的创新运行机制；三是建立了高度集中的社会主义计划经济制度。①

在技术创新过程中，通过政府的计划或指令，在高度集中的计划经济体系中调配政府属科研院所、工厂、供销单位等参与者，完成从科学研究、技术开发、工程化设计到批量化生产、商品销售及售后技术服务等技术创新链的活动。其主要活动特点有：一，政府是国家 R&D 经费及其他所有资源投入的提供者；二，在创新过程中各参与单位责任明确、分工清晰，只参与技术创新链中的某一环节，例如科研院所是 R&D 活动的承担者，只负责完成科学研究与技术开发；三，企业（工厂）只是产品生产制造的承担者，而不负责技术开发、产品销售及售后服务，既不具有技术开发力量，也不涉及市场；四，通过政府计划或指令将科研院所、工厂等单位的片段式的创新活动联结成一个完整的创新过程；五，大学主要负责教育。这种在计划经济模

① 李兴权、徐永昌：《建立企业主体型科学技术体制——我国经济和科技体制改革的必由之路》，中国科技促进发展研究中心研究报告（现中国科学技术发展战略研究院调研报告）1995 年第 20 期。

式下建立起来的中国科技体制和国家创新系统，与市场经济条件下形成的科技体制和国家创新系统之间的差异是巨大的。

（二）改革后的“主体真空”现象

改革开放后，作为经济体制改革的延续，1985 年启动的科技体制改革所面对的科技体系呈现条块分割的状况。[①] 企业，或者更准确地讲是工厂，只是负责加工生产；大学、科研院所、供销社等每个单位都只是在技术创新的一个环节上活动，彼此间界限分明、责任明确，相互间的衔接依靠政府行政命令和计划指令。

在政府实施科技体制改革，包括拨款制度改革[②]等的一系列措施落实后，在我国谁来投入 R&D、谁来主导技术创新成为问题，出现了技术创新的“主体真空”现象。首先，这体现在社会上 R&D 经费由谁来支付的问题。在 80 ~ 90 年代资金短缺时，这是一个大问题。因为政府要将有限资金优先投入经济扩大再生产之中，在没有将科技视为经济发展——将科技视为与经济相平行独立发展的条件的情况下，政府自然缩减对科技的投入部分，就导致科技活动经费来源存在“空穴”，无人来填补。另外，当时工业之中盛行“以市场换技术”的思想，于是有些经济实力的企业都纷纷大量引进国外的“先进技术”“先进设备”，乃至成套地购买生产流水线等，只要能够立刻投入生产以满足当时国内紧缺经济的市场需求即可，以求快速实现企业的巨额盈利和规模扩展。因此，几乎没有企业会去投入大量资金搞技术开发、新产品开发，甚至连引进技术的消化吸收投入都很低，引进技术经费与其消化吸收经费之比长期低于 1∶0. 07[③]，远低于日本和韩国的水平（不低于 1∶5）。其次，表现在社会上不知该由谁来组织技术创新。在政府转变职

① 冯之浚主编《国家创新系统的理论与政策》，经济科学出版社，1999，第 118 页。

② 包括拨改贷、减拨事业费等。

③ 在 1998 年以前该比值一直小于 1∶0. 07，1999 ~ 2003 年该比值平均为 1∶0. 073，2004 年起才超过 1∶0. 1，并保持快速增长。参见张赤东等《中国企业技术创新主体地位评价——基于 LVS 框架的企业创新驱动力实证研究》，知识产权出版社，2016。

能，卸掉具体组织、投入、管理技术创新的工作责任后，社会上没有出现完全承接这些职能的社会组织或单位，或者说，由于长期按照计划指令进行生产，中国工厂（企业）并没有向发达市场经济国家企业那样自然地接过技术创新的组织、投入和管理职能，甚至表现出拒绝和排斥技术创新的态度。最后，还有一个重要的影响因素，那就是在短缺经济时期技术创新的市场需求很低，一旦实施技术创新，就要承担创新的风险，而在当时，具有技术能力的基本都是国有企业，正常经营的利润分配问题尚处在探索中，更何况改革之初能够实现正常生产就已经可以获得很高的利润，“三班倒，活都干不完”，谁还去想技术创新呢。

这样，两种体制的差异在国家创新系统建设中集中地反映在如何由“以政府为主体”向“以企业为主体”转变的问题上。在我国社会主义市场经济建立与发展过程中，如何消除这个巨大的体制差异、顺利实现由“以政府为主体”向“以企业为主体”的转变，便成为科技体制改革与创新驱动发展的核心任务。

（三）企业技术创新主体地位的国际经验总结

从发达国家发展经验看，在市场中自然形成以企业为主体的国家技术创新系统：一是建立了以企业为核心的多元化科学技术研究与开发的组织体系；二是在竞争中建立了以企业发展为动力、以“企业—企业”或“大学—企业”为技术研究—应用周期、以经济增长为直接结果的创新运行机制；三是建立了支持上述两方面的市场经济法律法规和制度保障。可见，西方市场经济国家不存在确立企业技术创新主体地位的政策问题，政府在促进创新经济发展中只需关注市场竞争的公平性、公共研发市场失灵、创新需求的创造与维护、中小企业技术创新环境等。

基于发达国家经验的总结，企业成为技术创新主体的主要表征指标①可

① 李兴权、徐永昌：《建立企业主体型科学技术体制——我国经济和科技体制改革的必由之路》，中国科技促进发展研究中心研究报告（现中国科学技术发展战略研究院调研报告）1995 年第 20 期。

归纳为：

——企业成为国家 R&D 经费（GERD）的主要提供者，所占的份额在一半以上，20 世纪 90 年代后多已经超过 60%；

——企业成为国家 R&D 活动的主要承担者，其 R&D 经费支出占 GERD 的比重一般在 60% 以上；

——企业成为近中期工业技术成果的主要生产者和应用者，虽然部分大企业在基础研究中占有一席之地，但就企业整体而言还是充当近中期能够获得商业利益的研究开发的主角，并与大学、科研院所保持密切合作；

——大多数具有战略性、前瞻性、通用性和长期性的基础研究与应用研究由大学、公共研究机构和非营利研究机构完成，资金主要由政府承担，少数企业参与其中。

总之，发达国家的发展经验表明，在市场经济条件下，无论是从技术创新概念和技术创新过程上看，还是从国家创新系统结构上看，企业都自然而然地是技术创新的主体。

（四）创新发展中的“三大转变”

中国企业技术创新主体地位问题具有独特性、阶段性特征。归纳起来，主要可以从体制转变、政策转变和发展方式转变三个方面来解释我国企业技术创新主体不强的宏观环境问题。

从体制转变上看，在我国经济制度由计划经济向社会主义市场经济转型的过程中，企业作为一个由执行上级指令的加工组装工厂转变为市场上的一个自主经营、自负盈亏的经济主体。在这个快速转变的过程中，企业难以快速承担起技术创新的领导职能，导致出现了技术创新主体角色的缺位现象。

在原来的计划经济体制下，我国的科技体制以政府为主导，政府是技术创新的核心。当时的创新模式是由政府设计、立项和分工，然后将研究开发项目下发到高校、科研机构和企业等各种组织，由它们独立或共同完成。以研究开发为核心的创新前期活动一般是由科研院所承担的，企业只需接受指令，按已有的设计和生产计划完成产品生产即可，销售也无须考虑。这使企业基本无须开展科技开发活动，技术创新基础条件十分薄弱。企业活动与市场隔离，很少能分享创新带来的利润，因而对市场供求反应迟缓，缺乏市场竞争的压力，创新的内在动力严重不足。

经济体制的转变对科技体制的变化起着决定作用。随着我国市场经济体制的逐步建立与完善，原有的科研组织体系及其运行机制失去赖以生存的基础，必然需要进行改革。我国科技体制转型的渐进过程，事实上也是不断强化企业技术创新主体地位的过程。政府减少了对企业的直接管理，企业成为独立经营的社会经济活动主体。进而，企业在市场经济的发展过程中，也慢慢意识到技术优势在市场竞争中的重要作用，对创新的资源投入不断增加，在技术创新活动中的地位与作用日渐加强。

从政策转变上看，我国正经历着从科学技术政策向创新政策的转变，企业作为创新政策的主要载体而被推上技术创新主体的位置。对中国科技政策的实证分析表明，从 20 世纪 80 年代就已开始出现了政策措施创新功能的演变："政府从实施促进科学技术发明的措施，逐渐转向实施强化技术扩散的措施""中国国家技术创新政策，从干预创新过程的早期阶段转向注意干预创新过程后期阶段""这一转变标志着 80 年代中国国家创新政策的一个鲜明特点。它反映出科技政策对市场要求的重视，从而反映出科技系统在逐渐面向经济。"① 这论述的总体变化是小型科技型企业和技术市场的出现与发展。有关的政策措施包括高新技术产业开发区、技术合同法、科技开发贷款以及星火计划、火炬计划和科技成果重点推广计划等。

对 90 年代中国科技政策的分析进一步表明，"大多政策措施的出台旨在加速技术转移、提高工程化能力，以及强化面向市场的技术创新工作"②。90 年代的科技政策的重要转向还突出表现为：由单纯支持科技基础设施的技术供应侧向支持企业技术需求侧的转变。1992 年"产学研"联合开发工程计划，1993 年企业技术中心建设计划，1995 年《关于加速科学技术进步

---

① 马驰：《中国 80 年代的技术创新政策》，《科研管理》1992 年第 3 期，第 42 ~ 46 页。

② 马驰、高昌林：《经济转轨中的技术创新系列政策分析》，《科技导报》1997 年第 4 期，第 18 ~ 22 页。

的决定》里提出“引导、鼓励各类企业增加科技投入，使其逐步成为科技投入的主体”，1996年财政部与国税总局发布企业技术进步的财务税收政策，1999年《中共中央国务院关于加强技术创新发展高科技实现产业化的决定》中提出“促进企业成为技术创新的主体，全面提高企业技术创新能力”等，是这一时期政策演进的突出代表。这些都表现出中国政府在推进企业成为技术创新主体方面的努力。

进入21世纪，受一系列国家新政策特区试点、地方政府支持下的自下而上的创新以及整体自上而下体制改革的促动，中国真正意义上的以其整体经济为背景的国家创新体系开始构建。[①] 除2006年颁布《科技规划纲要》外，2007年修订的《中华人民共和国科学技术进步法》，在国家法律上明确指出：国家建立以企业为主体，以市场为导向，企业同科学技术研究开发机构、高等学校相结合的技术创新体系，引导和扶持企业技术创新活动，发挥企业在技术创新中的主体作用。2009年发布《国务院关于发挥科技支撑作用促进经济平稳较快发展的意见》，科技部、财政部、教育部、国资委、全国总工会、国家开发银行等部门联合实施国家技术创新工程。2012年，中共中央、国务院印发的《关于深化科技体制改革加快国家创新体系建设的意见》指出，要强化企业技术创新主体地位，推进科技与经济紧密结合。这一时期，国家细化支持中小企业的创新政策，并大力推动大中型企业技术创新，如开展创新型企业建设，打造具有国际竞争力的创新型企业500强，引导带动更多企业依靠创新谋发展，加快推进以企业为主体的技术创新体系建设。2015～2016年，相继发布《关于深化体制机制改革加快实施创新驱动发展战略的若干意见》、《深化科技体制改革实施方案》和《国家创新驱动发展战略规划纲要》，提出“坚持双轮驱动、构建一个体系、推动六大转变”的战略部署，把创新作为五大发展理念之首，在全面深化改革之中全力推动创新发展，科技创新政策不再局限在科技领域，经济、金融、教育、

① 张树良、马建华：《中国创新政策述评（Ⅰ）——经济合作与发展组织，中华人民共和国科学技术部》，《科学观察》2009年第1期，第1～27页。

财税、人才乃至国有资产管理等都围绕创新发展问题进行协同改革，努力实现政策协调一致。这一段时期的科技政策进一步向细化分类的创新政策转变，企业技术创新政策的系统性和针对性进一步增强，开始向政策生态演进。

从发展方式转变上看，改革开放以来我国经济持续、快速增长，成就显著，但同时也存在一些问题，如经济结构矛盾突出，三产比例不合理，城乡之间、地区之间发展不平衡，投资消费关系不协调，国际收支不平衡矛盾加剧等，经济增长方式粗放是一个重要的原因。它突出地表现在资源能源消耗高、环境污染重等方面。在 20 世纪 90 年代，中国就已提出了面向 21 世纪的可持续发展战略，确立了转变经济增长方式、调整经济结构的发展方针，旨在加快产业优化升级，打破能源资源和环境的瓶颈制约。在这种背景下，我们比以往任何时候都迫切地需要一大批能够掌握并应用新技术、依靠技术创新发展的企业，推动经济的可持续发展。

再者，随着中国发展由技术追赶的创新转向技术前沿的创新，技术创新的不确定性大幅度增加，创新已经无法通过政府规划来实现。事实上，参与创新试错的企业越多，取得技术突破的可能性就越大，把科技成果转化为能够带来商业利润的产品的几率就越高。因此，政府应充分发挥企业技术创新的先导作用，扮演好创新支持者与辅助者的角色。但现状是，中国大多数企业没有开展科技活动，科技实力较强的大中型工业企业中在 2000 ~ 2010 年有 R&D 活动的企业所占的比重也平均仅为 27%，部分企业虽然经济规模大但实力不强，真正开展技术创新的企业并不多。提高企业的技术创新水平，强化企业技术创新主体地位是经济可持续发展的必然要求。

当然，造成当前我国企业技术创新主体不强的原因还有其他因素，如企业发展观念、创新意识、创新网络建设等，但关键在于我国的经济发展阶段和经济体制的制约。从计划经济向中国社会主义市场经济的转轨过程中，经济基础薄弱、市场机制不健全、政策环境不完善、企业生存压力大等，都妨碍企业成为充分的市场竞争主体，技术创新还未成为大多数企业发展的内在需求和获得竞争优势的主要途径。特别是一些地方政府片面地追求 GDP 的增长，导致一些要素的市场价格扭曲，漠视产权保护而使产品仿制假冒盛行，致使企业不创新反而可能发展得更好，而投入创新反而面临种种风险。这严重损害了企业技术创新的积极性。

（五）小节

纵观近40年的改革进程，从认识企业技术创新到提出企业技术创新主体地位问题，再至全面强化企业技术创新主体地位，是我国科技体制改革和科技政策演变的一条主线，也是从“中国没有企业”至“中国企业来了”发展历程的一个缩影。可见，企业技术创新主体地位问题是中国经济体制改革所导致的科技体制改革，进而建设国家创新系统所引致的。

在转型发展过程中，我国提出的从“以企业为主体”至“强化企业技术创新主体地位”的政策，目标是在中国建设社会主义市场经济条件下鼓励和促进企业的技术创新——让企业自主、自由地为获得创新的超额利润而调动各种资源、组织各方人员，将科技成果转化为新的市场产品（服务），提高企业技术创新能力，提高产业技术创新竞争力，提高国家创新系统整体效能，由此实现科技与经济发展的紧密结合，最终实现创新驱动发展。

——对政府而言，一方面，确立企业技术创新主体地位是社会主义市场经济发展的内在要求，成为我国市场经济发展的一个重要标志；另一方面，强化企业技术创新主体地位成为发挥科技第一生产力作用、促进科技发展与经济发展紧密结合的根本途径，是实现创新驱动发展战略的核心政策。

——对企业而言，随着市场经济的建立健全，在知识经济与全球化竞争的挑战下，技术创新势必将逐步成为企业在市场中获取利润、提升竞争力的主要手段①，关系企业的生死存亡。

① 张赤东：《中国企业技术创新现状调查：特征、倾向与对策》，《科研管理》2013年第2期，第10～18页。

二　企业技术创新主体地位的界定

目前，国家创新系统理论已为国内外学者所共同认可：国家创新系统运行的效率决定了一个国家的创新绩效及竞争力，而这一效率又取决于创新活动中的各个参与者之间的相互作用与联系。在国家创新系统中，企业技术创新主体问题正是创新参与者之间的关系问题。①

为了全面把握相关研究结论与社会共识，对中国知网收录的 1991 ~ 2016 年核心期刊文献及主要新闻报纸、研究报告的观点进行统计分析，经筛选后得到 72 篇代表文章（见表 1）。

表 1　关于技术创新主体的观点分类统计分析（中国知网）

基本观点	文献数量(篇)	占比(%)
企业家主体	2	3
多元主体	16	22
多元组合主体	13	18
多元转换主体	3	4
企业技术创新主体	54	75
企业已成为技术创新主体	3	4
企业还未真正成为技术创新主体	47	65
其他	4	6
合计	72	100

资料来源：张赤东等《关于企业技术创新主体的论证——基于文献述评的角度》，《科技管理研究》2013 年第 20 期，第 14 ~ 19 页。

① 当我们在系统分析中运用辩证法，讨论主要与次要问题、主要与次要方面时，特别是在政策制定中讨论针对个别参与者的政策措施时，会产生在创新发展中企业、大学、科研院所等以谁为主的问题，由此，才产生了国家创新系统中的主体问题。但要注意的是，这里的“主体”不是哲学中主体、客体的概念，不存在简单的哲学主体、客体之分，也不简单地存在哲学上主体对客体的认识改造问题。

由于对技术创新主体认识角度的不同，国内学者关于技术创新主体的论断可以分为三类：一是由于创新活动是企业家、内企业家①和劳动者（广大职工）的协作行为，而认为技术创新主体是企业家；二是由于考虑到技术创新活动的复杂性、协同性，而将技术创新主体理解为具有创新能力的、参与技术创新实践活动的个人或组织，认为创新主体是多元主体；三是从国家创新系统理论角度提出技术创新主体是企业。其中，技术创新多元主体观点还分为两类，其一是认为同时存在多个主体，即多元组合主体；其二是认为不同时期存在不同的主体，它们是相互之间进行转换的，即多元转换主体。

文献分析表明，对技术创新认识的“线性模式”观点是非企业技术创新多元主体观点的共同认识基础。它们认为技术或工程取应用科学的形式，完全依据基础科学的进展，即从科学到技术，再到经济的线性和外推。二战后发展的科技指标如 R&D 投入的研究，以及它与经济产出指标加以比较的研究工作，就是这种线性模式认识的反映。这种观点把 R&D 作为整个创新活动的主要标志。但是，近几十年以来的实践和研究分析工作表明，对 R&D 投入并不完全意味着技术开发的成功。20 世纪 80 年代以来，科技政策开始转向把产业竞争力作为一个明确的目标，从而推动许多国家科技政策的重大转变。这一转变以认为 R&D 仅仅是技术创新的一个手段，并且充分重视创新过程中非 R&D 部分的意义为基本标志。从 1992 年和 1997 年 OECD 研究与测度企业技术创新的两版《奥斯陆手册》来看，它们清楚明确地总结了线性模式的缺陷，反映出国家创新系统观点研究者从更广泛的范围和更深刻的基础分析技术变革与经济增长两者的关系。在第三版《奥斯陆手册》（2005 年）中，创新调查的产业范围由制造业扩展到了服务业，还特别辟出专门一章讨论“创新联系”，用以研究企业在创新过程中与其他企业和机构联系的作用。这说明，企业技术创新主体已成为世界各国技术创新研究和政策制定者的共识。企业技术创新调查、分析与国家比较研究已从考察单一的

① 所谓内企业家，即那些在现行公司体制内，富有想象力、有胆识、敢冒个人风险来促成新事物出现的管理者。

技术创新过程扩展到考察国家层次的整体行为与态势，即研究分析国家创新系统中居于核心作用的企业。

可见，认识技术创新主体的一个关键问题是要在国家创新系统的层面予以讨论。在国家创新系统中，技术创新主体是指能够完成技术创新过程，在技术创新活动中占据主导地位、发挥核心作用，最后在市场上实现创新的社会组织。作为技术创新主体，首先是能够保证技术创新的市场实现，是一个能够独立地实现技术创新的社会参与者；其次，在技术创新系统诸多参与者之中，它能够在技术创新活动中具有领导地位，无论是在创新资源的拥有量上，还是在创新资源的支配调动能力上；最后，它能够对未来技术发展具有预见力、对技术开发路径选择具有选择能力、对市场需求变化具有敏锐的洞察力等，在技术创新过程中发挥不可替代的作用。

概括地讲，在市场中的企业、科研院所、高等学校、中介机构和政府是创新活动的主要参与者，其中企业是核心①。从系统组成要素的关系出发，企业处于国家创新系统的核心和主导地位，是技术创新的主体。

从政策分析上看，企业技术创新主体地位分析需区分“是否”与“强弱”问题。企业技术创新主体是一个发展的政策手段，所以，概念重要，评判是否成为主体重要，但更重要的是企业技术创新主体地位由弱到强的发展变化，对企业技术创新发展态势、发展潜力的研判。因为“是否”问题主要在于判断标准的差异，“横看成岭侧成峰，远近高低各不同”，这种标准又是因人而异的，而关注企业自主创新能力的提高——发展问题则更有现实意义。

三　企业技术创新主体地位的历史分析：发展阶段与特征

改革开放以来，我国企业在经济发展中逐步加强技术创新，从技术基

① OECD，“National Innovation Systems，” Paris：OECD，1997.

础基本空白的生产工厂发展到今天在全球竞争中崭露头角的技术创新企业，以2006年发布《科技规划纲要》为标志性事件（节点），主要经历了三个历史阶段：第一阶段为1978～1997年的“前夜”时期，企业技术创新主体问题尚未进入人们的视野，在经济快速发展中企业技术创新自然而然地开展着、发展着；第二阶段为1997～2006年的“研讨”时期，企业技术创新主体问题日渐成为政府和社会各界关注的焦点，并被纳入改革开放的重要议题之中，逐步形成“以企业为主体”的社会共识与政策定位；第三阶段为2006年至今的快速提升阶段，按照《科技规划纲要》确定的目标、方向和任务，实施一系列创新政策，提高/强化企业技术创新主体地位。

（一）1978～1997年的主体建设前期阶段

在这一时期，企业的出现并成为市场主体是社会发展的最大进步，而没有明确提出企业技术创新主体的问题。政府与企业面对着几近空白的巨大市场，搞活经济、满足百姓对商品的基本需求，成为企业经济活动的主轴，对技术的需求主要通过直接引进技术、购买设备乃至流水线满足，所谓的技术创新投入也主要体现在技术改造活动上，真正意义上的研发活动十分鲜见。但是随着经济的快速发展与参与国际竞争，企业的技术创新活动已经开始逐步得到越来越多人的重视，对企业技术创新的理解不断深入。所以，这一时期的确是“制度创新重于技术创新”。该时期企业技术创新的主要特征有以下几点。

第一，存在一个重要的工业基础。至改革开放时，我国以优先发展传统重工业为工作重心，凭借高度集中的指令性计划管理体制，由政府自上而下地组织和动员社会资源，建成了一个独立自主、门类齐全的工业体系。这是我国企业向技术创新主体转变的根本。

第二，在放权让利、利改税、股份制、建立现代企业制度等重大改革举措中国有企业登上历史舞台，伴随着中国特色社会主义市场经济的发展而逐步壮大。典型事件主要如下。1978年开始对企业“扩权让利”，在改革试点基础上，逐步扩大企业经营自主权，到1981年全国国有企业进行改革的达到50%。1983年国务院批准财政部提出的《关于国营企业利改税的推行办法》。1984年《中共中央关于经济体制改革的决定》指出社会主义经济是“有计划的商品经济”，从而将经济运行的基础由计划经济变为商品经济，并强调要围绕增强企业活力这个中心，确立国家与企业之间的正确关系，实行所有权与经营权的适当分离，使企业成为自主经营、自负盈亏的商品生产者；10月政府决定进一步改革税制，主要是以工业征收产品税、商业征收营业税为主的税收体制。1986年底，国务院颁布了《关于深化企业改革增强企业活力的若干规定》，提出深化改革要围绕企业经营机制这个中心进行。1987年承包制在全国国有企业内得到逐步推广，至1988年，全国预算内工业企业实行承包经营责任制的已有78%，已有82%的大中型国营工业企业、61%的国有大中型商业企业实行了承包经营责任制。1992年邓小平南方谈话后，随着经济的又一次高涨，国有企业除在转换经营机制方面有所突破外，股份制试点也掀起了一个高潮，到了1993年底，我国股份制试点企业已有11560家，股本总额达3147亿元。1994年开始，国家选择了100户企业进行建立现代企业制度的试点，各地区、各部门也选择了一部分企业进行试点，在1995年，国务院全面推进100户现代企业制度试点、18城市优化资产结构试点，56户企业集团试点和3户国家控股公司试点以及各地区、各部门的改革试点工作。在这一段时间里企业改革是以“摸着石头过河”的方式进行的①，以确立企业的市场竞争主体地位为立足点，从放权让利到建立现代企业制度，建立与市场经济相适应的社会主义国有企业治理结构，转变政府经济管理职能，推行政企分开②。

---

① 吴敬琏：《30年改革开放的成败得失和出路》，《中国商界》2008年第12期，第22~24页；林岗：《国有企业改革的历史演进及发展趋势》，《中国特色社会主义研究》1999年第3期，第34~38页。

② 胡为仁、艾丽君：《回顾国有企业改革的历史》，《内蒙古科技与经济》2002年第S1期，第11~43页。

所谓现代企业制度，即“产权明晰、权责清楚、政企分开、管理科学”，其中关键的是“产权明晰”，要求明确国家拥有企业中的国有资产的所有权，企业拥有所有投资者出资形成的全部法人财产权①。

第三，民营企业从无到有快速发展，乡镇企业大放异彩，成为促进我国企业向技术创新主体转变的一支重要力量。从傻子瓜子、悦宾饭店到大连中国光彩实业（合资）有限公司，从倒买倒卖、引进设备生产线到温州模式、苏南模式，个体经济、私营经济快速增长，成为我国经济增长的不可或缺的重要组成部分。在 20 世纪 80 ~ 90 年代，最为引人注目的是乡镇企业的异军突起，它们成为中国民营经济发展的耀眼明星。

乡镇企业的前身是社队企业，1978 年其总产值已达到 493 亿元，占农村社会总产值的 26. 1%，1984 年社队企业正式改称为乡镇企业。1984 ~ 1988 年，乡镇企业总产值年均增长率为 39. 6%，到 1988 年乡镇企业总产值达 6495. 7 亿元，企业数达 1888 万个，从业人数达 9546 万人。② 这一时期乡镇企业的发展极大地促进了国民经济的繁荣。在 1989 ~ 1990 年采取“调整、整顿、改造、提高”方针的治理经济环境、整顿经济秩序中，乡镇企业总产值的年增长率下降到 14%，企业职工人数出现负增长。经过治理整顿，乡镇企业调整了生产经营方向，改善了管理，积极采用高新技术，不断扩展国际市场。1991 ~ 1995 年，乡镇企业迎来了第二次发展高峰，总产值从 11612. 7 亿元猛增到 68915. 2 亿元，年均增长率为 56%。1995 年从业人员达 12862 万人，实现出口交货值 5394. 5 亿元，利润总额 1775 亿元。③ 因此，在这一时期乡镇企业的发展总体上呈现“双驼峰”态势（见图 1）。

① 萧冬连：《国有企业改革之路：从“放权让利”到“制度创新”》，《中共党史研究》2014 年第 3 期，第 9 ~ 19 页。

② 姜春海：《中国乡镇企业发展历史回顾》，《乡镇企业研究》2002 年第 2 期，第 9 ~ 12 页。

③ 王宝文：《中国乡镇企业发展历程及转型研究》，《经济视角（中旬）》2012 年第 2 期，第 65 ~ 67 页。

图1　1979～2009年中国乡镇企业生产总值年增长率变化

数据来源：王宝文《中国乡镇企业发展历程及转型研究》，《经济视角（中旬）》2012年第2期，第65～67页。

实际上，乡镇企业的快速发展与农村工业化改革相生相伴，外部经济环境的变化迫使乡镇企业逐步开展技术创新①，而经济的剧烈波动体现了农村工业化的艰难。搞工业须有技术，为此引来了“星期日工程师”——请城市的工程师星期日去农村授教，指导乡镇企业提高办企业的技术能力。这促进农村劳动密集型产业快速发展，同类乡镇企业与城市企业竞争，因为这个层次的产业技术要求不高、投资门槛很低，唯一的竞争要素是人工成本，乡镇企业更具有竞争优势，因此乡镇企业得以迅速扩张。这也是促使国有企业改革的一个重要的全局性经济格局变化因素。②

第四，外资企业登陆中国内地，是我国企业提高技术水平的一个重要的外在推力，产生了不可低估的技术创新“鲶鱼效应”。这一时期，从肯德基前门店的开张，到德国大众与上海汽车合资生产桑塔纳轿车，跨国公司从试探性合作到直接投资设厂（包括FDI等），外资企业在国人面前立体展示技术创新，从领先的技术、成套的设备（流水线等）和过硬的产品，到先进

① 方加春、李郁芬：《乡镇企业创新行为初探》，《福建论坛》（经济社会版）1987年第9期，第22～24页。

② 邵宁：《国有企业改革：回顾与展望》，《新金融》2015年第9期，第9～13页。

的管理、不同的文化和高额的回报和工资待遇，都极大地推动了国内企业的技术竞争，让我国企业认识到技术创新的“破坏性力量”。

第五，我国企业“忙于”引进国外先进技术，“忙于”使用引进的国外先进技术，“忙于”依靠国外先进技术去占领市场，而忽视对引进的国外先进技术的消化、吸收，更加轻视在此基础之上的再创新活动。因此，在这一时期我国企业的技术创新活动基本处于“无意识”状态，而技术创新行为也主要是为了生产、填补国内市场空白而通过直接引进、使用国外先进设备乃至于整套引进生产流水线，而实现对生产方式的变革，或者配合跨国公司，成为全球产业链中的一环，通过“三来一补”等新的生产形式实现经济增长。

总之，在改革开放之初，“以市场换技术”主导着实际的企业技术创新活动，很多产业的技术升级靠的是“以袜子换飞机”，“造不如买，买不如租”虽对提升企业技术创新能力作用有限，但对快速推动经济增长而言是非常有效的。

（二）1997～2006年的主体问题提出阶段

1997 年亚洲金融危机让我国企业看到了外向型经济基础的薄弱性，在出口和投资的双驱动下，虽然坚强地抵抗住了金融危机的冲击，实现了经济的快速增长，但全球化、知识经济时代的到来，让我国企业再次真切地感受到技术创新大潮的不可抗拒。更震撼人心的是，在国有企业危机重重的时候，国内出现了一些紧随国际科技创新潮流的互联网企业，少数一直坚持技术学习、技术创新的企业的超常规增长业绩开始显现，鲜明的对比冲击着人们对企业技术创新和经济发展的认知。这段时期，我国政府和决策层开始深刻思考并讨论一些事关发展的体制机制问题，如何发挥“科技第一生产力”作用？如何看待亚洲“四小龙”，特别是日本快速、成功崛起的发展经验？怎么才能保证我国顺利保持长期快速发展的势头，实现“三步走”战略目标？吴敬琏曾指出，在 2004～2006 年我国形成一次历时近三年的“第三次改革大辩论”，从国有企业改革到腐败问题，矛头更是直指改革的市场经济方向。[①] 可见，经过20多年的改革开放后，在深刻反思改革开放的经验教训中，我国逐步明晰了未来的发展战略、改革方向、实施路径和政策方针，其中一个重要的议题——“企业技术创新主体”进入人们的视野，成为改革开放的一个重要发展任务。

这一时期的主要特征包括以下几点。

第一，一个重要的认识基础，是基于日本发展经验而总结出来的“国家创新体系”理论得到国内学者、政策研究者的肯定，进而得到政府和社会各界的认可，成为指导国家经济中长期发展战略研究与制定的重要理论基础。正是在国家创新体系框架下，人们开始关注企业在国家技术创新中的地位问题，如连燕华从创新概念出发，结合科研院所的五种技术创新活动形式，论述企业是技术创新的主体[②]；傅家骥提出企业作为技术创新主体的三个内容：成为技术创新投资的主体、成为技术开发的主体和成为创新收益分配的主体[③]。特别是对比我国企业与美国、英国、德国、法国、日本等发达国家企业在国家技术创新中的地位，并将这种比较聚焦在几个指标之上，这些指标主要包括研发经费投入、研发人员投入、专利申请与授权量、新产品销售收入和生产率等。其中，备受关注的一个投入指标就是企业研发经费投入占全社会研发经费支出总额的比例。

第二，高技术产业快速发展，高新技术企业开始成为我国出口经济的主力军。自90年代开始鼓励高技术产业发展以来，高新技术企业数量快速增长，至2005年达到17527家，高技术产业规模同期快速增加，高技术产业工业增加值由1995年的1159亿元增长至2005年的8182亿元，10年之间增长了6倍；高技术产业全员劳动生产率由1995年的1.7万元/人增长至2005年的9.6万元/人，增长了4倍多；高新技术产品进出口总额由1995年的319亿美元增长至2005年的4160亿美元，增长了12倍，占全国商品进出口

① 吴敬琏：《30年改革开放的成败得失和出路》，《中国商界》2008年第12期，第22~24页。

② 连燕华：《试论企业是技术创新的主体》，《科学管理研究》1994年第5期，第1~6页。

③ 傅家骥：《让企业成为技术创新的主体》，《经济工作通讯》1996年第24期，第20~21页。

总额的比值由1995年的11.4%提升至2005年的29.3%。[①] 聚集高技术产业的高新区，更是一片繁荣，成为地方经济发展的动力中心。

第三，国有企业在改革中逐步实现资源集中、凝聚，数量大幅减少，而业绩却明显转好，提出了技术创新的明确要求。1998~2003年是国有企业改革攻坚阶段[②]，前期开展的“放开搞活、抓大放小”，实际是国有经济从中小企业层面退出，或企业改制，或企业整体出售[③]，然后是关停难以为继的大中型国有企业。这次结构调整规模空前，1994年试点开始，到1998年全国推开，至2008年结束，共关闭了5010家困难的大中型国有企业。2003年10月，中共十六届三中全会通过《中共中央关于完善社会主义市场经济体制若干问题的决定》，最终明确股份制是公有制的“主要实现形式”，要求大的国有企业尽可能走公司制、股份制的路子，大力发展国有、集体和非公有资本参股的混合所有制经济，实现投资主体多元化[④]：一是通过引进民营资本、外资并购、发行公众股等方式推动国有企业股权多元化，并重组上市；二是建立“企业法人治理结构”；三是建立国有资产管理制度；四是进一步推动国有企业重组，实施大企业集团战略，加快国有资本的集聚。经过多年改革和制度创新，国有企业已经成为具有较高劳动生产率、较强盈利能力和竞争力的市场主体，国有经济也不断向能发挥自己优势的重要行业和关键领域集中，向大企业集中，并且站稳了脚跟，成为社会主义市场经济的一支骨干力量，主导着国民经济的发展。[⑤]

---

① 相关数据来自《中国高技术产业统计年鉴2008》（国家统计局、国家发展和改革委员会、科学技术部编，中国统计出版社，2008）、《中国高技术产业数据2002》（科学技术部发展计划司，2002年6月）和《中国高技术产业数据2009》（科学技术部，2009年）。

② 萧冬连：《国有企业改革之路：从“放权让利”到“制度创新”》，《中共党史研究》2014年第3期，第9~19页。

③ 国家经贸委依据党中央、国务院的精神，于1996年7月颁发了《关于放开搞活国有小型企业的意见》，以推动各地放开搞活国有小企业工作。

④ 萧冬连：《国有企业改革之路：从“放权让利”到“制度创新”》，《中共党史研究》2014年第3期，第9~19页。

⑤ 张卓元：《中国国有企业改革三十年：重大进展、基本经验和攻坚展望》，《经济与管理研究》2008年第10期，第5~19页。

第四，民营企业快速成长，民营经济占国民经济的份额稳步超过40%，逼近半壁江山，成为国民经济的重要组成，一批在新兴领域的创新型企业快速崛起，依靠技术创新优势，取得骄人的市场业绩。企业改革成功的一个重要标志是，公有制经济比重的下降，计划经济下公有制经济占绝对多数的单一所有制结构迅速转变为市场经济下多种经济成分并存与竞争的多元所有制结构。[①] 改革之初，1980 年我国工业经济中国有经济的产出比重占 76.0%，城乡集体经济占 23.5%，全部非公经济的比重仅占 0.5%。到 1990 年，个体、私营和三资企业的产出比重已经上升到 9.8%，集体企业的比重上升到 35.6%，国有企业的比重则下降到 54.6%。到 2000 年工业经济中全部非公经济的比重上升到 38% 以上，2000 年以后，所有制结构的变动速率虽有减缓，但公有制经济比重下降的趋势仍然没有扭转。

第五，外资企业开始注重中国市场的技术布局，跨国公司不仅仅开始进行专利布局，更将亚洲区域技术创新中心乃至于全球研发中心设置在中国，以便开拓中国市场。1997 年后，中国成为全球 FDI 最多最热的焦点地区，外资企业越来越多地将高技术产品加工基地转入我国，如诺基亚、DELL、IBM、HP 和摩托罗拉等。至 2005 年，外资企业高技术产品的进出口额均在 1500 亿美元以上，在我国高技术产品进出口中所占比重分别为 88% 和 80%，其中外商独资企业高技术产品进口、出口占比均在 60% 以上。[②] 随着在华业务的增加，越来越多的跨国公司也将研发中心设置在中国，据外经贸部统计，到 2001 年已有十几个国家和地区的近百家跨国公司在华设立研发中心，其中规模较大的有 30 多家，如 IBM 设立的中国研究中心（1995 年）、浦东软件开发中心（1999 年）；英特尔建立的中国研究中心（1998 年），5 年内投资达 5000 万美元，是其在亚太地区的第一家研究机构；微软的微软中国研究院（1999 年），斥资 8000 万美元；摩托罗拉更是在中国建立了 18 个研究中心（截至 2001 年），有 1000 名研究人员。同时，跨国公司还与中

① 荣兆梓：《国有企业改革：成就与问题》，《经济学家》2012 年第 4 期，第 44 ~ 51 页。

② 《2005 年我国高技术产品进出口分析》，科技部官网，http：//www.most.gov.cn/kjtj/201506/t20150630_ 120377.htm，2006 年 7 月 28 日。

国的大学、科研院所合作建立了大量的研发机构，据教育部统计，截至2005年跨国公司与我国36所大学共建立合作研发机构202家，其中2002年后建立的就达到136家。[①] 同时，外资企业也加大了在中国的发明专利申请，在重点产业技术领域进行专利布局，形成高技术竞争优势。

总之，在经过20多年的改革开放后，我国社会主义市场经济体制初步建立，企业在市场竞争中的技术创新能力较前一阶段有了大幅的提升，但由于市场经济制度尚不完善，企业先天技术基础薄弱，且对引进的国外先进技术的消化吸收投入较低，更不用说投入大量研发经费进行自主技术研发了，因此与发达国家相比，企业科技和研发活动投入较少，企业研发经费投入占全社会研发费用支出的比例长期低于60%；发明专利数量少，关键技术自给率低，高科技含量的关键装备基本上依赖进口，“依赖于人、受制于人”的局面没有改变，2000年前后我国对外技术依存度超过60%。[②] 一句话，我国企业已经成为市场的主体，但明显未成为技术创新的主体，问题摆在了桌面上。

（三）2006年至今的主体地位提升阶段

2006年党中央、国务院颁布《科技规划纲要》，树立了“到2020年，进入创新型国家行列”的战略目标，提出了建设国家创新体系的战略部署，明确“以建立企业为主体、产学研结合的技术创新体系为突破口，全面推进中国特色国家创新体系建设，大幅度提高国家自主创新能力”的科技体制改革指导思路。至此，企业是否成为技术创新主体便成为科技体制改革成功与否的一个重要指标。

---

① 张杰军、张赤东：《全球化浪潮中的合作创新组织》，知识产权出版社，2009，第94～95页。

② 20世纪90年代，中国企业每年花费在技术引进方面的支出高于研发经费的支出，对外技术依存度平均值超过了60%。至2002年，中国对外技术依存度仍然高达60%。而2000～2004年美国对外技术依存度平均为6.3%，日本平均为4.1%。这引起中国社会各界的高度重视。见郭铁成、张赤东《我国对外技术依存度究竟是多少？——基于全球化视角的测算》，《中国软科学》2012年第2期，第35～41页。

实际上，《科技规划纲要》不仅仅是科技体制改革方面的纲领性文件，更为我国未来发展勾勒出了创新发展的蓝图，标志着我国经济发展方向的转变。随后，我国政府出台了一系列《科技规划纲要》配套政策，至2007年底先后共有77条，涉及财政、税收、政府采购、金融、人才、科技计划与研发基地、国有企业考核、中小企业、高新技术企业和外贸投资等诸多方面，其中超过70%的政策与企业有关，有利于推动企业技术创新，促进企业成为技术创新主体。

2006年后，随着我国经济的持续发展，产业结构在稳步调整，企业对技术创新的需求日益增强，加之政府的大力引导和支持，企业技术创新主体地位快速提升、不断强化。

这一时期的主要特征如下。为了更好展示企业技术创新的变化，我们将时间起点向前延伸至2000年，以对比突出2006年后的变化特征。

第一，企业技术创新投入和产出快速增加，成为国家技术创新活动主要投入者和产出拥有者。

自2000年以来，企业技术创新投入持续、快速、大幅增长，企业技术创新投入能力迅速提高，在国家创新体系中的创新投入主体作用日益凸显。

（1）企业R&D经费支出快速增长。

2000～2015年，企业R&D经费支出占全社会R&D经费支出总额（GERD）的比例由60%增加到77%（见图2），已占据具有绝对优势的份额，并且优势仍在不断增强。这一比例水平，超过了美国、德国、法国等发达国家企业R&D经费支出占其全社会R&D经费支出总额的比例，在世界排名位居前列，与韩国、日本等相近。有R&D活动的企业数量也逐渐增多，2015年，全国规模以上工业企业中有R&D活动的企业为73570个，是2000年的4倍多。

（2）企业R&D人员投入快速增长。

按R&D人员全时当量计，2000年我国企业R&D人员为48万人年，到2015年增加至291万人年，占全国R&D人员的比例由52%增加到77%，超过了全国的3/4（见图3）。吸引高素质人才向企业集聚，实施海外高层次

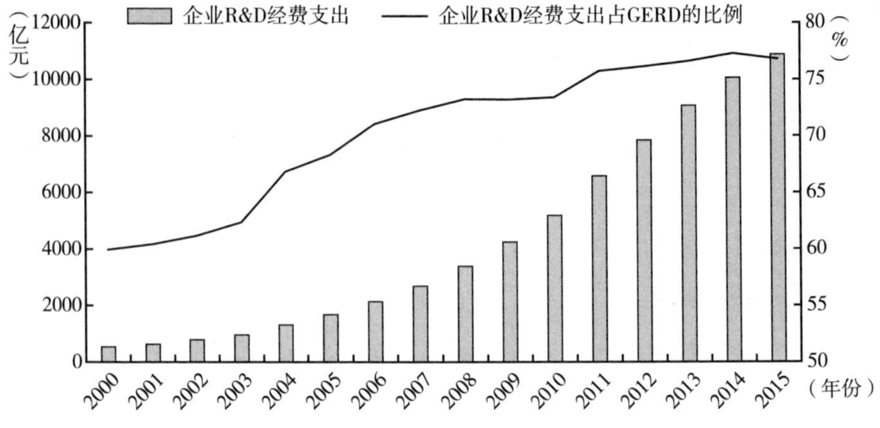

图 2　企业 R&D 经费支出及其所占比例走势（2000 ~ 2015 年）

数据来源：历年的《中国科技统计年鉴》。

人才引进计划（“千人计划”）、高层次人才特殊支持计划（“万人计划”）、创新人才推进计划等重大人才工程，有力地支持了企业引进创新领军人才、高端研发人才。据科技部统计，截至 2012 年年底，建立了 2500 多个企业院士专家工作站。

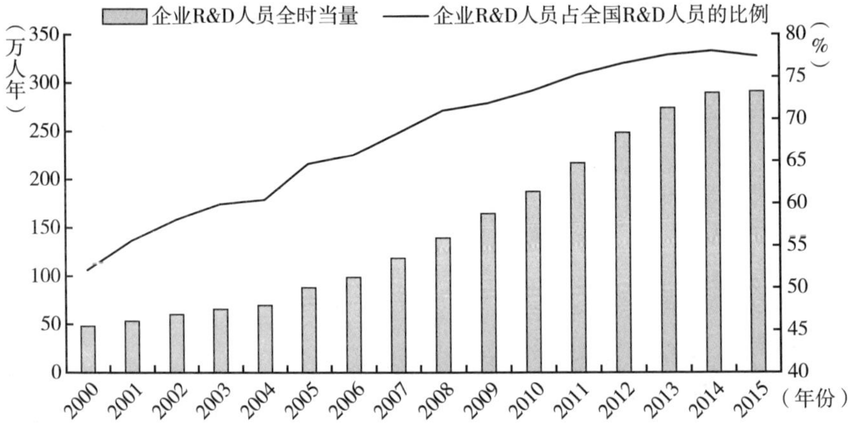

图 3　企业研发人员数量及其占全国的比例（2000 ~ 2015 年）

数据来源：《中国科技统计年鉴 2016》。

（3）大中型工业企业 R&D 经费强度快速提高。

2000～2015 年，大中型工业企业 R&D 经费支出占企业主营业务收入的比例实现了较大幅度的上升，由 0.71% 提高至 1.12%，提高了 0.41 个百分点。2000 年以来，我国企业 R&D 经费强度不断提高，已经走出了停滞发展阶段，进入企业自主创新能力稳步提升时期。

（4）企业获得发明专利申请授权量快速增长。

2000～2015 年，我国企业的职务发明专利申请授权量由 1016 件增长至 158620 件，实现了大幅快速的提升，占我国全部职务发明专利申请授权量的比例由 36% 提高至 60%（见图 4）。

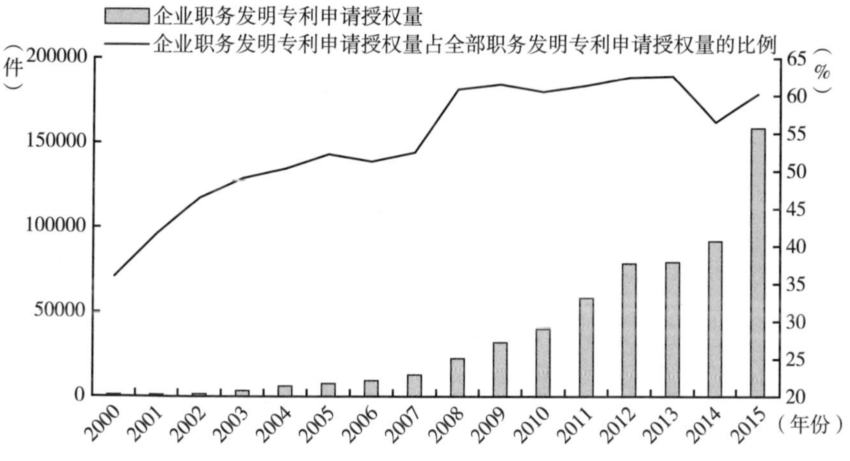

图 4　企业职务发明专利申请授权量及其占全国的比例（2000～2015 年）

数据来源：《中国科技统计年鉴 2016》。

（5）企业新产品销售收入快速增长。

2000 年以来，我国企业新产品销售收入实现持续快速增长，2002 年规模以上工业企业的新产品销售收入突破 1 万亿元，2011 年突破 10 万亿元，至 2015 年企业新产品销售收入超过 15 万亿元，其中新产品出口销售收入近 3 万亿元。同年，技术交易完成金额达到 8476 亿元，占全国技术交易成交额（9836 亿元）的比例高达 86%。

第二，企业自主研发能力不断提高，内部研发机构水平不断提升，在国家科研活动中发挥的作用日益加强。

（1）企业加强研发机构建设，完善研发体系。

在《国家工程研究中心管理办法》、《国家重点实验室建设与运行管理办法》和《依托企业建设国家重点实验室管理暂行办法》等一系列创新政策推动下，我国企业研发机构建设迅速发展，企业技术开发体系逐步健全，技术创新能力不断提高。2015 年，我国规模以上工业企业办研发机构达到 62954 个，研发机构经费支出达到 6794 亿元。据统计，至 2012 年年底，我国企业拥有的国家级研发机构总数达到 1456 个，其中，国家重点实验室 99 家，国家工程实验室 55 家，国家工程（技术）研究中心 300 家。2013 年新认定国家级企业技术中心 123 家，总数达到 1002 家。

（2）鼓励企业承担国家重大科技创新任务。

产业目标明确的重大科技项目由企业牵头组织实施，国家科技重大专项的 52%、国家科技计划的 40% 以上由企业牵头。国家重大科技成果转化项目和高技术产业化项目均由企业牵头承担。一批骨干企业为探月工程“嫦娥三号”、4G 移动通信等国家重大科技工程做出了重要贡献。以企业为主导、产学研用紧密合作，攻克了物联网、生物制药、低碳技术、智能电网等重点领域核心关键技术，加快产品升级换代，创新商业模式，推动新兴产业发展和传统产业升级改造。

第三，涌现出一批具有国际竞争力的企业，带动产业技术创新快速发展。

（1）一批企业经济实力快速提升，进入世界 500 强。

随着中国企业的快速成长，进入世界 TOP500 的中国企业越来越多。在 2012 年《财富》世界 500 强中，中国共有 79 家公司上榜，其中内地上榜企业 70 家，比 2011 年增加 10 家。至 2014 年，进入《财富》的中国企业数量达到 100 家；至 2015 年达到 106 家，至 2016 年进一步提升至 110 家。

随着规模的扩大，中国企业品牌价值也在不断提升。2016 年，在由世界品牌实验室（World Brand Lab）发布的“世界品牌 500 强”排行榜[1]中，中国入选的品牌共有 36 个，其中入围前二十强的品牌有国家电网、工商银行、腾讯、CCTV、海尔、中国移动、华为、联想等（见表 2），既有巨无霸式的中央企业，也有新兴的互联网企业，更有代表技术创新的科技公司。

表 2　进入 2016 年世界品牌 500 强的中国企业（前 20 家）

排名	2016 年排名	2015 年排名	品牌名	品牌年龄	主营行业
1	36	56	国家电网	14 年	能源
2	40	54	中国工商银行	32 年	银行
3	43	93	腾讯	18 年	互联网
4	62	61	中央电视台	58 年	传媒
5	76	82	海尔	32 年	白色家电
6	79	89	中国移动	16 年	电信
7	81	114	华为	29 年	计算机与通信
8	90	74	联想	32 年	计算机与通信
9	190	202	中国人寿	67 年	保险
10	192	210	中国建设银行	62 年	银行
11	197	190	中国银行	104 年	银行
12	209	218	中国石油	28 年	能源
13	220	241	百度	16 年	互联网
14	221	251	中国石化	33 年	能源
15	226	330	中国华信	15 年	能源
16	228	232	中粮	67 年	食品与饮料
17	248	270	中国电信	16 年	电信
18	254	265	中国联通	22 年	电信
19	255	277	中国平安	28 年	保险
20	264	284	阿里巴巴	17 年	互联网

① 评判标准：连续 13 年发布的“世界品牌 500 强”排行榜的评判依据是品牌的世界影响力。按照品牌影响力的三项关键指标——（Share of Market）、品牌忠诚度（Brand Loyalty）和全球领导力（Global Leadership），世界品牌实验室对全球 8000 个知名品牌进行了评分，最终推出了世界最具影响力的 500 个品牌。

（2）一批创新型企业崛起，成为产业技术创新发展的引领者。

随着企业技术创新能力的提高，我国出现一批依靠技术创新实现竞争力提升的创新型企业。例如，在2012年入选TOP500的70家中国内地企业中，有37家企业是创新型企业。同年《环球企业家》杂志与罗兰贝格管理咨询公司联合评选公布第七届“最具全球竞争力中国公司”榜单①，华为、海尔、格力、吉利汽车、东软、中联重科、联想等11家企业入选二十强。这些创新型企业重视创新、依靠创新、投入创新，不断提升自身的技术创新能力，逐步改变了我国企业主要依靠市场垄断支撑国际竞争力的发展特点。在这些创新型企业的引领带动下，我国在通信、家电等产业上已经形成较强的国际竞争力，例如在3G/4G/5G通信产业上，我国企业已经具有从产业技术国际标准、基础设备到通信终端等全链条的自主技术创新能力，实现了产业技术创新的突破。

当前，我国的创新型企业数量虽少，却是产业的技术创新引领者，在产业技术创新发展中发挥着极为重要的作用。例如，2011年542家创新型（试点）企业② R&D经费强度（企业R&D经费支出与主营业务收入之比）为1.83%，远高于同期我国大中型工业企业的R&D经费强度（0.93%）；同年，542家创新型（试点）企业的有效发明专利拥有量达到91793件（前20名企业名单见表3），占当年规模以上工业企业有效发明专利总数（201098件）的45.6%。

① 罗兰贝格管理咨询公司与《环球企业家》杂志自从2006年起共同发起了“最具全球竞争力中国公司”的评选。据介绍，该评选分为企业长名单筛选、入围企业评选和专家评选三个阶段进行。通过量化的评估模型，从200家企业中评选出入围的50家企业名单，最终由经济学者、在华跨国公司高管、投资者和海外商业领袖组成的评委团对入围的50家企业进行评估和推选，产生出前二十强榜单。

② 文中所称创新型（试点）企业指科技部、国资委和全国总工会三部委在国家层面选择确定的创新型试点企业及评价命名的创新型企业。为了全面推动企业提高技术创新能力，科技部、国资委、全国总工会、财政部、教育部、税务总局、中科院、工程院等部门联合实施“国家技术创新工程”，开展创新型企业建设。截至2013年底，三部委在国家层面先后遴选出五批676家创新型试点企业（以下简称“试点企业”），在试点基础上评价命名了三批356家创新型企业。另2012年底三部门认定了第五批126家创新型试点企业，本年度报告暂不将其纳入统计分析范围。

表3 创新型（试点）企业发明专利拥有量TOP 20名单（2011年）

排序	企业名称	排序	企业名称
1	中兴通讯股份有限公司	11	中国冶金科工集团有限公司
2	华为技术有限公司	12	宝钢集团有限公司
3	中国石油化工集团公司	13	中国航天科工集团公司
4	联想(北京)有限公司	14	海信集团有限公司
5	中国石油天然气集团公司	15	中国电子信息产业集团有限公司
6	中国化工集团公司	16	中国铝业公司
7	比亚迪股份有限公司	17	中国移动通信集团公司
8	国家电网公司	18	天津天士力集团有限公司
9	中国船舶重工集团公司	19	中国钢研科技集团有限公司
10	电信科学技术研究院	20	奇瑞汽车股份有限公司

数据来源：中国创新型企业发展报告编委会《中国创新型企业发展报告（2013—2014）》，经济管理出版社，2015，第41页。

四 企业技术创新主体地位的实证分析（一）

（一）企业创新驱动力指数方法

为客观、定量地评价企业技术创新主体地位变化，此处采用企业创新驱动力指数（Index of Innovation-driven Development of Firms，简称IDF）方法。[①] 该指数方法基于国家创新系统理论、创新过程分析和创新的经济本质属性三个理论视角和企业群体一个边界条件，构建了企业技术创新的“学习再造-价值再造-结构再造”（LVS）系统框架（见图5）。

关于指标选择，基于全面性、科学性、可操作性和可比性四个基本原则，运用德尔菲方法和层次分析法进行筛选。在借鉴国内外特别是OECD企业技术创新测度研究与调查经验基础上，从创新决策-创新投入-创新活动-创新绩效全过程遴选指标，突出创新的系统性、阶段性、有效性和持续

① 张赤东、罗亚非、徐永昌等：《企业技术创新主体测度框架与监测指标体系》，《高科技与产业化》2013年第4期，第1~8页。

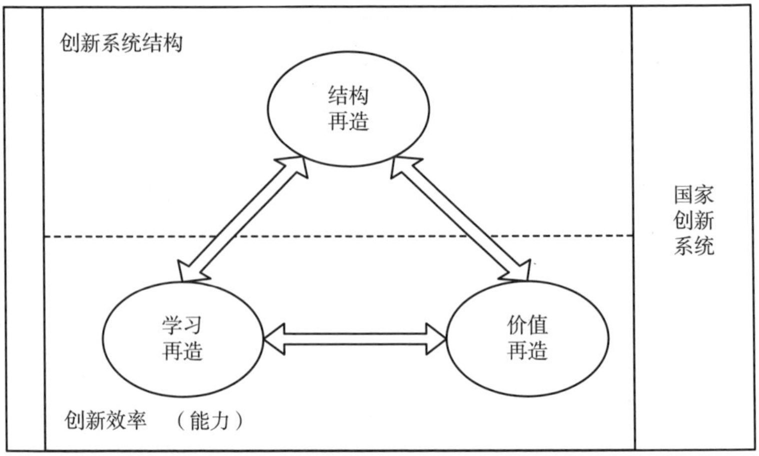

图 5　企业创新驱动力的 LVS 系统分析框架

性特征，经过指标可采集性、可分析性和可比较性分析，最后形成一个由 15 个指标组成的评价指标体系（见表 4）。

表 4　企业创新驱动力的评价指标体系

一级指标	二级指标	三级指标
企业创新驱动力指数	结构再造力	S_1 企业 R&D 人员占全社会 R&D 人员的比重(%)
		S_2 企业 R&D 经费占全社会 R&D 经费支出(GERD)的比重(%)
		S_3 企业职务发明专利授权量占国内职务发明专利授权量的比重(%)
		S_4 企业技术市场成交合同金额占全国技术市场成交合同金额的比重(%)
		S_5 大学和科研院所 R&D 经费支出中来自企业 R&D 资金的比重(%)
	学习再造力	L_1 有 R&D 活动的企业占全部企业的比重(%)
		L_2 企业 R&D 人员占从业人员的比重(%)(R&D 人员投入强度)
		L_3 企业 R&D 经费投入强度(%)
		L_4 企业基础研究和应用研究经费占企业 R&D 经费的比重(%)
		L_5 企业引进技术消化吸收经费与引进技术经费的比值(元/百元)
	价值再造力	V_1 企业每万名 R&D 人员发明专利申请量(件/万人年)
		V_2 企业新产品销售收入占主营业务收入的比重(%)
		V_3 高技术产品出口占工业制成品出口额的比重(%)
		V_4 劳动生产率(万元/人)
		V_5 单位资产利润率(元/万元)

为便于计算，采用标准化法对不同计量单位的指标数值进行无量纲化，以使计算结果可以直接加总；同时将计算结果转化为百分数形式。在计算中，全部企业数据来自《中国科技统计年鉴》，部分指标的大中型工业企业数据来自《工业企业科技活动统计年鉴》。

（二）中国企业整体创新驱动力指数分析

从计算结果（见图 6）上看，2000～2014 年 IDF 呈斜向上的直线形快速上升态势，由 47.8 升至 69.4，增长了 45.0%。结果表明，2000～2014 年我国企业创新驱动力有长期、快速、持续的增长，企业技术创新已由低创新驱动力水平提高至中高创新驱动力水平。

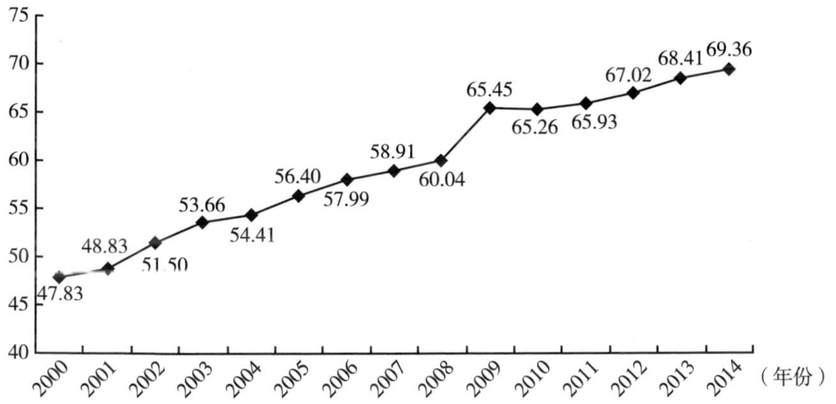

图 6　中国企业创新驱动力指数变化趋势（2000～2014 年）

这一结果意味着，对应“十五”以来由自主创新战略到创新驱动发展战略的创新政策大环境，虽经历了全球化挑战和金融危机的影响，我国企业在经济增长中的技术创新作用加强，已是经济快速增长的重要推动因素。

考察 IDF 的分指标值变化，并进行归一化比较，结果（见图 7）显示，结构再造力（S）是拉动 IDF 增长的主要因素，学习再造力（L）是对 IDF

增长贡献最小的因素，价值再造力（V）是推动 IDF 持续而稳定增长的因素。

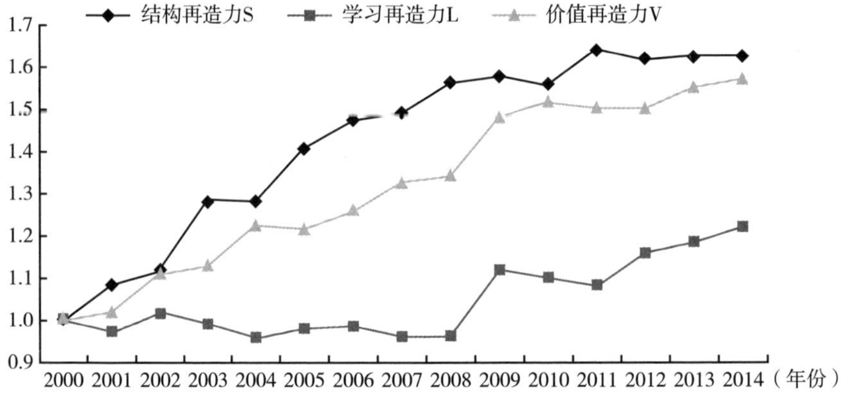

图 7　中国 IDF 分指标变动和归一化比较（2000～2014 年）

这一结果意味着，在我国的国家创新体系中，**2000 年后企业相对于科研机构、大学、中介机构等其他创新参与者的地位和作用大幅提高和增强，企业技术创新主体地位进入新阶段——结构日渐稳定、地位逐步固化，今后提升企业技术创新主体地位的任务将是“稳结构、提能力”。**①

（三）国有企业创新驱动力指数分析

国有企业②代表国有经济，在优化经济结构、提高技术创新能力中，发挥着骨干作用。2000～2014 年，国有企业研发经费支出由 119.6 亿元提高至 2942.1 亿元，研发人员全时当量由 15.1 万人年提高至 77.4 万人年，占全国的比例分别由 13.4% 提高至 22.6%、由 16.4% 提高至 20.9%，国有企业是我国技术创新体系中一支的重要力量。

由于统计数据来源原因，评价国有企业创新驱动力需略微调整评价指标

① 如果说“企业技术创新主体地位”本质上是结构性问题，那么，至 2008 年这个结构性问题已经解决。在市场作用下，将可能小幅度提升并调整企业在国家创新体系中的结构地位，企业所占比例将逐步稳定在一个合理的区间内。

② 本文中，“国有企业”是国有及国有控股企业的简称。

体系（结果见表5），并称之为国有企业创新驱动力指数（Index of Innovation-driven of State-Owned and State-holding Firms，简称 IDF-S）。

表 5　国有企业创新驱动力的评价指标体系

一级指标	二级指标	三级指标
国有企业创新驱动力指数	结构再造力	S_{S1} 国有企业 R&D 经费支出占国内 R&D 经费支出的份额(%)
		S_{S2} 国有企业 R&D 人员占全国 R&D 人员比重(%)
		S_{S3} 国有企业发明专利申请量占全部发明专利申请量的比重(%)
	学习再造力	L_{S1} 国有企业 R&D 经费投入强度(%)
		L_{S2} 国有企业 R&D 人员占从业人员比重(%)
		L_{S3} 有 R&D 活动的国有企业占全部国有企业比重(%)
		L_{S4} 国有企业引进技术消化吸收经费与技术引进经费的比值(元/百元)
	价值再造力	V_{S1} 国有企业 R&D 人员人均有效发明专利数(件/万人年)
		V_{S2} 国有企业新产品销售收入占主营业务收入的比重(%)
		V_{S3} 国有企业劳动生产率(万元/人)
		V_{S4} 国有企业单位资产利润率(%)

2000 ~ 2014 年国有企业创新驱动力指数（IDF – S）计算结果见图 8。

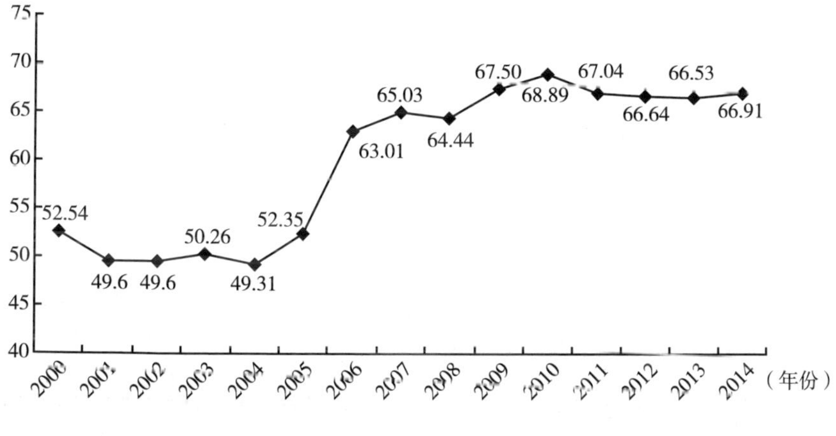

图 8　国有企业创新驱动力指数（IDF-S，2000 ~ 2014 年）

从计算结果上看，2000 ~ 2014 年 IDF-S 呈倒 S 形上升趋势，数值由 52.5 提高至 66.9，提高了 27.4%。

与我国企业（全部）创新驱动力指数（IDF）相比，IDF-S 增长幅度显著较低，对全部企业创新驱动力提升的作用由正向提高（2008 年以前）转变成负向拉低（2012 年以后）。

大型工业企业创新驱动力指数（IDF-L）的数值多数显著高于 IDF-S 数值（见表 6），表明在创新驱动力上国有企业明显低于大型工业企业。由于大型工业企业由民营大型工业企业和国有大型工业企业组成，而有创新的国有企业以国有大型工业企业为主①，上述比较结果意味着，民营大型工业企业的创新驱动力水平高于国有大型工业企业②。

表 6　国有企业与大型工业企业创新驱动力指数比较（2000～2014 年）

指标	2001 年	2002 年	2003 年	2004 年	2005 年	2006 年	2007 年	2008 年	2009 年	2010 年	2011 年	2012 年	2013 年	2014 年
IDF-L	48.7	52.8	53.5	53.6	55.6	58.3	62.6	61.4	64.5	66.4	68.5	69.3	69.0	69.5
IDF-S	49.6	49.6	50.3	49.3	52.4	63.0	65.0	64.4	67.5	68.9	67.0	66.6	66.5	66.9

数据来源：根据历年的《中国科技统计年鉴》和《工业企业科技活动统计资料》计算。

总体而言，2000～2014 年国有企业创新驱动力实现了大幅提升，但自“十二五”以来国有企业创新驱动力提升出现停滞，即国有企业创新驱动力在由中高水平向高水平跃进中表现乏力，而被民营企业超越。

考察 IDF-S 的分指标变化，并进行归一化比较，结果（见图 9）表明，结构再造力（S）呈显著的倒 S 形起伏波动趋势，是 IDF-S 波动变化的主要原因；学习再造力（L）在 2010 年后下滑，推动 IDF-S 向下波动；价值再造力（V）呈较小幅波动的快速增长态势，是 IDF-S 提升的稳定推动因素。

需特别指出的是，作为自主创新后发优势的重要途径，引进技术消化吸收再创新逐渐成为国有企业的一个“弱项”。国有企业引进技术消化吸收经

① 2014 年，国有大型工业企业 R&D 人员数占国有企业总人数的 79%，R&D 经费支出占比更是达到 82%。

② 张赤东：《国有企业在中高创新驱动力阶段波动停滞——基于企业创新驱动力指数的分析》，《全球科技经济瞭望》2017 年第 7 期，第 58～69 页。

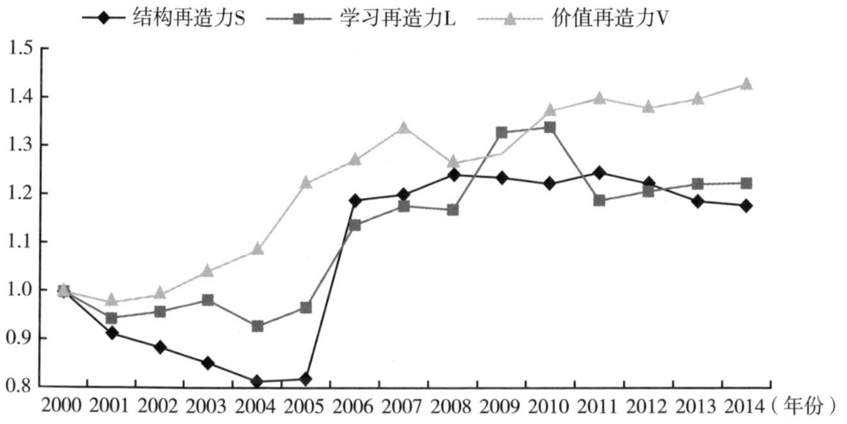

图9　国有企业创新驱动力指数的三个分指标动态变化（2000～2014年）

费与技术引进经费的比值在2009年后不升反降，特别是在2011～2014年，国有企业技术引进经费在波动中稳步提高，而引进技术消化吸收经费却是在连续下降（见图10），二者的“一升一降”变化形成一个“剪刀差”，致使二者的比值（引进技术消化吸收经费与技术引进经费的比值）由50.8元/百元降低至34.4元/百元，下降幅度高达32.2%。

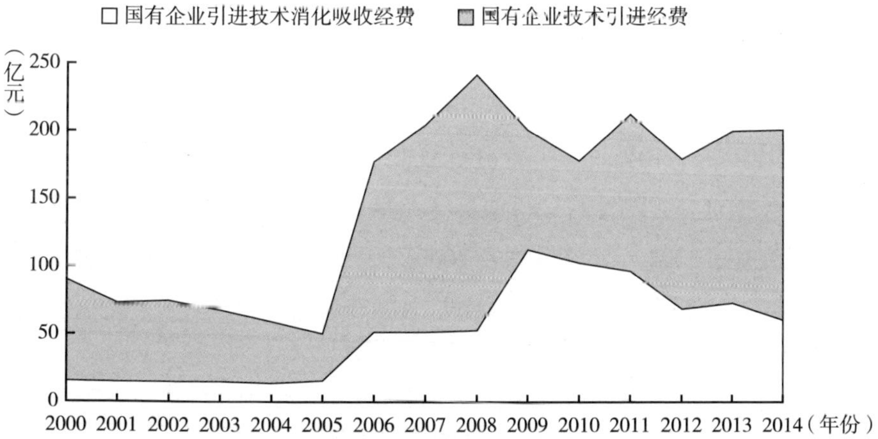

图10　国有企业引进技术经费和消化吸收经费支出的“剪刀差”（2000～2014年）

五　企业技术创新主体地位的实证分析（二）

不同类型的企业技术创新间存在很大差异。作为一个开放的发展中大国，中国的企业在技术创新活动中十分活跃，并逐步在国际竞争中崭露头角。OECD 与科技部（2009 年）联合开展的“中国国家创新体系及政策评述”研究认为，1985 年以来中国技术创新活动最为突出的变化是“产业部门开始成为研发的主导力量”，但也指出，从国家层面看科技转化效率不高，创新参与者及创新子体系之间诸多方面的联系仍然很弱。这既肯定了近 30 年来中国企业在技术创新上的进步，也指出了其中存在的问题。

下面我们以中国大中型工业企业为例，运用上述 IDF 分指标对国有企业、民营企业、港澳台资企业和外资企业等①不同类型企业技术创新活动进行实证分析和比较分析。

（一）数据情况与统计描述

指标原始数据皆来自《中国科技统计年鉴》（2000～2012 年）和《工业企业科技活动统计资料》（2005～2015 年），以及各年度的《中国经济年鉴》和《中国统计年鉴》，技术市场交易数据来自《中国技术市场》（2001～2013 年），由此保证实证分析数据来源的权威性、公开性和准确性。同时，在数据选择、测算与分析中反复考察 2003 年和 2011 年我国工业企业统计口径变化、2004 年经济普查及 2000 年和 2009 年 R&D 清查数据等对计算结果的影响，以保证数据的连续性，提高实证分析结论的科学性和合理性。

① 按照统计分类，中国企业在经济类型分类上分为内资企业、港澳台商投资企业和外商投资企业（简称外资企业）三大类，其中内资企业又可分为国有企业和非国有内资企业（本文称其为民营企业）。

大中型工业企业是我国企业技术创新的主力军，其 R&D 经费支出占全部企业 R&D 经费支出的近 80%，占全社会 R&D 经费支出的近 60%。因此，本文以我国大中型工业企业为研究对象（范围），对其中的国有企业、民营企业、三资企业和外资企业技术创新发展进行比较分析，具有典型性和代表性。其数据统计性质描述见表 7。

表 7　四类企业 R&D 经费支出指标数据统计性质描述

统计量	民营企业	国有企业	外资企业	港澳台资企业
平均	7500249	8966381	3810125	1995598
标准误差	1497073	2400876	840372	499076
中位数	5710856. 3	7890315	2987327	1456934
众数	—	—	—	—
标准差	5397775	8656482	3030004	1799445
方差	2.914×10^{13}	7.493×10^{13}	9.181×10^{12}	3.238×10^{12}
峰度	0. 983	－0. 989	－0. 847	－0. 116
偏度	1. 264	0. 638	0. 604	0. 979
区域	18049863	24021475	9095169	5447082
最小值	1691955	972327	390988	254378
最大值	19741818	24993802	9486157	5701460
求和	97503235	116562954	49531619	25942780
观测数	13	13	13	13
置信度(95. 0%)	3261843	5231060	1831013	1087394

在大中型工业企业 R&D 经费支出中，内资企业合计占比超过 73%（见图 11）。其中，国有企业一直占据着主要供给者的地位，2006 年国有企业 R&D 经费支出占比近 50%，至 2012 年占比有小幅下降，仍有 41. 7%，绝对额达到 2499. 4 亿元；民营企业 R&D 经费支出则是增长最快的，占比由 2006 年的 24. 3% 增长至 2012 年的 32. 9%，达到 1974. 2 亿元；三资企业 R&D 经费支出所占的比例基本保持稳定，仅由 8. 9% 增长至 9. 5%，为

570.1 亿元；而外资企业 R&D 经费支出的占比却有小幅下降，由 18.3% 下降至 15.8%，为 948.6 亿元。

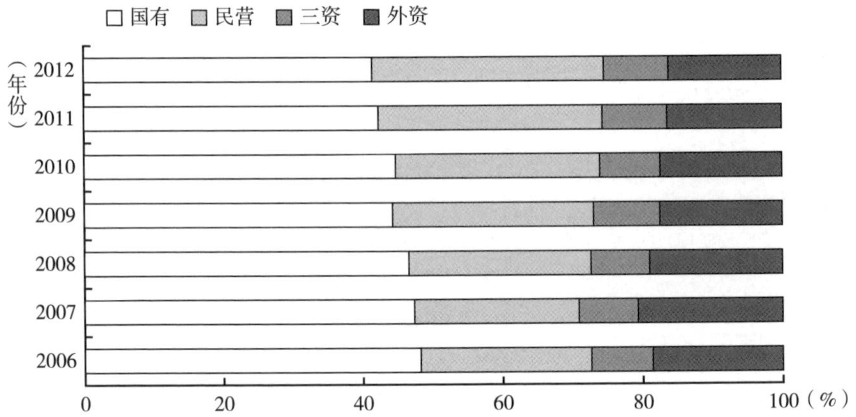

图 11　四类企业 R&D 经费支出占比结构（2006～2012 年）

在大中型工业企业技术创新产出中，国有企业虽然仍占绝对优势，但民营企业与外资企业表现抢眼。一是在发明专利申请量上，民营企业成为主力军，2006 年占比达 49.7%，至 2012 年虽有下降，仍有 39.4%；其次是国有企业，由 24.3% 上升至 34.6%，一直保持第二位；三资企业和外资企业所占比例小幅上升，其中外资企业 2008 年后发明专利申请增长十分明显，占比最高达到 21.2%。二是在新产品销售收入上，2006～2012 年国有企业占比由 48.0% 减少至 36.5%，下降明显，但仍居第一位；民营企业占比由 10.8% 迅速上升至 27.5%，由第三位升至第二位；外资企业占比由 31.3% 下降至 25.8%，降位至第三位；三资企业占比基本保持不变，在 10% 左右，占比最低（见图 12）。

由此可见，在我国企业技术创新投入产出结构中，2006 年以来国有企业一直保持相对优势，但与其他企业间差距越来越小；民营企业所占比例稳步上升，在占比结构图上呈现“V”字形增长态势，已超越外资企业，成为仅次于国有企业的重要力量；外资企业总体上所占比例有所下降；三资企业占比基本保持稳定，都在 1/10 左右。

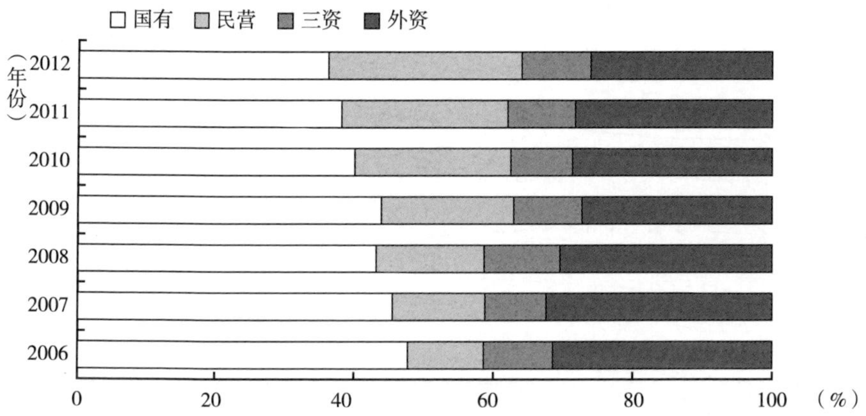

图 12　四类企业新产品销售收入占比结构（2006～2012 年）

（二）企业结构再造力动态比较

2006～2012 年国有、民营、三资和外资企业的结构再造力指数如图 13 所示。由图 13 可知，各类企业创新系统结构再造力差距较大，增减对比显著，前后排位变化大，民营企业增长至第一位。具体变化趋势为：

（1）民营企业结构再造力指数持续、快速增长，至 2012 年民营企业成为创新系统结构再造力最高的企业类型；

（2）国有企业结构再造力指数先升后降，特别是 2008 年后下降趋势明显，至 2012 年由第一位降至第二位；

（3）外资企业结构再造力指数先小幅增长，后小幅下降；

（4）三资企业结构再造力指数一直最低。

（三）企业学习再造力动态比较

2006～2012 年四类企业学习再造力指数如图 14 所示。由图 14 可知，国有、民营、三资和外资企业在创新过程中的学习再造能力差距显著，前后排名变化较小。具体变化趋势为：

（1）国有企业学习再造力指数波动增长，稳定保持第一位；

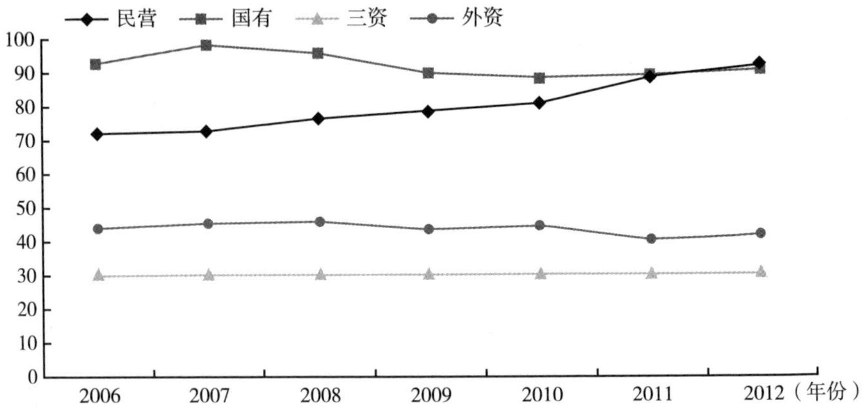

图 13　四类企业结构再造力演进比较

（2）民营企业学习再造力指数下降趋势明显，学习再造力相对减弱，但仍保持第二位；

（3）外资企业学习再造力指数小幅增长，超过三资企业；

（4）三资企业学习再造力指数波动下降，降至最低位。

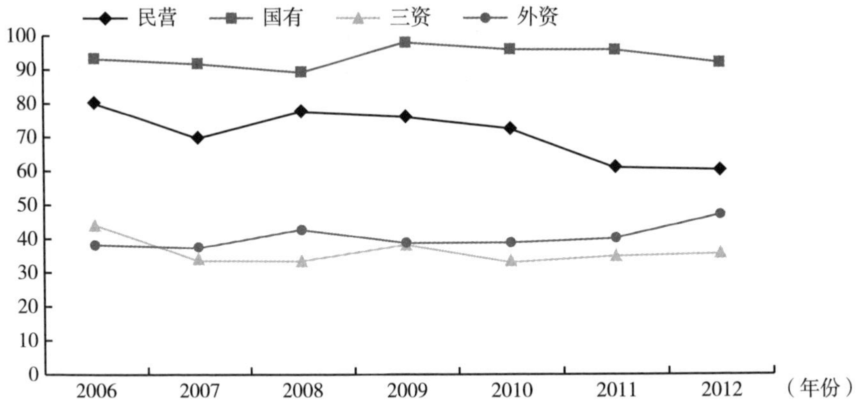

图 14　四类企业学习再造力演进比较

（四）企业价值再造力动态比较

2006～2012 年四类企业价值再造力指数如图 15 所示。由图 15 可知，国有、民营、三资和外资企业在创新市场获利中的价值再造力差距较小，但增减变化显著，前后排名变化较大，总体上可分为两个阵营，外资企业优势明显、一枝独秀，而另一阵营中民营企业则脱颖而出。具体变化趋势为：

（1）外资企业价值再造力指数先降后升而又降，但以较大幅度高于其他类型企业，稳居第一位；

（2）民营企业价值再造力指数大幅增长，虽有波动，但由最后一位快速升至第二位，缩小了与外资企业价值再造力指数的差距；

（3）国有企业价值再造力指数逐步降低，至2012年仅微弱地高于三资企业价值再造力指数，由第二位降至第三位；

（4）三资企业价值再造力指波动下降，与国有企业价值再造力指数变动结果趋同，由第三位降至最低位。

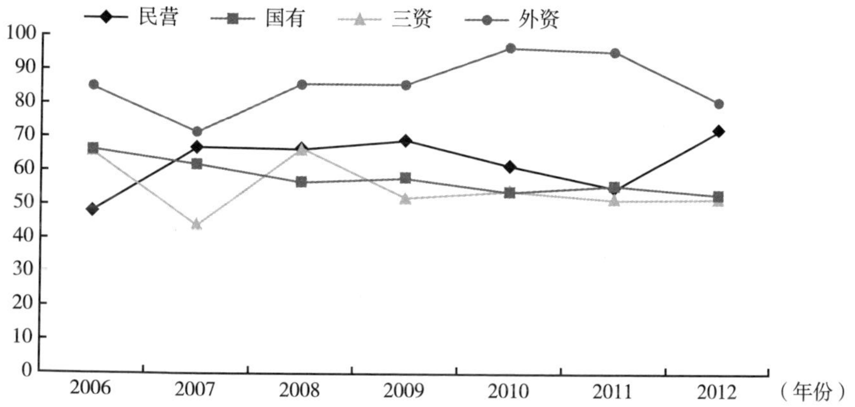

图15　四类企业价值再造力演进比较

（五）企业创新驱动力指数动态比较

由结构再造力、学习再造力和价值再造力指数生成企业创新驱动力指数（IDF－LM），结果如图16所示。由图16可知，国有、民营、三资和外资企业IDF－LM差距显著，增减变化趋势明显，但排名位次未变。

具体变化趋势为：

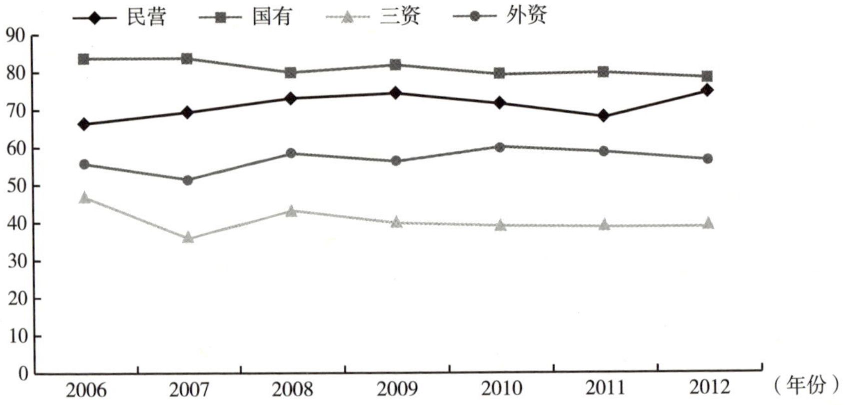

图 16　四类企业 IDF－LM 演进比较

（1）国有企业 IDF－LM 虽有所下降，但仍高于其他企业，排名第一位；

（2）民营企业 IDF－LM 总体上有所增长，至 2012 年已接近国有企业 IDF－LM；

（3）外资企业 IDF－LM 小幅波动，总体上略有提升，与民营企业 IDF－LM 差距拉大；

（4）三资企业 IDF－LM 有所降低，与民营、外资企业 IDF－LM 间差距拉大。

（六）企业技术创新影响因素比较分析

为突出创新发展的相对优势，我们在 IDF－LM 设计上，令企业在某一指标上领先于其他所有企业的优势为具有某一细化领域的绝对竞争优势，反之则为绝对竞争劣势；而在某一指标上仅次于第一位企业，且大幅超过其他企业的优势为具有某一细化领域的显著相对优势。这尽管可能与企业实际的跟踪策略效果不完全一致，但如此区分，可使各类企业之间技术创新特征的差异分析简单明了，且不影响差异分析结果的科学性和合理性。由此，基于各指标对四类企业 IDF－LM 的贡献作用大小，分析国有、民营、三资和外资企业技术创新变化的原因。

1. 企业 IDF－LM 增长的推动阻碍因素比较

2006～2012 年四类企业技术创新能力提升的推动因素和阻碍因素存在

明显的差异，尚未发现能成为四类企业技术创新能力提升的共同促进指标或阻碍因素，相对而言，单位资产利润率（V_{LM4}）是唯一的能够同时成为民营、三资和外资企业较重要的推动指标（见表8）。

表8　各指标对企业技术创新的作用比较

企业＼指标	S_{LM1}	S_{LM2}	S_{LM3}	L_{LM1}	L_{LM2}	L_{LM3}	L_{LM4}	V_{LM1}	V_{LM2}	V_{LM3}	V_{LM4}
国有企业	◢	◢		◢	◢	◢				◢	◣
民营企业			◢	◿			◢	◢	◣		◿
三资企业	◣	◣	◣			◣				◣	◿
外资企业				◣	◣		◣		◢	◢	◿

注：（1）表中各指标为 S_{LM1} 指企业 R&D 经费支出占全部大中型工业企业 R&D 经费支出总额的比重，S_{LM2} 指企业 R&D 人员占全部大中型工业企业 R&D 人员的比重，S_{LM3} 指企业有效发明专利拥有量占大中型工业企业有效发明专利总数的比重，L_{LM1} 指企业 R&D 经费强度，L_{LM2} 指企业 R&D 人员强度，L_{LM3} 指有 R&D 活动的企业占所有企业的比重，L_{LM4} 指消化吸收费用与技术引进经费的比值，V_{LM1} 指企业 R&D 人员人均发明专利申请量，V_{LM2} 指新产品销售份额，V_{LM3} 指全员劳动生产率，V_{LM4} 指单位资产利润率；

（2）表中左斜向上的三角形图标表示该指标是相对其他企业具有绝对竞争优势而推动增长的重要指标，右斜向上的三角形图标表示该指标是相对其他企业具有绝对竞争劣势而限制增长的主要指标，其颜色的深浅表示作用程度的大小；

（3）未表示三角形图标表示相对竞争优劣势不明显的指标。

具体各类企业 IDF－LM 增长的影响因素如下：

（1）国有企业 IDF－LM 增长的推动因素包括企业 R&D 经费支出占全部大中型工业企业 R&D 经费支出总额的比重（S_{LM1}）、企业 R&D 人员占全部大中型工业企业 R&D 人员的比重（S_{LM2}）、企业 R&D 经费强度（L_{LM1}）、企业 R&D 人员强度（L_{LM2}）、有 R&D 活动的企业占所有企业的比重（L_{LM3}）和全员劳动生产率（V_{LM3}）6 个绝对优势指标；同时存在单位资产利润率（V_{LM4}）1 个绝对劣势指标。从 LVS 系统框架看，国有企业技术创新的优势指标主要在结构再造力和学习再造力上，而劣势指标集中在价值再造力上。

（2）民营企业 IDF－LM 增长的推动因素亦较多，包括企业有效发明专利拥有量占大中型工业企业有效发明专利总数的比重（S_{LM3}）、消化吸收费用与技术引进经费的比值（L_{LM4}）和企业 R&D 人员人均发明专利申请量（V_{LM1}）3 个绝对优势指标，以及 R&D 经费强度（L_{LM1}）和单位资产利润率（V_{LM4}）2 个具有显著相对优势的促进指标；同时还存在新产品销售份额（V_{LM2}）1 个绝对劣势指标。从 LVS 系统框架看，民营企业技术创新的优势指标主要在学习再造力和价值再造力上，而劣势指标也体现在价值再造力的新产品上。

（3）三资企业 IDF－LM 仅有单位资产利润率（V_{LM4}）1 个显著相对优势的促进指标，却具有 S_{LM1}、S_{LM2}、S_{LM3}、L_{LM3} 和 V_{LM3} 5 个绝对劣势指标。从 LVS 系统框架看，三资企业技术创新仅在价值再造力的资产利润率上存在显著相对优势，而劣势指标则主要集中在结构再造力上。

（4）外资企业 IDF－LM 增长的推动因素和阻碍因素各有 3 个指标，具体包括新产品销售份额（V_{LM2}）和全员劳动生产率（V_{LM3}）2 个绝对优势指标，及单位资产利润率（V_{LM4}）1 个显著相对优势指标；还有 L_{LM1}、L_{LM2} 和 L_{LM4} 等 3 个绝对劣势指标。从 LVS 系统框架看，外资企业技术创新的优势指标集中在价值再造力上，而劣势指标则集中在学习再造力上。

综合比较可知，其一，国有企业绝对优势指标最多，结构再造力、学习再造力优势明显，使得其 IDF－LM 数值远超过其他类型企业，但其价值再造力处于劣势的现状值得关注，这一方面表明国有企业创新效率较低，另一方面也从某一侧面反映出国有企业在创新发展中作为公有经济成分的一个难题——如何在兼顾社会效益中提升经济效益。其二，民营企业技术创新在 LVS 层面没有突出优势，在具体指标 R&D、专利上都有相对优势，但在推出新产品上能力还比较薄弱，需要着力加强。其三，外资企业结构再造力表现一般，学习再造力表现较差，但价值再造力——创新效率表现突出，这与跨国公司的全球技术创新链布局密切相关，虽然在中国设立 R&D 中心增多，但从数据结果上看，外资企业 R&D 活动的创新性仍较低，外部技术导入与本地市场服务模式仍是主流。其四，三资企业在国内技术创新活动中一直处于末流，结构再造力表现最差，创新积极性较低。

2. 企业 IDF－LM 增长中的纵向进步速度差异分析

侧重于不同类型企业技术创新差异的横向比较分析，常因相对进步速度较慢而使其进步变化难以体现，导致对企业自身的纵向进步无法进行细致考察。而企业技术创新是一个逐步积累的过程，对企业发展而言，技术创新的自身进步与积累甚至高于相对赶超的意义。因此，在企业 IDF－LM 实证分析中，本文在 IDF－LM 基础上还专门测算了各类企业 IDF－LM 纵向进步的变化，并发现两个横向比较所未能体现出来的发展趋势。

其一，在技术创新进步上，2006～2012 年四类企业 IDF－LM 都实现了大幅度的提高，与全国全部企业 IDF 指数的快速发展相比具有明显的一致性。数据表明，2006 年以来我国国有企业、民营企业、三资企业和外资企业技术创新能力提高是同时发生的，企业技术创新并非仅由某一类企业主导推动的，具有环境驱动、结果趋同的行为特征。其中，民营企业进步速度与幅度略高些，而国有企业相对较低。

其二，从 LVS 系统框架看，数据表明，在学习再造力、价值再造力上四类企业纵向进步趋势具有明显的一致性，都实现较大幅度的提升，但在结构再造力上表现出明显的差异（见图 17）。这种差异表明，一是国有企业虽然在结构再造力上占据优势，但这种优势呈现减弱的发展趋势；二是民营企业结构再造力持续、快速提升，使其成为国有企业优势地位的有力挑战者；三是三资企业结构再造力在波动中有大幅提高；四是外资企业前后保持一致。

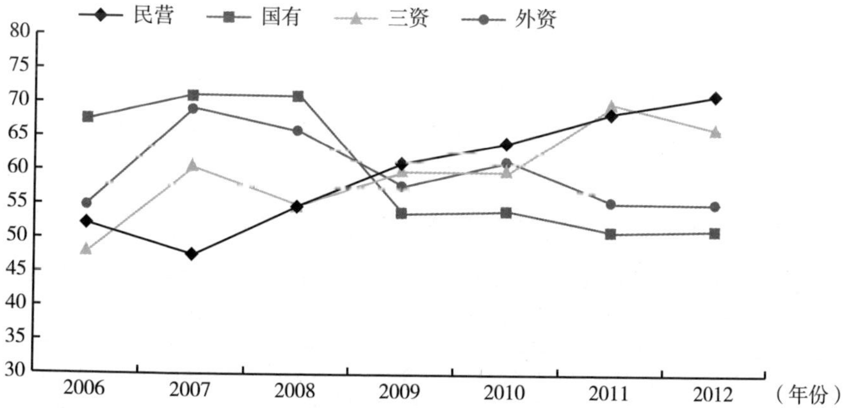

图 17　四类企业结构再造力指数演进比较

六 企业技术创新主体的政策体系

（一）促进企业技术创新政策的演进

从科技政策的演变上看，OECD 和科技部在《中国创新政策述评（II）》[①] 中将改革开放以来的技术创新政策以 1978 年、1985 年、1995 年和 2006 年国家科技战略会议为标志划分为四个阶段，在此基础上，我们将中国促进企业技术创新政策的演进过程进一步划分为五个阶段。

（1）1978 年的国家科技发展战略会议启动了科技改革进程。重新认识了科学技术的地位和作用，进行了自下而上的以发挥研究团体研究能力的试点改革，是科技体制改革的准备期。这一时期所进行的体制创新是把公共研究机构剥离出研究实体并实现企业化，以及利用改革所带来的宽松的经济政策在研究部门与产业间搭建了桥梁。

（2）1985 年正式启动科技体制改革。首要目标是克服改革前研发与产业脱节的关键弊端。改革主要集中在下面四个方面：公共研发基金的分配机制；从事应用研究的研发机构转型为企业性质或技术服务机构，大的研发机构并入大型企业；创建技术市场；在公共研究机构中推行人力资源管理改革。通过引进竞争因素与市场机制，改革逐渐强化了科技体系的经济导向性。主要的体制创新包括多项国家研发项目的设立、技术市场以及非政府性质科技企业的创建。

（3）1995 年推出“科教兴国战略”，由此进入科技政策改革的新阶段，开始“构建以企业为中心的科技创新体系”。该战略是在中国决定加入世界贸易组织（WTO）之后如何提升自身在全球知识经济中的竞争力的背景下出台的。之后，中国科技政策的重点为：推进创新体系由以公共科研机构为

① 张树良、马建华：《中国创新政策述评（Ⅱ）——经济合作与发展组织，中华人民共和国科学技术部》，《科学观察》2009 年第 2 期，第 9～23 页。

中心向以企业为中心的转变，以提升企业的创新能力和科技产业化能力。同时，开展了进一步实施国家研发资助计划、加强公共科研机构的改革力度（如中国科学院知识创新工程）的国家科技体制创新。中国开始重视从OECD国家借鉴先进的创新政策理念。

（4）2006年第一次全国科技大会，中共中央国务院发布《国家中长期科学和技术发展规划纲要（2006—2020年）》，提出自主创新战略和建设创新型国家目标，标志进入中国国家创新体系建设新时期。中国政府开始调整其基础结构并优化政策及管理，将零散的、缺乏协调的科技政策决策方式上下协同并系统化；将政策目标由促进研发调整为有利于创新的基础体系构建；将政策措施由一个措施适用所有情况转变为可以微调、有所区分从而针对具体情况量体裁衣提供更加完善的支持。

（5）2012年全国科技创新大会召开，我国进入全面实施“创新驱动发展战略”的新时期。同时，深化科技体制改革要解决科技与经济结合问题，其中心任务是提高企业技术创新主体地位，增强企业自主创新能力。

在这个政策演进的过程中，中国企业在国家创新系统中的地位情况也在逐步发生变化，可以用图18来形象地反映：改革之前，创新主要发生在政府与公立科研院所之间；1978～1985年，随着一些经营权的下放，企业初步参与技术创新，但仍以政府－公立科研院所为主；1985～1995年，企业技术创新活动不断加强，成为国家技术创新的一个重要参与者，形成以政府、公立科研院所、企业三者为主的技术创新体系；1995～2005年，企业技术创新活动有实质性提升，技术创新能力逐步增强，少数企业已经成长为具有国际竞争力的创新型企业，企业在国家技术创新活动中成为市场的代言人，对创新资源的掌控能力已经超过了政府，同时大学也在技术创新中崭露头脚，形成政府与企业配置技术创新资源的“双核心”格局；2005年以来，企业技术创新能力进一步加强，在国家技术创新资源配置中成为主力，发挥了市场导向的技术创新的主导作用，以企业为核心，企业与政府、大学、科研院所互动的技术创新体系格局基本形成，其中政府虽然对技术创新资源掌控能力相对减弱，但仍然发挥着不可替代的重要作用。

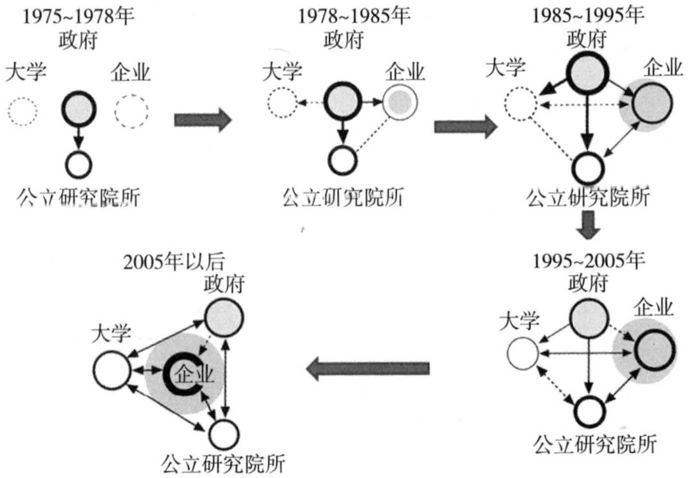

图 18 中国企业在国家创新系统中的地位变化（1978～2014 年）

资料来源：张树良、马建华《中国创新政策述评（Ⅱ）——经济合作与发展组织，中华人民共和国科学技术部》，《科学观察》2009 年第 2 期，第 9～23 页。

从这个过程可知，中国促进企业技术创新政策的演变表现为对政策、系统变革和体制创新认识的逐步深化。实践经验也证明，提升中国企业的创新能力和实现以企业为中心的创新机制的转变，比树立新观念更具有挑战性。同时，寻求基于市场的创新模式与国家研发计划直接资助的创新机制之间的平衡仍然是中国面临的难题。① 这也是当前中国创新发展所面临的两个最大挑战。

（二）企业技术创新激励政策三个特征

第一，完善和落实普惠政策，激励企业加大研发投入。

财政部、国家税务总局印发了《关于研究开发费用税前加计扣除有关政策问题的通知》，将“五险一金”、仪器设备运行维护费、新药研制临床试验费等 5 类费用纳入加计扣除范围，已在全国范围内实行。

① 张树良、马建华：《中国创新政策述评（Ⅱ）——经济合作与发展组织，中华人民共和国科学技术部》，《科学观察》2009 年第 2 期，第 9～23 页。

第二，调整高新技术企业认定办法，拓宽技术领域范围。

2008 年发布《高新技术企业认定管理办法》（国科发火〔2008〕172 号），调整扩宽了高新技术企业的申请技术领域范围，并另行制订了《高新技术企业认定管理工作指引》以规范认定工作，对原已认定的 6 万家高新技术企业进行重新认定。2011 年，科技部、财政部和国家税务总局颁布《关于完善中关村国家自主创新示范区高新技术企业认定管理试点工作的通知》（国科发火〔2011〕90 号），在上述管理办法和工作指引的基础上，对中关村国家自主创新示范区的高新技术企业判定条件进行了扩展和调整，旨在使高新技术企业评价工作更细化，兼顾平衡行业差异性。至 2012 年底，新认定的高新技术企业达到 4. 9 万家。

第三，加大对中小企业科技创新的财政金融支持。

国务院办公厅发布《关于金融支持小微企业发展的实施意见》，旨在改善小微企业的融资环境。证监会制定《国务院关于全国中小企业股份转让系统有关问题的决定》的配套细则，扩大全国中小企业股份转让系统试点的范围，挂牌企业达 355 家。工业和信息化部发布《关于促进中小企业“专精特新”发展的指导意见》，旨在培育中小企业核心竞争力。截至 2013 年，科技型中小企业技术创新基金规模达到 47. 36 亿元，科技型中小企业创业投资引导基金累计设立 67 支，募集资金 130 多亿元，中小企业发展转向资金达 16. 22 亿元。中小企业公共服务示范平台总数达到 412 个，集成科技成果、设备、人才、政策等科技资源，面向中小企业开放服务。

（三）企业技术创新政策的趋势

《国家创新驱动发展战略规划纲要》（2016 年）中明确提出：“实现创新驱动是一个系统性的变革，要按照‘坚持双轮驱动、构建一个体系、推动六大转变’进行布局，构建新的发展动力系统。”其中，“一个体系”就是国家创新体系。可见，作为建设国家创新体系的突破口，加强企业技术创新主体地位还是今后技术创新政策的根本任务。

实际上，2012 年以来我国科技体制改革逐步推进，相继发布《关于深化科技体制改革加快国家创新体系建设的意见》（2012 年）、《关于强化企业技术创新主体地位全面提升企业创新能力的意见》（2013 年）等重要政策，在全面深化改革中以企业技术创新为中心，协同经济体制改革、金融体制改革、教育体制改革、科技体制改革等，让技术创新政策能够更加有效、协调地推动企业技术创新，进一步提高企业自主创新能力，培育一批具有国际竞争力的中国创新型企业，强化企业技术创新主体地位。

参考文献

[1] B. Kristine、C. M. David：《创新的演变》，载《牛津创新手册》，柳卸林等译，知识产权出版社，2008，第十三章，第 343 ~ 371 页。

[2] 陈劲：《从技术引进到自主创新的学习模式》，《科研管理》1994 年第 2 期，第 32 ~ 34 页。

[3] 陈劲、陈钰芬：《企业技术创新绩效评价指标体系研究》，《科学学与科学技术管理》2006 年第 3 期，第 86 ~ 91 页。

[4] 陈劲、姜涛、张朋伟：《中国企业技术创新评估体系模型》，《软科学》2002 年第 4 期，第 80 ~ 83 页。

[5] 陈劲、王方瑞：《中国本土企业自主创新的路径模式探讨》，《自然辩证法通讯》2007 年第 3 期，第 49 ~ 58 页。

[6] 冯之浚主编《国家创新系统的理论与政策》，经济科学出版社，1999，第 118 页。

[7] “技术创新研究”课题组：《中国企业技术创新政策基础及实证研究——福建、甘肃工业企业技术创新调查总报告》，《管理世界》1996 年第 2 期，第 123 ~ 132 页。

[8] 李军：《国家创新系统与企业创新关系分析》，《数量经济技术经济研究》2001 年第 7 期，第 7 ~ 13 页。

[9] 李正风、曾国屏：《国家创新系统与知识经济》，《科研管理》1999 年第 11 期，第 24 ~ 26 页。

[10] 柳卸林、马驰：《什么是国家创新体系》，《数量经济技术经济研究》1999 年第 5 期，第 20 ~ 22 页。

[11] 马驰：《“国家创新系统”方法论的讨论》，《国际技术经济研究》1999 年第 4 期，第 19 ~ 24 页。

[12] 马驰、贾蔚文：《关于技术创新测度的研究》，《中国科技论坛》1998 年第 2 期，第 53 ~ 53 页。

[13] 马驰、徐永昌：《国内技术创新调查述评》，《中国软科学》1997 年第 3 期，第 41 ~ 44 页。

[14] OECD：《以知识为基础的经济》，杨宏进、薛澜译，机械工业出版社，1997。

[15] 王毅、陈劲、许庆瑞：《企业核心能力测度方法述评》，《科技管理研究》2000 年第 1 期，第 5 ~ 8 页。

[16] 吴敬琏：《中国增长模式抉择》（第 4 版），上海远东出版社，2013。

[17] 徐大可、陈劲：《后来企业自主创新能力的内涵和影响因素分析》，《经济社会体制比较》2006 年第 2 期，第 17 ~ 22 页。

[18] 张赤东：《中国企业技术创新现状调查：特征、倾向与对策》，《科研管理》2013 年第 2 期，第 10 ~ 18 页。

[19] 张赤东：《中国企业技术创新主体地位监测分析（2000 ~ 2012 年）》，《科研管理》2015 年第 11 期，第 71 ~ 79 页。

[20] 张赤东、罗亚非、徐永昌等：《企业技术创新主体测度框架与监测指标体系》，《高科技与产业化》2013 年第 4 期，第 4 ~ 8 页。

[21] 张赤东、马驰、徐永昌等：《关于企业技术创新主体的论证——基于文献述评的角度》，《科技管理研究》2013 年第 20 期，第 14 ~ 19 页。

[22] 张赤东等：《中国企业技术创新主体地位评价——基于 LVS 框架的企业创新驱动力实证研究》，知识产权出版社，2015。

[23] 张树良、马建华：《中国创新政策述评（Ⅰ）——经济合作与发展组织，中华人民共和国科学技术部》，《科学观察》2009 年第 1 期，第 1 ~ 27 页。

[24] 张树良、马建华：《中国创新政策述评（Ⅱ）——经济合作与发展组织，中华人民共和国科学技术部》，《科学观察》2009 年第 2 期，第 9 ~ 23 页。

[25] 中国企业家调查系统：《新使命　新素质　新期望——中国企业家队伍成长与发展 15 年调查综合报告（上）》，《管理世界》2008 年第 9 期，第 90 ~ 104 页。

[26] OECD, *The Measurement of Scientific and Technological Activities, Proposed Standard Practice for Surveys on Research and Experimental Development: Frascati Manual* (Paris: OECD, 2005).

[27] OECD, "National Innovation Systems," Paris: OECD, 1997.

[28] OECD, "Oslo Manual: Guidelines for Collecting and Interpreting Innovation Data (third edition)," Paris: OECD, 2005.

[29] PCAST, "Sustaining the Nation's Innovation Ecosystems, Information Technology Manufacturing and Competitiveness," 2004.

附表　企业为技术创新主体的主要代表文献及其观点

分析角度	代表文献	主要观点
从技术创新内涵及企业性质分析	连燕华（1994）、盛世豪（1995）、赵建林（1999）、杜伟（2003）、李力（2005）、沈铭贤（2007）、张赤东等(2013)	技术创新是生产要素和生产条件的新组合，而这种新组合是由企业来实现的；技术创新以市场为导向，只有处于市场竞争中的企业可以做到；技术创新需要很多与产业相关的特定知识，其他机构无法提供；因此只有企业才是技术创新的主体
	陈士俊和关海涛（2005）、董树功(2006)	根据日本经济学家小宫隆太郎对企业的定义，企业应该是企划事业的创新组织，因此它必然是技术创新的主体
从演化发展的角度分析	赵克、朱新轩(1996)	不同的发展时期，技术创新主体是不同的：随着技术的发展，技术创新主体由家庭转换为工匠发明家，又转换为合作形式的私营科技开发机构和近代工厂，20世纪20年代后，企业成为技术创新的主体，这种主体地位至今没有改变
	尹义省(1999)	技术创新主体的确立，在一定程度上是能力积累和健全的过程
	陈雅丽（2001）、陈雅丽（2002）、张晓晴和陈宝明（2006）	在发达国家技术创新路径上，技术创新主体结构经历了从以政府为主导向以企业为主导的演变；我国以企业为主体的技术创新结构已经形成，但是企业技术创新能力明显不足
从与政府和大学等机构进行比较分析	杨伟和戚安邦等（2008）、张赤东(2015)	企业技术创新主体地位是一个相对概念，是指与大学、政府机构等组织机构相比，企业在创新体系中的作用具有相对优势；我国企业技术创新主体性程度在总体水平和结构方面都存在显著的差异
	李娜和李建华(2009)	当前企业在技术创新活动各项指标中相对于大专院校、科研院所等已处于优势地位，已具备创新主体的一些表征，但还不是真正意义的技术创新主体
从技术创新主体应满足条件分析	杜伟(2004)	技术创新的主体具有多元性和多层次性，企业是技术创新的第一主体；不仅在世界主要发达国家中企业是技术创新的第一主体，而且在技术创新起步较晚的我国，企业也已开始成为技术创新的第一主体。这说明，要不断推动技术创新活动的健康发展，必须围绕企业这一主体进行设计
	刘昌年和梅强等(2005)	技术创新主体应满足的条件除创新需求和风险承担外，不只是投入资金的能力，还有具备技术创新能力，包括投入（人力等）能力，研发能力、生产能力、营销能力和创新管理能力等

续表

分析角度	代表文献	主要观点
从企业作为技术创新主体的表现分析	张义芳(2006)、李新男(2007)、茹莉(2007)、胡长生(2008)、张赤东(2015)	现今意义上的企业技术创新主体性,逐渐演化成以技术创新中研发活动的主体性作为主要表征。主体内涵主要体现在:企业是整个国家创新研发活动的投入主体、执行主体、技术成果产出和应用主体、风险承担主体和利益分配主体。我国企业具有创新主体的一些表征,但距离成为真正的创新主体尚有极大的差距

数据来源:根据中国知网核心期刊 1991 ~2014 年关于技术创新主体主题的文献溯源整理。

B.9

高铁核心技术能力突破之谜：中国中车“核”战略的演进*

陈劲　梅亮　赵闯**

一　中国高铁：从追赶到引领

人类文明的进步历史，就是一部创新的历史。新中国成立以来，以“两弹一星”、航空航天等为代表的创新工程为我国科技创新的发展与国家的富强奠定了坚实基础。伴随国际竞争的日益加剧，中国科技工程与产业创新的竞争优势面临更大挑战，如芯片核心技术自主创新能力不足、汽车等传统产业大而不强等事实引发政府、产业部门与学术研究的重视。核心技术与核心技术能力的“空心化”严重阻碍着国家主要制造业的转型升级。① 然而，作为制造业转型升级的示范性产业，中国高铁通过引进消化吸收与自主创新等的结合，实现了对发达国家高铁产业的追赶与超越，并成为中国高端装备“走出去”的亮丽名片。据统计，2015 年，我国铁路总营运里程达 12.1 万公里，同比增长 8.2%。② 其中，高铁营运里程达到 1.9 万公里，占世界高速铁路总里程的 60% 以上。③ 运营里程之外，中国高铁在总运量、技术等级、建设速度、运营时速、动车谱系等方面，均处于

---

* 本文发表在《清华管理评论》2018 年第 6 期。

** 陈劲，清华大学经济管理学院教授、博士生导师，主要研究方向为技术创新管理、创新政策、中国特色创新管理理论等；梅亮，清华大学经济管理学院博士后，清华大学技术创新研究中心助理研究员；赵闯，清华大学经济管理学院、清华大学技术创新研究中心博士研究生。

① 苏楠、吴贵生：《核心元件产业追赶问题研究——以我国数控系统产业发展为例》，《技术经济》2011 年第 8 期，第 1 ~6 页。

② 数据来源：中华人民共和国国家统计局网站（http：//data. stats. gov. cn/index. htm）。

③ 《中国高铁十宗“最”》，新华网，http：//www. xinhuanet. com/2015 - 01/25/c _ 1114122302. htm，2005 年 1 月 25 日。

世界领先地位（如表1所示）。成就这种国际竞争优势的基础，在于高铁实现了核心技术与核心技术能力的突破，通过自主创新真正打造了全球范围内的竞争优势。**作为后发产业追赶跃升到引领全球的创新典型，中国高铁及其典型龙头企业为何能够在如此短的时间内实现核心技术的自主创新值得思考与关注。**

表1　中国高铁的十大世界之最

运营里程最长	截至2015年底，高铁运营里程达到1.9万公里，居世界第一，占世界高铁总里程的60%以上
建设速度最快	2004年，中国高铁踏上引进消化吸收再创新之路，短短10年间，“四纵四横”的高速铁路网骨架已经基本成形
运营时速最高	486.1公里每小时
轮轨试验时速最高	605公里每小时
世界等级最高的高铁	2011年6月，京沪高铁建成投产，这是世界上一次建成的标准最高的高速铁路
世界首条新建高寒高铁	2012年12月1日，中国首条也是世界第一条高寒地区高速铁路“哈尔滨－大连”高铁投入运营
世界单条运营里程最长高铁	2012年12月26日，全长2298公里、全球运营里程最长的高速铁路——京广高铁全线开通
世界上一次性建成里程最长的高铁	2014年12月26日，兰新高铁全线贯通，全长1776公里的兰新铁路是世界上一次性建成通车里程最长的高铁
动车组谱系最全	我国拥有世界上200～500公里各种速度级别的动车组：初期引进的CRH1、CRH2、CRH3、CRH5，时速200～300公里不等，引进后提升到350公里；后自主研发的有CRH380系列，时速可达380公里。之后还有CRH380AM时速500公里试验车和为城际铁路研发的CRH6系列动车组
最惊人的高铁运量	2014年，有8亿多人次选择高铁出行，其中最繁忙的是京沪高铁，一条线就有过亿人次乘坐

资料来源：《中国高铁十宗“最”》，新华网，http：//www.xinhuanet.com/2015－01/25/c_1114122302.htm，2005年1月25日。

二　与产业共进：中国中车“核”战略的演进[①]

中国高铁的起步基础是薄弱的，正如中国中车的相关负责人所提到的：

① 下文所涉及的相关质性数据均来自中国中车集团的调研访谈材料。中国中车集团于2014年12月30日由中国南车集团与中国北车集团合并成立，下文所涉及的2014年前数据均来自中国南车集团主要管理者的访谈数据，在中国中车合并成立后该主要管理者承担中国中车的管理与领导工作。

中国铁路到改革开放的时候，甚至到改革开放以后 90 年代，与发达地区，如欧洲、北美的铁路相比，起码落后 30 年，夸张地说 50 年也是有的。然而中国高铁在政府的产业政策驱动下，通过自主研发、引进消化吸收、自主创新等模式，实现了产业从落后到引领的快速追赶与超越。这一过程中，作为高铁产业的龙头企业，中国中车聚焦“归核—强核—造核—扩核”的战略，与产业共进，最终成为世界高铁产业的龙头企业，其产业共进的演化道路如图 1 所示，表 2 对其进行了详细的论述。

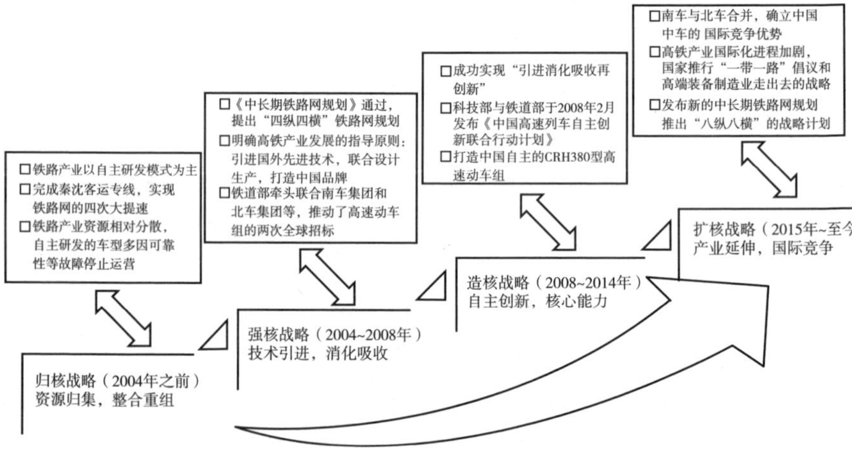

图 1　中国中车“核”战略的演进过程

表 2　中国高铁产业与中国中车的共演过程

发展阶段	产业环境	中国中车战略
2004 年之前	中国铁路产业以自主研发模式为主，形成“蓝箭号”“春城号”“大白鲨号”“中华之星号”等系列动车产品，建设完成秦沈客运专线，并实现铁路网的四次大提速。然而铁路产业的资源相对分散，自主研发的车型多因可靠性等故障停止运营	归核战略：整合重组，把所有的业务资源，就是企业的优势资源和能力整合到有竞争优势的方面。在轨道交通装备方面聚合、归集和整合资源和能力

续表

发展阶段	产业环境	中国中车战略
2004～2008年	2004年1月国务院常务会议通过了《中长期铁路网规划》，提出“四纵四横”铁路网规划，同时明确了高铁产业发展的指导原则：引进国外先进技术，联合设计生产，打造中国品牌。在这个基础上，铁道部牵头联合南车集团和北车集团等，推动了高速动车组的两次全球招标	强核战略：在国家引进国外技术的背景下，推行做强计划。做强（意味着）要追赶、要缩短和国外先进企业的距离，然后借力一些资本市场和其他力量，提升企业的管理水平。这就是升级——产业升级、管理升级
2008～2014年	在成功实现“引进消化吸收再创新”的基础之上，围绕350公里每小时的高速列车设计目标，科技部与铁道部于2008年2月发布《中国高速列车自主创新联合行动计划》，旨在打造中国自主的CRH380型高速动车组	造核战略：依靠自主创新能够实现技术领先，推进自主创新相关的工作，包括实施一些先进的管理办法，培育一些品牌。造核的本质是培育企业的核心竞争力
2015年至今	南车与北车合并，确立中国中车的国际竞争优势。同时，高铁产业国际化进程加剧，国家推行“一带一路”倡议和高端装备制造业走出去战略，并发布新的中长期铁路网规划，推出“八纵八横”的战略计划	扩核战略：“扩核”就是利用优势将企业业务向相关的产业再延伸，把种子种下去以后，通过几年的时间，让它发芽，实现企业的持续增长与竞争优势提升

三　“归核—强核—造核—扩核”：中国中车“核”战略的过程实践

中国中车于2014年12月30日由中国南车与中国北车合并成立，并成为全球规模领先、品种齐全、技术一流的轨道交通装备供应商。[①] 作为中国高铁的领军企业，中国中车始终聚焦于自主创新引导下的组织核心技术能力打造，并通过“归核—强核—造核—扩核”，实现了从追赶到领先的演化之路（如图2所示）。

归核战略实施于中国中车前身中国南车的成立初期，当时中国南车的水平、现状是：主业不大、主业不强，副业也不强，而且企业的资源分散，各

① 《关于我们》，中国中车官网，http：//www.crrcgc.cc/g4894.aspx。

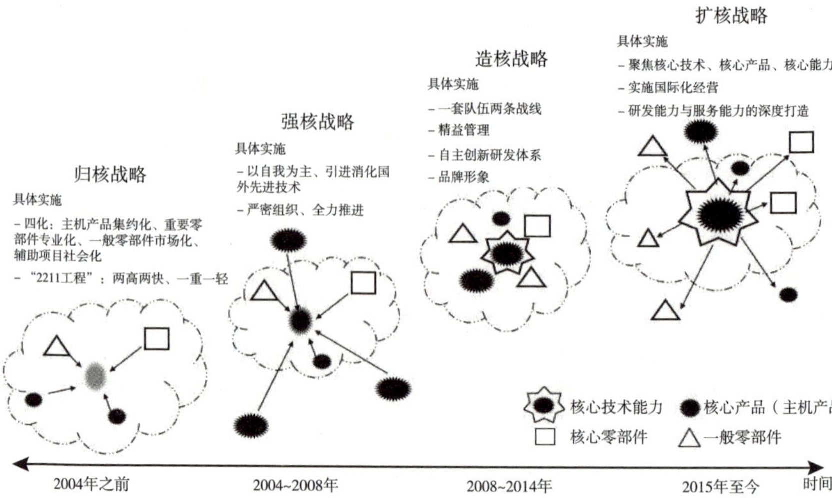

图2　中国中车“核”战略：归核—强核—造核—扩核

下属子公司存在较多重复建设的情况。这种情况下，中国南车高层聚焦专业化与资源整合，确立了集团专业化生产、规模化经营的目标。中国南车由此提出“四化”战略，包括主机产品集约化、重要零部件专业化、一般零部件市场化和辅助项目社会化，其具体措施如表3所示。此外，为了适应这一归核过程，推进了“2211工程”，包含“两高两快、一重一轻”。“两高”聚焦高速列车、高原列车的技术工程；“两快”则涉及铁路的发展，包括客运快速和货运快捷；“一重一轻”则涉及货运重载、轻轨地铁。中国南车通过业务结构的调整，聚焦资源集聚，从而实现集团核心技术能力的打造。

表3　中国南车“归核”期的“四化”战略内容

“四化”战略	核心聚焦
主机产品集约化	缩减主机生产厂的数量，集中资源
重要零部件专业化	对重要零部件生产厂数量进行缩减，实施专业化分工，避免重复
一般零部件市场化	将一般零部件做成标准件，全国能够统一螺栓螺帽、垫片、法兰轴等，对符合材料要求与性能要求的一般零部件进行购买，以降低成本，促进分工与规模化
辅助项目社会化	明晰主业，强力推进副业剥离，分离社会职能；通过减瘦身，优化配置资源，把业务集中到轨道交通装备领域

强核战略始于中国南车发展的第二阶段，是集团根据中国高铁产业实施“引进、消化、再创新”的产业发展大背景而做出的重大战略决策，包含“以自我为主、引进消化国外先进技术”和“严密组织、全力推进”两个战略过程。2004年，随着铁道部明确高铁产业发展原则——“引进国外先进技术，联合设计生产，打造中国品牌”，中国南车首先明确了引进消化吸收的五大战略原则，总结如表4所示。而后，中国南车进一步组织全国范围内的优势资源，对整个研发体系进行布局，并通过产学研协同创新与开放式创新体系的打造，严密组织，全力推进。分工上，像青岛四方、株机电力、戚墅堰内燃等优势企业联合研发，分工重点攻克一些比较系统的高铁动车技术难题。作为对关键技术的攻关和关键技术能力的获取，中国南车进一步联合铁道部的科学研究院、清华大学、北京航空航天大学、西南交通大学、同济大学、浙江大学等，建立了一个以主机厂为主体、产学研用相结合的一体化研发设计体系，以各方力量共同建构的开放平台实现对技术的引进消化吸收再创新。此外，中国南车还于2007年底成立南车股份，通过上市融资200多亿元①，投入企业的研发与技术工程项目之中。

表4　中国南车强核发展阶段引进消化吸收的五大战略原则

核心战略原则	内容描述
合资合作不合并	中国南车青岛四方与加拿大庞巴迪成立的合资公司中标包含20列动车组的投标，开展和谐号动车组CRH1A车型（速度等级200km/hr）的联合开发；中国南车青岛四方与日本川崎重工等六家企业的联合体中标包含60列动车组的投标，开展和谐号动车组CRH2A车型（速度等级200km/hr）的联合开发*
按照双方的协议引进技术，严格控制国产化	合资合作中，未来高铁关键技术的转移必须达到60%、75%、80%，均制定了详细的要求。高速动车组、大功率电力机车、内燃机车、总程、车体、转向架等九大关键系数，中国南车内部要实现国产化，整车国产化率必须要大于80%
充分地消化吸收，做一些资金的配套	按照1:3的比例投钱，引进来1块钱，中国南车再往里投3块钱

① 数据来源于调研访谈。

续表

核心战略原则	内容描述
先僵化、后固化、再优化	僵化就是人家怎么做中国南车就怎么做，一步一步地严格按照国外学；再把先进技术的精髓，通过设计文件、工艺手段、操作规程等固化下来；固化过程后进行技术的优化，思考那些步骤流程可以改进，能够节省时间与成本，提升效率，创造更好的生产力
依赖自主研发积累形成一个好的技术能力基础	中国南车在这个过程中建立了设计、制造、产品的三大技术平台，再通过创新对技术进行优化，推动产业升级与技术升级

*除此之外，2004～2006 年，中国北车也完成了两次高铁引进的招投标，其中包括北车长客公司与法国阿尔斯通联合中标的总计 3 个包 60 列和谐号动车组 CRH5 型（速度等级 200km/hr），以及北车唐车公司与德国西门子联合中标的总计 3 个包 60 列和谐号动车组 CRH3C 型（速度等级 300km/hr）。具体招投标协议中，铁道部明确规定每个包协议设计 1 列动车原装进口，2 列动车散件进口国内组装，以及 17 列动车完全国内生产。

造核战略实施于引进消化吸收过程之后，通过技术引进与消化吸收，中国南车开始有意识地培育组织的核心能力与竞争优势，并通过自主创新进一步强化自身的核心技术能力。人员队伍建设方面，中国南车明确高铁动车引进消化与自主创新两条战线必须配置同一套人员队伍的原则，明确研发队伍不分散，坚持走自主创新和引进消化两条腿协同的模式；组织管理方面，中国南车于 2007 年提出打造精益南车的方针，推动集团精益化管理，同步塑造企业的品牌，从而为自身增强核心竞争力、构筑差异化竞争优势提供保障。在实施精益生产带动管理升级的过程中，中国南车把精益生产作为赶超世界一流战略目标的最重要的举措来抓，着力打造科学的工艺流程、准确的生产节拍、清洁的生产环节、有序的物流环节、安全的作业场所和文明的操作目标；研发能力建设方面，中国南车在内部自主创新体系建设的基础上进一步建立国外的电子电器研发中心，推进在美国、英国的技术研发实验认证，通过全球化开放式创新模式下的生产制造能力优化支撑集团内部轨道交通装备相关核心技术能力的升级与完善；品牌建设方面，中国南车明确统一的品牌来塑造形象，将品牌缩写确定为 CSR，也是社会责任（Corporate Social Responsibility）的象征。基于造核战略的相关举措，中国南车为我国高速动车的自主创新示范性工程 CRH380A 动车组的成功实践做出了核心贡献。

扩核战略实施于高速动车组自主创新的成功实践之后，中国南车合并至中国中车前，其业务 60% 靠国铁，20% 靠城轨，20% 依赖其他的新产业与出口，这样以高速动车为基础的单一产品体系会给企业的持续发展带来风险。随着 CRH380A 自主创新项目的成功实施，以及国家先后整合资源组建中国中车、发布“一带一路”倡议、实施高端装备制造业走出去计划、建设“八纵八横”铁路网、启动高铁外交等，中国南车及之后组建成立的中国中车通过实施扩核战略，进一步巩固优化自身的核心技术能力。扩核战略主要包含几个层面。

第一个层面是重点关注核心技术、核心产品和核心能力。首先强调一个核心的基础，即通过现有的装备制造业理论基础与工程底蕴来支撑，用集团积累的核心技术与核心技术能力支撑集团向其他产业领域的发展，比如制造业中的控制论、弓网关系、轮轨关系等；其次是核心技术，结合其前身中国南车与中国北车的快速发展积累的大量核心技术，包括信息技术、轻量化技术、安全性技术、气密性技术、电磁兼容技术、可靠性技术等，实现了中国高铁面向九大关键技术与十项配套技术的完全自主化①；最后是产品，通过扩核进一步丰富核心产品族，如动车组、电力机车、轻轨地铁等。

第二个层面是实施组织的国际化经营战略。早在合并前，其重要的前身中国南车便明确制定了国际化南车战略，通过走出去扩展领域。伴随影响力的扩大，中国中车也采用贸易、许可经营、信贷、合资合作、战略联盟等一系列模式拓展海外市场，涉足东南亚、北美、南美、中东、中亚、非洲、南亚、欧洲等，并通过兼并收购及海外中心本地化运作等模式推进国际化运营。

第三个层面是自身研发能力与服务能力的深度打造。以合并前的中国南

① 高铁九大关键技术主要包括：动车组总成（即系统集成）、车体、转向架、牵引变压器、主变流器、牵引电机、牵引传动控制系统、列车控制网络系统、制动系统等；十项配套技术包括空调系统、集便装置、车门、车窗、风挡、钩缓装置、受流装置、辅助供电系统、车内装饰材料和座椅等。

车的数据为例，中国南车一直保持年均研发投入大于收入的5%的强度，这远远大于中国制造业企业研发投入占收入1.7%～1.8%的平均水平。[①] 在高研发投入打造研究能力的基础之上，中国中车也放眼全球向全球客户提供细致和周到的产品生命周期的全过程服务，实现高铁产业产品的高性价比输出。

“归核、强核、造核、扩核”为中国中车突破核心技术能力瓶颈、实现从追赶到引领奠定了实践基础，也为中国高端装备制造业企业的核心技术能力打造、国际竞争环境下的从追赶到跃升以及持续竞争优势的形成与完善，提供了重要参考和借鉴。

① 数据来源于调研访谈材料。

B.10

国之重器京东方：一个以战略为引领的、基于核心技术的创新型企业*

陈劲 贾筱**

创新作为企业发展和市场制胜的关键，核心技术不是别人赐予的，不能只是跟着别人走，而必须自强奋斗、敢于突破。

——习近平总书记于2016年1月4日到重庆京东方考察时的讲话

一 引言

过去20年，全球半导体显示产业经历了一场波澜壮阔的行业变迁。作为中国半导体显示行业的领军企业，京东方科技集团股份有限公司（以下简称为“京东方”）彻底结束了中国大陆“少屏”的局面，颠覆了全球产业格局。央视纪录片《大国重器》评论道：“大国重器，京东方引领国产OLED产业崛起”。

“一家为信息交互和人类健康提供智慧端口产品和专业服务的物联网公司”，是京东方给自己的新定义。2017年，京东方实现营业收入约938亿元，同比增长约36.15%，归属上市公司股东净利润75.68亿元，同比增长约301.99%。从市场占有率来看，根据市场调研机构IHS的数据，2017年

* 本文原发表于《清华管理评论》2018年第5期，略有增加和扩展。
基金项目：国家自然科学基金重点支持项目“建设创新生态系统下的广东经济结构调整和产业转型升级研究”（U1601217）；国家社会科学基金重大项目“建设世界科技创新强国的战略比较与实现路径研究”（17ZDA082）；国家社会科学基金重点项目“全球价值链发展变化与我国创新驱动发展战略研究”（15AZD005）。

** 陈劲，清华大学经管学院教授、博士生导师，主要研究方向为技术创新管理、创新政策、中国特色创新管理理论等；贾筱，清华大学经管学院、清华大学技术创新研究中心博士研究生。

京东方液晶显示屏出货数量约占全球的25%，位列全球第一。其中，智能手机液晶屏、平板电脑显示屏、笔记本电脑显示屏市占率继续保持全球第一，电视显示屏、显示器显示屏全球第二。① 全球每三台平板电脑或者每四台手机的显示屏，其中就有一块来自京东方。②

京东方的愿景是成为地球上受人尊敬的伟大企业。之所以有这样的愿景和底气，是因为京东方坚持自主创新和“技术领先、全球首发、价值共创”的创新理念，不断强化自主创新能力，已经实现质的飞跃。③

京东方创始人、董事长王东升曾经说过，在京东方25年的发展历程中，最重要的就是“对技术的尊重和对创新的坚持”。可以看到，多年以来，与经营业绩一起腾飞的，是京东方的研发创新和全球专利布局能力。2017年，京东方新增专利申请量8678件，其中发明专利超85%。截至2017年底，累计可使用专利数量超过6万件。④ 美国商业专利数据显示，京东方美国专利授权量全球排名第21位，连续两年成为美国IFIClaims TOP50增速最快的企业。世界知识产权组织（WIPO）发布2017年全球国际专利申请（PCT）情况报告，京东方以1818件PCT申请位列全球第七。京东方连续5年新增专利数业内排名第1，研发投入比例在业内排名第一。

1993年4月，京东方成立，从此开启了国际化和产业创新之路。在全球半导体显示行业风起云涌的激荡20余年间，京东方是如何突破国际技术封锁和克服资本压力问题，掌握核心技术，开发核心能力，改写中国大陆“缺芯少屏”的状况？如何在全球竞争中，构建企业技术创新框架和体系，获得持续性创新动力，从而实现“自主赢尊重”⑤？在多年发展中，京东方坚持以企业级长期战略为引领，专注技术创新战略；以逆周期的高额研发投

① 数据来源：京东方2017年年度报告。

② 数据来源：京东方2017年年度报告。

③ 《京东方王东升：半导体显示巨头的创新颠覆之路》，新华网，http：//www.xinhuanet.com/finance/2015－08/21/c_ 128151576.htm，2015年8月21日。

④ 数据来源：京东方2017年年度报告。

⑤ 《王东升：自主赢尊重　创新闯未来》，央视网，http：//news.cctv.com/2017/11/07/ARTIJ5vP1CSqr4ZT9RFku8HA171107.shtml，2017年11月7日。

入和总结与尊重技术创新规律为保障来积累企业核心技术；同时实施 SOPIC 创新变革以保障战略实施；开放创新，与产业创新系统成员共生演变；构建科学完善的技术创新体系，从而形成持续性竞争优势的保障。可以认为，京东方是一个以战略为引领的、基于核心技术的创新型企业。

二　京东方以企业级战略与技术创新战略为引领

（一）企业级五阶段长期发展战略模型

1998 年，京东方开始进军液晶显示领域，并开始战略规划与技术积累。2003 年，京东方以 3.5 亿美元收购韩国现代公司（HYNIX）旗下的 HYDISTFT-LCD 业务，获得 HYDIS 的全面知识产权（包括 TFT-LCD 应用技术、设计技术和制造技术等），并且获得了全球性 TFT-LCD 市场份额和营销网络。这起并购案标志着京东方开始进入薄膜晶体管液晶显示器件（TFT-LCD）领域，其 TFT-LCD 事业的战略布局正式全面启动。

进入 TFT-LCD 领域之初，京东方就制定了 25 年的发展战略，将迈向世界领先的过程划分为“进入者、追赶者、挑战者、领先者、领导者”五个阶段（见图 1），并仿照中国武学高手的功力境界分别确定战略目标，实施“扎根战略、钢剑战略、铁剑战略、木剑战略、无剑战略”等相应战略措施，将创新引领发展的理念和价值观贯彻始终。

图 1　京东方“进入者—追赶者—挑战者—领先者—领导者”五阶段发展战略模型

资料来源：京东方 2015 年企业社会责任报告。

不同的战略阶段京东方关注不同的战略举措重点。进入者阶段实施“扎根战略”，通过消化、吸收、再创新，逐步建立和完善技术、制造、营销、供应链和专业管理等方面的能力和体系。追赶者阶段实施“钢剑”战略，实行投资驱动和创新引领，扩大产能规模，积极参与全球竞争。挑战者阶段实施“铁剑”战略，实现企业年平均复合增长20%以上。领先者阶段的2018～2022年，京东方将实施“木剑”战略，进一步提升显示技术竞争力，持续保持全球领先，同时加快向传感器件、智慧系统和健康医疗领域发展，快速形成领先优势，完成软硬融合、应用整合和服务化转型，实现营收利润持续稳定增长。再通过2023～2027年“无剑”战略的实施，进一步增强创新能力，不断实现价值创造，巩固和提升全球领先地位，成就受人尊敬的伟大企业。

长期战略规划之下，在具体战略实施过程中，京东方将各个阶段战略细化为可操作的重要战略要素。以2013～2017年战略期为例，京东方实施“挑战者”发展阶段的“一四三三”总体战略，即围绕“一个目标”，加快“四大创新”，活用“三大资本”和实现“三大转变”（见表1）。

表1　京东方的“一四三三”总体战略分解

战略要素	详细描述
围绕“一个目标”	提供令人激动的产品和服务，实现长期稳定盈利，成就受人尊敬的品牌
加快“四大创新”	产品、技术、商业模式和管理机制的创新
活用“三大资本”	充分发挥人力、财力、智力这三大资本的价值创造力
实现“三大转变”	推动员工思想观念、行为习惯及企业运营机制“从生产导向向客户导向转变”“从投资驱动向价值创造驱动转变”“从区域性制造公司向全球性创新公司转变”

资料来源：笔者根据京东方2015年企业社会责任报告内容整理。

2018年是京东方“木剑”战略期元年。为加快落实业务创新转型，京东方重新梳理业务定位，明确了2018～2022年这五年的新“一四三三”总体战略，全力推动DSH事业创新转型，实现物联时代事业升级。

（二）“开放两端，芯屏气/器和”的技术创新战略

京东方的转型升级，恰与第四次工业革命和第三次能源革命的发展方向，与大数据、人工智能和万物互联的发展方向相一致。2016年，京东方

董事长王东升在京东方全球伙伴大会上创造性地提出物联网生态理念“开放两端，芯屏气/器和”。进一步地，京东方将其设定为自己未来的创新发展战略。

该理念认为，如果将一个物联网系统简化为基本物理要素来理解，物联网是由功能硬件、计算单元、传感单元、人机交互单元、通信单元、软件与内容等要素组成的系统。芯片是计算、通信、传感等单元的核心部件；显示屏是人机交互单元的核心部件，也是物联网的信息出入口；软件和内容是无形的，如同空气一样存在或被传送，称之为“气”；各类功能硬件是有形的，称之为“器”，它们要成为物联网的节点或端口，需要辅以芯、屏和软件。物联网就是将相关的芯片、显示器件、软件和内容、功能硬件和谐地组合起来，形成一个人与人、人与物、物与物相连的价值创造系统，也是一个开放、协同、共赢的产业生态系统。京东方将这样一个新的包容性产业生态系（见图2）统称为“芯屏气/器和”。

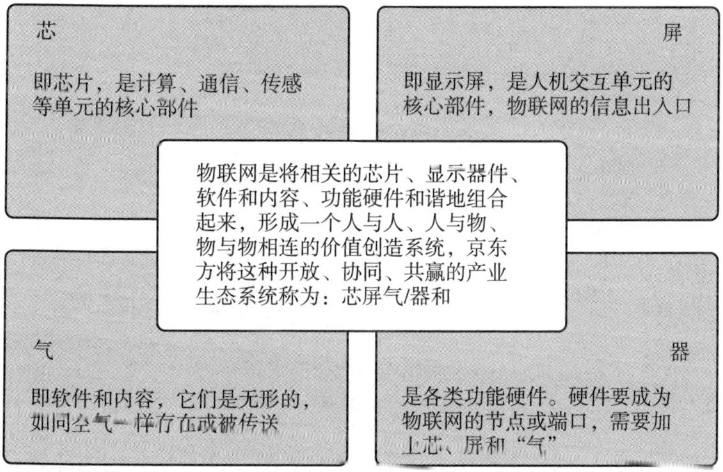

图2　物联网包容性产业生态系统

资料来源：京东方2017年企业社会责任报告。

物联网包容性产业生态系统的建设，需要各界以更加开放的姿态来积极进行。对此，京东方启动开放两端的创新发展战略（见图3）：开放应用端，与物联网领域的组织和个人开展合作，进行硬件创新、软件创新、应用创新；开放技术端，与掌握显示、传感、大数据和人工智能技术的组织和个人开展合作，不断推动技术创新和产品创新，推动半导体芯片、显示器件、传感器件、软硬件的结合，不断创新，加快向“软硬融合、应用整合、服务化转型”的方向转变。

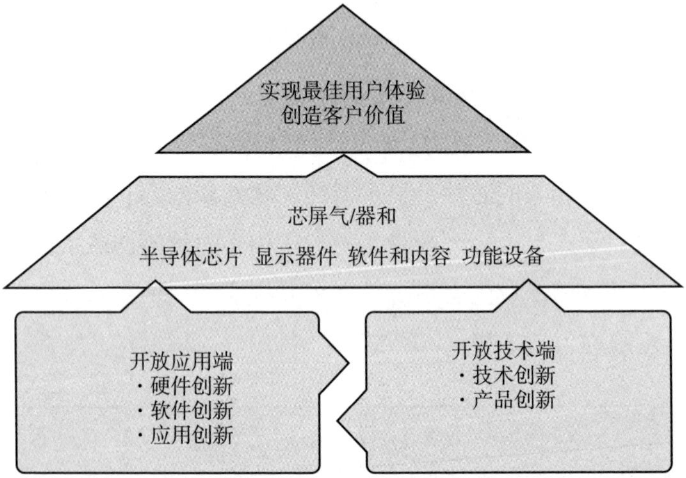

图3 京东方“开放两端，芯屏气/器和”的创新发展战略

资料来源：京东方2016年企业社会责任报告。

三 核心技术：京东方创新型企业的基础

曾经，中国企业基础创新工作长期陷入“引进—落后—再引进—再落后”的恶性循环，企业缺乏自主核心技术是多年来制约中国科技与经济发展的重要问题①。京东方面临国际技术壁垒和研发投入高、回报周期长的压力，决定采用自主创新，发展核心技术能力，力图摆脱该恶性循环，构建创新型企业。

① 陈劲：《企业创新生态系统论》，科学出版社，2017。

（一）京东方的技术研发投入及其创新能力提升

在创新投入方面，2017 年，京东方研发人员达 17141 人（占比为 27.42%），研发费用为 69.7 亿元，研发投入占营业收入的比重为 7.43%（同比增长 1.42%）。[①] 自 2003 年进入显示产业以来，京东方坚持把技术创新作为企业发展的原动力，一直保持高强度研发投入，即使是在发展历程中最困难的那几年，也风雨无阻。2010～2017 年，研发投入从 7.5 亿元增长至 69.7 亿元，增长超 8 倍（见图 4）；每年研发投入占营业收入的 7% 左右，研发投入/营收比业内第一。

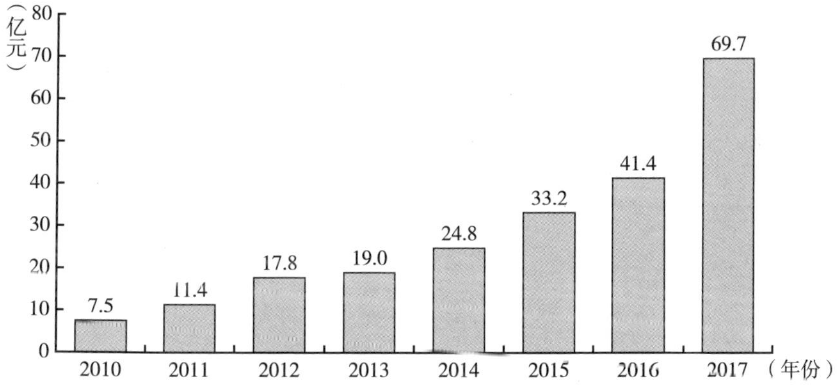

图 4　京东方研发投入（2010～2017 年）

资料来源：京东方历年年报。

在创新成果方面，2017 年，京东方新增专利申请量 8678 件，其中发明专利超 85%；截至 2017 年底，累计可使用专利数量超过 6 万件，位居全球业内前列。[②] 根据美国专利服务机构 IFI Claims 发布的 2017 年度美国专利授权量统计报告，2017 年，京东方全球排名由 2016 年的第 40 位跃升至第 21 位（在大陆次于第 20 位的华为）；美国专利授权量达 1413 件，同比增长

① 数据来源：京东方 2017 年年度报告。
② 数据来源：京东方 2017 年年度报告。

62%，在TOP50中增速继续保持第一，连续两年成为美国IFI Claims TOP50增速最快的企业。世界知识产权组织（WIPO）发布2017年全球国际专利申请（PCT）情况报告，京东方以1818件PCT申请位列全球第七（三星紧随其后）。截至2017年底，京东方累计获得中国专利金奖2项、中国专利优秀奖19项、中国外观设计优秀奖1项。① 图5展示了京东方近10年来的新增专利申请量。

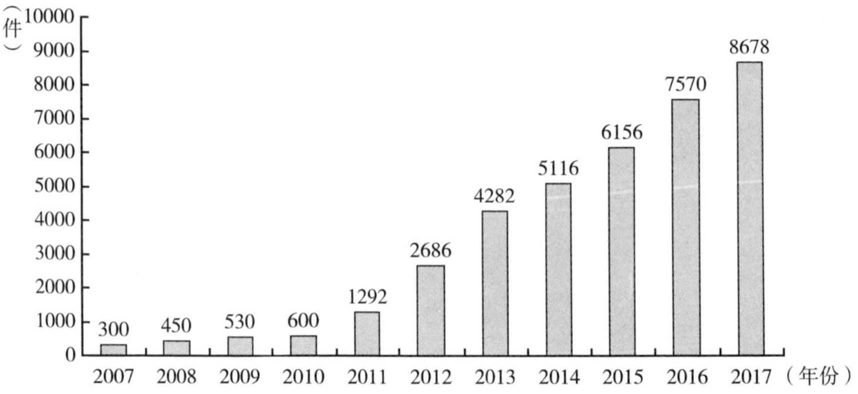

图5　京东方新增专利申请量（2007～2017年）

资料来源：京东方2017年企业社会责任报告。

此外，京东方主持推进了包括IEC国际标准、中国国家标准、电子行业标准及团体标准等42个国际、国内标准的制修订项目，累计参与制修订国内外技术标准120余项，涵盖LCD、OLED、3D、触控、透明显示、健康显示、系统整机、接口应用等多个技术领域。②

企业所拥有的专利份额以及显性技术优势所代表的相对技术能力反映了企业的核心能力。③ 京东方通过企业专利申请和技术秘密保护等措施，在掌

① 数据来源：京东方2017年企业社会责任报告。

② 数据来源：京东方2017年企业社会责任报告。

③ Patel, P., K. Pavitt, "The Technological Competencies of the World's Largest Firms: Complex and Path-dependent, But Not Much Variety," *Research Policy*, 26 (1997): 141－156.

握创新收益主导权的同时，推动企业向价值链高端移动，可以进一步获得创新引致的超额收益。①

（二）京东方基于核心技术的核心业务及其发展逻辑

基于显示、传感、人工智能和大数据四大核心技术，京东方构建了显示和传感器件（D）、智慧系统（S）和健康服务（H）三大核心事业（DSH）（见图6），加速完成软硬融合、应用整合及服务化转型。其中，显示和传感器件提供TFT-LCD、AMOLED、Micro Display等领域的智慧端口器件和解决方案；其产品广泛应用于手机、平板电脑、笔记本电脑、显示器、电视、车载、可穿戴设备等领域。智慧系统以“物联网和人工智能”为主要方向，

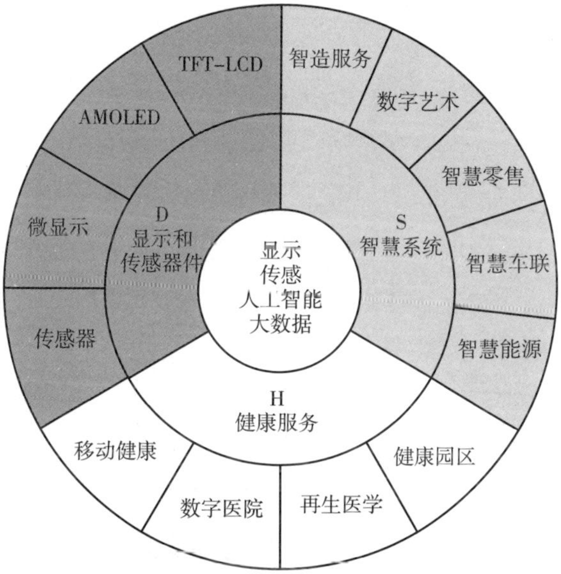

图6　京东方四大核心业务与三大事业部

资料来源：京东方2017年企业社会责任报告。

① 张素平、许庆瑞、张军：《能力演进中核心技术与互补资产协同机理研究》，《科研管理》2014年第11期，第51~59页。

为新零售、车载、金融、教育、艺术等细分行业领域，提供物联网整体解决方案。健康服务与医学、生命科技相结合，以“物联网技术和生命数据”为核心，发展移动健康、数字医院、再生医学，整合健康园区资源。京东方2017年年度报告数据显示，三个核心事业营收依次为：显示和传感器件业务826.4亿元（同比增长35.01%），智慧系统业务181.3亿元（同比增长45.04%），健康服务业务10.2亿元（同比增长12.86%）。

从以上核心技术和三大业务数据可以看到，京东方核心技术驱动核心业务，核心业务相互支持、演变共生（见图7）。企业的核心技术能力构成了企业的核心竞争优势，成为连接企业现有各业务的黏合剂，也是发展新业务的引擎，[1] 为企业进入新兴市场提供了有效的潜在通道[2]。王东升在2017年京东方全球创新伙伴大会上详细阐述了京东方三大业务进化逻辑：核心显示

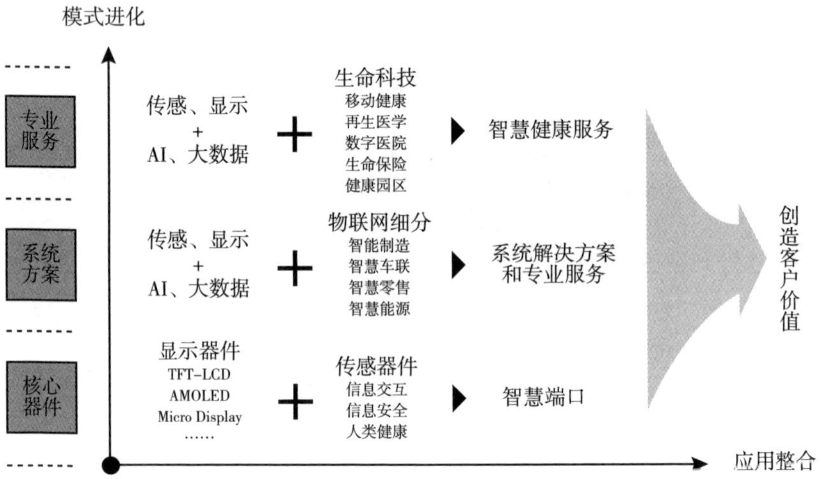

图7　京东方三大业务进化逻辑

资料来源：京东方内部材料。

---

① Prahalad, C., G. Hamel, "The Core Competence of the Corporation," *Harvard Business Review*, 68 (1990): 275-292.

② Prahalad, C., G. Hamel, "The Core Competence of the Corporation," *Harvard Business Review*, 68 (1990): 275-292.

事业从显示器件向显示器件、传感器件并重融合转型升级，为物联网系统提供各类智慧端口；将人工智能和智慧端口技术进行软硬融合和应用整合，在智能制造、智慧车联、智慧零售和智慧能源四个细分领域，提供物联网系统解决方案和专业服务；将传感、显示、人工智能、大数据技术与健康医疗专业技术跨界融合创新，在移动健康、再生医学、数字医院、生命保险、健康园区五个细分领域提供专业的智慧健康服务。京东方以四大技术为核心能力，清晰化业务布局，培育企业下一个增长极，实现企业营收与利润的长期稳定可持续发展，最终实现创造客户价值的企业终极目标。

（三）京东方对技术创新规律的理解："显示产业生存定律"+"5P1H"方向

液晶显示行业技术密集、资金密集。缘起于工业创新与市场需求之间的动态互动关系，该行业体现出了特殊的行业周期性风险。如何摆脱液晶显示行业"过山车般"的周期性①影响，实现企业的可持续性的稳定盈利，需要行业企业培育和建设自身的核心能力。基于对显示行业规律的深入研究，在多年洞察思考的基础上，京东方集团董事长王东升于2010年提出显示产业"生存定律"，业界称为"王氏定律"，即"若保持价格不变，显示产品性能每36个月须提升一倍以上。这一周期正被缩短"②。其中，产品性能是指产品功能与品质的总和。液晶显示产品的性能将朝着图像更真美、更轻薄、更节能、更环保、更便利、更人性的方向进步。产品性能提升可以用产品性能指数来衡量，产品性能指数是产品成本创新和价值创新程度的衡量工具，可以某时间点代表产品的边际收益为基准计算。

图8所示对勾曲线揭示了液晶显示企业的生存法则："标准液晶显示产品价格下降趋势不可避免，企业必须通过技术价值创造驱动不断提升产品性能、成本力和产线效能，也就是，以产线最佳盈利性为原则，不断推出有成

① 关于液晶显示行业的周期，可参见 Mathews, J. A., "Strategy and the Crystal Cycle," *California Management Review*, 47 (2004): 17。

② 路风：《光变》，当代中国出版社，2016，第280页。

本力和附加值的新产品，确保企业稳定盈利，实现可持续发展。"①。该曲线反映了以技术创新为驱动的企业创新对于提升企业价值的意义。

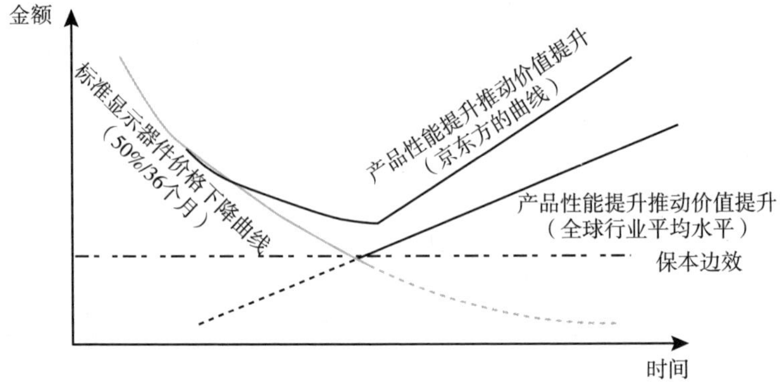

图8　生存定律（王氏定律）曲线

资料来源：路风《光变》，当代中国出版社，2016，第281页。

生存定律揭示了显示技术进步的速度规律，继而，王东升又提出"5P1H"的显示产品和技术创新方向，"5P"即产品需满足至真至美的画质（Picture）、越来越低的能耗（Power）、功能融合的解决方案（Panel as System/Service）、引领时尚的气质（Pilot of Fashion）、最佳的性能价格比（Price），"H"即显示产品应有利于人们健康（Health）。"5P1H"的创新方向将揭示一般规律的对勾曲线指标化，并对每一个方向设定考核和定量标准。绘制基于"5P1H"创新方向的雷达图成为京东方每个产品和技术创新的一个必经阶段。

善于总结提炼技术创新规律，并尊重、运用技术创新规律，是京东方不仅为半导体显示行业，而且为各个行业提出的新的创新思路。

本质上，技术能力反映了企业配置与其发展相关的各类技术资源的能

① 路风：《光变》，当代中国出版社，2016，第281页。

力。[①] 其中，技术主要指与行为主体（这里主要指企业）各类生产经营活动相关的知识和信息要素[②]。显示、传感、人工智能和大数据构成了京东方的四大核心技术。另外，能力主要指以上知识和信息要素与资源等组合协同的方式方法[③]。京东方在梳理企业业务、保持现金流业务的同时，培育和布局下一个业务增长极。与此同时，战略性调整组织架构，搭建企业技术创新体系，总结提炼技术创新规则，从而实现企业战略性持续性创新发展。京东方的技术能力从本质上提升了企业竞争优势。

四　创新体系：京东方创新型企业的构建和完善

在核心技术专利积累和行业规则深刻理解等核心能力的基础之上，京东方实施 SOPIC 创新变革，将企业战略落实到组织层面；遵循产学研结合的发展模式、建立产业联盟，搭建了一套跨产业资源的协同创新支持体系；构筑技术创新体系，以获取企业未来持续性竞争优势的保障机制。

（一）SOPIC 创新变革：战略实施的保障

为了全面实现企业发展战略目标，2010 年，京东方开展以客户导向运营机制、提升产品竞争力和产线盈利力为目标的 SOPIC 创新变革（见表 2）。三个原则指导 SOPIC 创新变革：运营机制从生产导向转变为客户导向；运营管理从以单个工厂为中心的区域性管理向以显示事业为中心的全球化管理转变；商业模式从单一显示器件服务商向物联网产品、技术和服务整体解决方案提供商转变。其目的在于通过提高京东方的专业化、集中化和信息化程度，强化企业的市场应对能力和运营精细化水平，从而全面提高企业的盈利

① Afuah, A., "Mapping Technological Capabilities into Product markets and Competitive Advantage: The Case of Cholesterol Drugs," *Strategic Management Journal*, 23 (2002): 171－179.

② 许庆瑞、刘景江、赵晓庆：《技术创新的组合及其与组织、文化的集成》，《科研管理》2002 年第 6 期，第 38～44 页。

③ Reed, R., R. J. Defillippi, "Causal Ambiguity, Barriers to Imitation, and Sustainable Competitive Advantage," *Academy of Management Review*, 15 (1990): 88－102.

能力。SOPIC 创新变革服务于企业五阶段发展战略，通过集中化和专业化的组织变革，意图将企业层面发展战略固化为规范的组织程序，随之将其内化为组织能力。

表 2　SOPIC 创新变革的含义

要素	含义
S = Strategy（战略）	在一定时期内为达成一定目标而采取的一系列企划作业和有序行动，有两个特点：有明确目标；沿着三个轴——逻辑轴、空间轴、时间轴展开
O = Organization（组织）	是积累能力的载体，实现战略的保证
P = Process（流程）	将战略目标和组织行为有效连接和协同，实现价值创造
I = IT（信息化及信息化赋能）	两层含义：基于企业信息化要求的 IT 架构保证；通过信息化应用增强的企业洞察力（Insight）、整合力（Integration）、创新力（Innovation）、员工能动力（Individual）
C = Control（内控）	基于经营管理合法合规、资产安全、财务报告及相关信息真实完整，提高经营效率效果、促进企业实现发展战略等五大目标基础上的企业内控建设

资料来源：笔者根据京东方 2015 年企业社会责任报告整理所得。

（二）开放创新：与产业创新系统成员的共生演化

清华大学陈劲教授在资源基础观与动态能力理论的基础上，提出了基于核心能力的企业创新生态系统模型。[①] 在该模型中，基于核心能力，企业通过与外部异质性伙伴协同来构建创新生态系统。企业与各个外部行为主体开展沟通互动，包括以高校、科研院所、供应商、技术与金融服务商等为主体的供给端成员，以领先用户、消费者、利基市场用户、竞争对手等为主体的需求端成员，以及以政府和公共机构等为主体的政策与制度端成员。企业通过建设基于核心能力的创新生态系统，实现组织内外部创新主体与资源的协同。

① 陈劲：《企业创新生态系统论》，科学出版社，2017。

以 TFT-LCD 领域为例，京东方通过与供应者、竞争者、互补者和客户等行为主体的动态互动（见图 9），建立了与利益相关方稳固、紧密的联系，能够广泛倾听来自各方的声音，构建了基于价值网络的创新体系。①

供给端	
供应商	供应商培训、研讨 供应商评估、审核 行业会议和论坛 供应商大会 创新伙伴大会
大学、科研机构	研讨会、论坛、学术合作活动 校园活动 创新伙伴大会
投资者	公司运营状况 行业、市场现状及趋势

政策与制度端	
政府	政策落实 行业/产业发展 公司治理 区域经济发展 促进就业 公益项目
媒体等	定期报告、企业社会责任报告 采访、见面会等媒体沟通活动 其他公众活动 创新伙伴大会
社区	信息披露 实地走访、问卷调查 公益项目 社区志愿活动

需求端	
客户及消费者	日常沟通回访（电话沟通、客户拜访、APP线上回访） 客户满意度调查 客户服务热线 客户品质会议 行业会议和论坛 创新伙伴大会
行业伙伴	技术交流 协同创新 行业/产业发展

图 9　京东方与各外部行为主体的互动

资料来源：笔者根据相关资料整理所得。

京东方通过核心能力的提升与创新系统成员的共生演化，提高了企业内部知识和外部知识的整合与学习能力，最终获得企业持续的竞争优势。

（三）技术创新体系：未来持续性竞争优势的保障机制

技术与业务的演变共生，有赖于完善的技术创新体系。京东方从 2009 年开始着手构建技术创新体系：成立 CTO 组织，技术研发中心人员数量不断增多，人员结构趋于多样；2010 年建成研发中心大楼和实验线。京东方技术创新体系的搭建和成熟，扩展和提高了企业研发活动的范围和效率，成

① 江积海：《基于价值网络的开放式创新——京东方的案例研究》，《研究与发展管理》2009 年第 4 期，第 60～67 页。

为促进企业获得持续性创新的核心动力基础。

经过多年技术和人才积累，京东方形成能够保持未来持续竞争优势的技术创新体系。该体系由集团级和事业群级两个层级协同推进，由技术战略专家委员会、集团技术管理中心、集团IP管理中心、集团技术研发和三大事业部技术及产品研发共同搭建。

集团层面，集团技术管理中心承担集团技术战略、技术寻源、技术人才、战略合作、技术标准、产业孵化、知识管理等方面的管理和服务职能，引领和支撑集团事业的创新和升级。集团IP管理中心承担知识产权管理和服务职能。集团技术研发通过不断获取下一代新技术，引领和支撑集团重大事业的发展和业务升级，聚焦在中长期新材料与器件、物联网与人工智能、信息医学与大数据及云计算等领域。在此基础上，京东方通过集团全面管控，将中长期前瞻性研究和短期市场需求相结合，既探索未来技术发展趋势，防范颠覆性技术替代风险，也满足客户当前需求，推出客户满意、公司盈利的产品，为公司持续创新提供坚实保障。① 此外，京东方还成立了技术战略专家委员会，通过内外部资源的整合，对重大技术方向进行战略把控，为重大技术战略项目提供技术战略决策建议。事业群层面，三大事业群（显示和传感事业群、智慧系统事业群、健康服务事业群）分别拥有自己的技术研发和产品开发中心，聚焦于中短期产品开发和技术研发，充分支撑产品的持续创新。

在高新技术领域，技术的发展日新月异，而京东方作为一家创新型企业，在其整个技术创新体系中，既关注当下新兴技术与技术的商业化，也将相当一部分的时间、精力和经费投入对前瞻性的未来三年、五年，甚至更长时间的技术的研发。

京东方通过完整的技术创新体系，不断进行技术和产品的创新，为企业业务发展提供强有力的技术支撑，助力企业获得持续性竞争优势。

---

① 《京东方CEO陈炎顺：科技与创新是制造业强大的基石》，新浪财经，http：//stock.10jqka.com.cn/20180510/c604376757.shtml，2018年5月10日。

五 结语

作为全球半导体显示产业领军企业，京东方一次次打破国外技术垄断，彻底改变了中国大陆显示产业“缺芯少屏”的局面，改写了全球显示面板产业格局。回顾京东方的创新之路，京东方坚持以“25 年”企业级长期战略为引领，专注“开放两端，芯屏气/器和”的创新发展战略；以逆周期的高额研发投入和总结与尊重技术创新规律为保障来积累企业核心技术；同时实施 SOPIC 创新变革以保障战略实施；开放创新，与产业创新系统成员共生演变；构建科学完善的技术创新体系，从而形成保持持续性竞争优势的保障。京东方的发展不是随着市场潮汐所摇摆，而是通过自主创新包络市场变化，从而参与国际竞争，提升全球竞争优势，实现持续性发展。

参考文献

[1] 陈劲：《企业创新生态系统论》，科学出版社，2017。

[2] 路风：《光变》，当代中国出版社，2016。

[3] 江积海：《基于价值网络的开放式创新——京东方的案例研究》，《研究与发展管理》2009 年第 4 期，第 60 ~ 67 页。

[4] 许庆瑞、刘景江、赵晓庆：《技术创新的组合及其与组织、文化的集成》，《科研管理》2002 年第 6 期，第 38 ~ 44 页。

[5] 张素平、许庆瑞、张军：《能力演进中核心技术与互补资产协同机理研究》，《科研管理》2014 年第 11 期，第 51 ~ 59 页。

[6] Afuah, A., "Mapping Technological Capabilities into Product Markets and Competitive Advantage: The Case of Cholesterol Drugs," *Strategic Management Journal*, 23 (2002): 171 – 179.

[7] Mathews, J. A., "Strategy and the Crystal Cycle," *California Management Review*, 47 (2004): 6 – 32.

[8] Patel, P., K. Pavitt, "The Technological Competencies of the World's Largest Firms: Complex and Path-dependent, But Not Much Variety," *Research Policy*, 26

(1997): 141 – 156.

[9] Prahalad, C. K., G. Hamel, "The Core Competence of the Corporation," *Harvard Business Review*, 68 (1990): 275 – 292.

[10] Reed, R., R. J. Defillippi, "Causal Ambiguity, Barriers to Imitation, and Sustainable Competitive Advantage," *Academy of Management Review*, 15 (1990): 88 – 102.

B.11
华芯通半导体：引领中国 ARM 架构服务器芯片产业发展

郑 敏*

设计研发一款国产服务器芯片最快需要多久？贵州华芯通半导体技术有限公司（以下简称“华芯通”或“华芯通半导体”）给出的答案是：两年。2016 年 1 月 17 日华芯通半导体揭牌成立，2017 年 11 月 18 日华芯通第一代 CPU 产品“华芯通一号”成功流片，相应的商用芯片产品也将于 2018 年底前推出。

这说的不是别的，正是中美贸易战中被讨论最多的、被美国卡脖子的核心芯片——服务器芯片。在嵌入式低功耗低性能 CPU、高性能服务器用 CPU 和超级计算机用的大型多核并行 CPU 三大类通用型 CPU 之中，常用于大量计算的场合、对性能要求非常苛刻并且内部结构复杂的高性能服务器用 CPU 是技术门槛最高的。华芯通何以能够在短短两年不到的时间内，就能从无到有、迎头赶上？

另外，在服务器芯片领域，英特尔（Intel）是当之无愧的行业“大哥大”。它与 AMD 所引领的 X86 架构服务器芯片的全球市场占有率超过 99%，其余的不足 1% 的份额里还存在 Power 架构和 SPARC 架构。也就是说，ARM 架构服务器芯片在目前的市场竞争中还看不到能有多少机会。

华芯通半导体选择的是怎样的一条创新之路？走这条路背后有哪些待解的难题？

一 “高贵之合”的优良基因

在外界看来，华芯通半导体简直就是“含着金钥匙出生”的企业——

* 郑敏，贵州华芯通半导体技术有限公司运营副总裁。

金钥匙的一半是贵州省政府的资源支撑，另一半是高通的技术支持。

2016 年 1 月 17 日，贵州省政府与美国高通公司在北京举行签约仪式，双方签署战略合作协议并为合资企业“贵州华芯通半导体技术有限公司”揭牌。华芯通半导体由贵州省及美国高通公司共同出资成立，出资比例分别为 55% 和 45%。定位是专注于设计、开发并销售供中国境内使用的先进服务器芯片，注册地为贵州贵安新区。

（一）内部环境：贵安新区的探索

2016 年是中国“十三五”规划的开局之年。这一年，全国上下比以往任何时候都更加强调创新引领的作用，国家更是将创新摆在国家发展全局的核心位置，要求社会各界深入实施创新驱动发展战略。而作为国务院 2014 年批准设立的国家级新区，贵安新区无疑是贵州省实施创新驱动发展战略的重要抓手。特别是当贵州省决意将大数据产业作为发展的重中之重时，贵安新区一跃成为我国大数据产业发展的集聚区和综合试验区。中国电信、中国联通、中国移动、华为等信息产业巨头纷纷在贵安新区落地建设数据中心。

据估算，在大数据战略行动的背景下，贵安新区将成为一个建设规模超过 250 万台服务器的数据中心集聚区。另外，中国的服务器集群严重依赖 Intel 提供的核心芯片，中国每年要进口 500 万片以上的服务器芯片，花费超过 40 亿美元。

贵州省政府当然希望在本地建立起半导体产业链，从 IC 设计到相关产品的生产、制造、封装，逐步地完善起来。正好贵州省政府通过多方考察了解到，美国高通公司非常看好 ARM 架构在服务器芯片领域的前景，并做了一些积极的探索。双方一拍即合，旨在整合双方优势资源的华芯通半导体应运而生。

（二）外部条件：高通业务的拓展

高通作为移动芯片行业巨人，已经在 3G、4G 时代证明了自己的领导者地位。20 多年来，高通公司为研发投入巨资，创造了数以千计的创新性理念、方法和产品，改变了整个无线通信和半导体世界。通过高通获得技术使用授权的制造商，几乎涉及世界上所有电信设备和消费电子设备的品牌。近年来，高通也在一些非手机芯片行业展开探索，以找到新的市场增长点，其中就包括服务器芯片。

为了进一步打开中国市场，高通希望在中国找到合适的合作伙伴，把相关业务开展起来，这也就促成了贵州省政府与高通的合作。在华芯通半导体的股权结构中，高通公司占45%，贵州政府占55%。更值得一提的是，“高贵合作”并非“外资出技术、本土出资金”的传统模式，而是双方均以投入资金参股。这就增强了华芯通半导体研发的持久性和稳定性，对于服务器芯片研发这种高端、高投入的品类来说，新模式可以更好地保证长期的现金流，而现金流对于半导体这一高科技产业特别重要。

基于如此之高的合作起点，华芯通半导体将目标设置为建立国际一流的服务器芯片企业，立足贵州、辐射全国，推动中国服务器处理器技术和集成电路产业的发展。技术路线则是依托高通公司许可的 ARM 架构服务器芯片核心技术，通过引进、消化吸收、再创新，重点针对高端服务器芯片架构 CPU 微结构、多核互连、SOC 等关键技术开展攻关，开发适合中国市场的先进服务器芯片产品。

二　平台加人才，种好“梧桐树”引来“金凤凰”

华芯通半导体强调“技术为主导，人才是核心”，自成立以来，进行了多次大规模海内外招聘，吸引了大批技术专家与优秀人才加盟，其中很多来自国内外一流半导体企业，拥有超过 10 年的工作经验。

（一）高管“将相和”各取所长

华芯通半导体由既熟悉宏观政策和管理体制，又对贵安新区发展模式十分了解的欧阳武来“挂帅”。欧阳武在担任贵州华芯通半导体技术有限公司董事长的同时，还兼任贵州华芯集成电路产业投资公司党委书记、董事长、总经理。

欧阳武拥有中国社会科学院经济学硕士学位和清华大学工学学士学位，是美国哈佛大学信息资源政策研究中心高级访问学者。其工作履历也让他在华芯通半导体帅位上能够张弛有度、从容不迫：欧阳武曾先后在国务院信息化工作办公室政策规划组、工业和信息化部信息安全协调司从事政策制定和行业管理工作，能够精确嗅探到国际国内宏观政策。而他也是最熟悉贵安新区的人之一，早在2013年，欧阳武就转到贵安新区工作，负责新区早期的经济发展、招商引资、商贸流通、能源资源、通信信息和环境保护等方面的工作。

随着首期18.5亿元注册资本金迅速到位，华芯通半导体全球招聘的首席执行官也很快到位。2016年6月15日，华芯通半导体宣布汪凯博士正式出任公司首席执行官。有着美国伊利诺伊大学电气工程和计算机科学博士学位的汪凯，将负责带领团队进行芯片设计、制造、研发、销售以及市场运营工作，并肩负着持续打造华芯通半导体核“芯”竞争力的使命，带领企业进一步在中国市场的企业级服务器芯片领域深耕。

在加盟华芯通半导体之前，汪凯博士曾出任SanDisk亚太区销售副总裁、飞思卡尔（后被恩智浦收购）半导体销售和市场副总裁兼亚太区总经理、Broadcom副总裁和大中华区总经理、UTStarcom研发工程副总裁等要职。超过25年的海内外行业经验，汪凯博士练就了强有力的领导能力和跨行业融合的管理能力。而他在后续一系列招才引智、产品能力和解决方案能力的兑现上，也体现出实干精神。

（二）搭建平台广揽天下英才

对于半导体这样的高科技行业，人才的重要性不言而喻。在华芯通半导体CEO汪凯看来，搭建好的平台，吸引人才、留住人才才是最重要的。因此，华芯通半导体非常注重搭建好每个功能单元，并在招揽功能单元负责人上下功夫，通过找到合适的人来打开相应业务局面、进一步丰富各个职能单元。在短短不到半年时间内，华芯通半导体以纯市场招聘的方式吸收了许多毕业于国内外一流高校并在国内外领先半导体芯片企业工作多年的核心人才。它的高级管理团队均在国际大型半导体和科技公司拥有超过 20 年的工作经验，具有丰富管理经验、出色的国际化视野和市场化意识。

华芯通半导体目前在贵州、北京和上海三地设立了运营和研发中心，开展设计、开发、销售中国境内使用的服务器芯片业务。其中，贵州总部基地主要负责芯片测试和系统开发平台测试；北京运营中心负责芯片设计、参考系统和软件开发；上海研发中心专注芯片的设计和验证。

2016 年 11 月 18 日，华芯通半导体宣布正式启用位于北京望京地区的北京研发中心。作为其全资子公司的北京贵州华芯通半导体技术有限公司亦落户该地区。

2017 年 10 月 13 日，华芯通半导体“ARM 架构云平台”发布，同时云上贵州 - 华芯通“ARM 超融合（工程中心）实验室”挂牌运行；2017 年 11 月 17 日，华芯通半导体和深圳创新科存储技术有限公司（UIT）携手，共建 ARM 架构数据中心联合实验室，共同开发和建设基于高性能、低功耗的 ARM 架构处理器的自主、安全、可控的云计算和大数据应用数据中心示范工程。

在一系列配置平台架构、构建职能单元的基础上，华芯通半导体人才济济，生机盎然。在成立的第一年年底，就达到拥有 200 多名员工的规模，博士和硕士更占公司人数 70% 以上。此外，华芯通半导体还加强和中科院等院所机构的合作，培养交叉型、综合型人才，联合开展科研并将其转化成实际生产力。

在人才聚集和培养方面，华芯通半导体多措并举，已组建和培养了一支国际一流的研发设计团队。目前，在贵州总部、北京和上海分公司三处的人员总和已达到近 500 人。

三　瞄准 ARM 架构进入服务器芯片市场机会

尽管 ARM 架构芯片在手机终端、嵌入式系统甚至物联网硬件终端显示出了极强的生命力，取得了巨大成功，但 ARM 架构之于服务器芯片始终是一片难以攻克的城池。究其原因，就在于英特尔所引领的 X86 架构已经在企业级服务器端产生了根深蒂固的影响。但这并不意味着，服务器芯片是 ARM 架构的禁地，特别是在中国服务器市场，华芯通半导体看到了 ARM 架构进入服务器芯片市场的机会。

（一）ARM 架构与 X86 架构比较

近年来，我国云计算市场总体保持着高速增长趋势。2016 年，我国云计算整体市场规模达 514.9 亿元，整体增速为 35.9%，高于全球平均水平。而建立在云计算基础上的云服务，从互联网应用扩展到企业应用，也形成巨大的市场规模，催生出庞大的服务器和服务器处理器芯片需求。

有机构预测，全球云服务器市场规模将保持 2 倍于整体市场增速，而中国市场的增速将显著高于全球云服务器市场的增速。

在目前为云数据中心提供服务器的 4 种主流架构中，X86 架构的知识产权主要掌握在美国公司英特尔（Intel）手中，由于 Intel 严格控制知识产权授权，目前 X86 架构芯片厂商中 Intel 一家独大。以 X86 架构为基础发展我国的云服务器产业，不仅技术上会受制于人，还会给未来的服务器产业安全埋下巨大隐患。SPARC 架构和 Power 架构国内已有厂商采用，但 SPARC 架构的商业市场发展已经逐渐走向边缘化的境地，生态系统相当薄弱。Power 架构在国际上仅有 IBM 使用，应用范围限于金融领域的高端计算，参与产业生态建设与维护的企业较少。

相比较而言，ARM 架构有非常成熟的商业模式，在国内外有多家芯片公司涌现，生态系统也非常强大。ARM 公司自己不生产芯片，不同厂商可通过授权方式获得使用 ARM 架构自主设计芯片的权利，且在此基础之上设计的芯片可以获得 ARM 生态链的支持，同时因为是消化吸收以后独立开发的技术，不会受制于合作伙伴，也没有专利侵权的风险，是我国发展自主芯片的理想选择。同时，由于生态系统支持强大，厂商很容易找到有一定基础的国内外集成电路工程师和软件工程师，可大幅降低消化吸收技术的门槛。

有权威机构认为，未来的云计算基础设施将统一到 1～2 种架构上。相对于其他架构，更开放、安全可控度更高的 ARM 架构未来发展前景被看好。

在服务器和 PC 领域，X86 架构仍将拥有绝对强势的地位，但对于中国芯片设计公司而言，无论是从产业竞争还是从安全可控角度看都面临明显的天花板，因此至少在短期内，X86 架构不会成为中国芯片设计的主流。

而 ARM 架构从诞生至今一直聚焦于低功耗设计，并在嵌入式领域获得了巨大成功。高通与苹果、三星等都选择了 ARM 架构，这也使得 ARM 架构占据手机和平板芯片市场的主导地位。此外，在物联网领域基于 ARM 架构的处理器也占据着一半的微处理器市场份额。

借助 ARM 的商业授权模式，中国的芯片厂商已经解决了“从无到有”的问题，并在“从有到好”的道路上不断向上突破。特别是，ARM 以其开放生态的模式撬动着中国芯片设计数以千亿美元计的市场，其杠杆作用是巨大的。可以预料，以 ARM 架构为基础的芯片设计产业在中国还将有长足的发展。

（二）探索 ARM 架构服务器芯片的中国机会

相较 X86 架构而言，中国芯片厂商采用 ARM 架构有三大优势：产业生态建设基础好，节能效果明显，能满足信息安全保障方面的需求。但是，在服务器芯片设计方面，ARM 架构还未有成功的市场经验。其面临的挑战也主要有三点：ARM 架构服务器芯片的性能及稳定性能否媲美 X86 架构服务器芯片，拥有或部署成本是否有优势，能否突破 Intel 多年部署 X86 架构服务器芯片所设置的生态壁垒。

高通已经发起挑战。2017 年 11 月，高通正式推出了“最强 ARM 芯片”——Centriq 2400 系列处理器，采用世界领先 10 纳米制程工艺，拥有多达 48 核心，能耗表现非常抢眼，专为服务器数据中心等企业级市场打造。

华芯通半导体紧随其后，以 Centriq 2400 为基础的华芯通 ARM 架构多核服务器芯片，整体性能也已经能够匹敌 Intel 主流服务器芯片的性能。其中，高通将相关技术经验，以及最新技术转移给华芯通半导体，以使华芯通半导体少走弯路，最终实现合资双方的共赢发展：作为利益共同体，华芯通半导体的良好发展对于高通来说，是大有裨益的。

不过，华芯通半导体研发的服务器芯片与高通开发的相关产品也存在差异性。这是因为，在与 ARM 的合作方面，大部分公司都是拿 ARM 的标准指令授权，直接在此基础上设计自己的产品。但华芯通半导体与高通类似，是采用 ARM 的核心架构授权，在此基础上重新设计自己的处理器。同时，华芯通半导体针对美国出口管制的技术模块，做了重新定义和自主开发。

在华芯通半导体董事长欧阳武看来，采用 ARM 的架构授权，可以极大地提高华芯通设计芯片的灵活性，特别是可以针对中国市场不同的应用情况，设计出更加高效的芯片。从长远来看，这种模式更具有发展潜能，更适合中国国产服务器芯片市场的发展。

这也正是华芯通半导体一以贯之的发展思路：依托 ARM 架构服务器芯片核心技术，通过引进、消化吸收、再创新，开发适合中国市场的先进服务器芯片产品。

四　致力于中国 ARM 生态构建

上文也提到，能否突破 Intel 在服务器市场多年部署 X86 架构芯片所设置的生态壁垒，关系 ARM 架构服务器芯片的生死输赢。不过可以肯定的是，华芯通半导体将积极参与国产服务器芯片领域产业链上下游的芯片、硬件、软件平台和应用开发等环节，推动中国本土 ARM 架构服务器生态系统的建立和完善。因为只有在更完整的生态系统中，ARM 架构服务器芯片才有望走向成熟。

（一）推动 ARM 芯片生态系统建设

Intel 之所以能够在当今的服务器市场占据统治地位，源于其早年的战略决策：首先，投入大量的资源去研发、开拓市场，让更多的人了解并使用其芯片产品；接着就是牵头建立起一个比较完整的生态系统，使得其产品在该生态内具有蓬勃的生命力。

从借鉴的角度，汪凯博士表示，目前的 ARM 架构服务器芯片阵营应该依赖于 ARM 的已有优势，建立自己的生态系统，这样才能扩大市场影响力，赢得更多客户的信赖和订单。而华芯通半导体作为这一阵营的成员，将不遗余力地为提升 ARM 架构服务器芯片的技术水平和市场影响力而拼搏。

华芯通半导体的确也是这么做的。在 2017 年数博会上，由华芯通携手中科曙光共同承建的贵安超算中心项目正式启动并落户贵安新区，一期建设规模将达到浮点运算速度超千万亿次/秒，建成后将成为贵州省乃至整个西部地区的重大信息基础设施工程，为信息产业的科技创新和进步提供强有力的支持，并为西部省区的科技研发和经济发展起到重要的助推作用。在技术方面，华芯通半导体将提供自主可控的高性能芯片，在 ARM 架构的专业计算领域提供异构的计算能力。

华芯通半导体还在 2017 年数博会现场展示了其在大数据计算、高性能计算、云架构、云存储以及国产操作系统等方面的应用，并携手中科曙光、中标麒麟等合作伙伴共同推动大数据和芯片生态系统的建设和发展。

如今，基于自行开发的第一代服务器芯片，华芯通半导体正加紧开展与国内一流服务器生产商、相关企业、科研院所、行业组织等的紧密合作，以更好地满足政府和相关商业市场在云计算和大数据领域的需求。还创建了服务器参考设计平台，完成多种操作系统的移植与开发。并加入开源社区，在不同应用领域与客户和合作伙伴通力合作，推动产业生态系统的建设和完善。

与此同时，华芯通半导体正积极服务和推进产业生态系统在贵州省乃至全国的建设和大数据产业应用的开发。通过整合 ARM 架构合作伙伴在芯片、硬件、软件平台的上下游产业链，来推动我国国产服务器芯片领域发展。

ARM 公司的授权模式使得众多 ARM 厂商可以共同开发基于 ARM 的底层硬件和软件，构成一套完整的生态系统。ARM 产业生态已经在移动终端和物联网领域形成成熟而庞大的群体，尤其是边缘计算和应用云化趋势，将有利于推动从终端到云端一体化的生态建设。

（二）积极参与绿色计算产业联盟

2016 年 4 月 15 日，旨在“促进中国建成开放创新的绿色计算产业生态环境，加速绿色计算架构的大数据、企业级计算与云计算等关键应用发展”的绿色计算产业联盟（简称“GCC”）在北京成立。华芯通半导体作为首批白金会员，深度参与该联盟的组建。

联盟名字中的“绿色”有两层含义：一是软件开源与硬件开放，二是绿色节能、低碳环保。据《中国电子报》报道，联盟将汇聚全球产业链优势资源，促进产业界和学术界互动，积极开展基于 ARM 架构的软硬件开发，为最终用户提供更富有弹性、更容易使用和管理的绿色节能企业级产品。

近年来，伴随着物联网的快速发展，云计算、大数据、人工智能正在引领新一轮的技术革命。作为计算力支撑者，后台的数据中心迫切地希望找到一种能以较低的功耗来处理大量并行化、轻量化负载的方法。而华芯通半导体当前主导的 ARM 架构处理器所具备的多内核、高并行、低功耗的特性，正好满足了数据中心的这种新需求。

据调查，云服务器能耗占到数据中心能耗的 30%，随着国家对 IT 基础设施绿色低碳等的要求持续提升，高能效比的 ARM 架构服务器凭借其对数据中心在计算、能耗和信息安全方面需求的满足，正在走向主流舞台。

汪凯指出，多年来 ARM 架构一直致力于高能效、低功耗的体系架构创新，在架构、CPU 架构、IP 设计、SOC（系统芯片）设计等方面均以满足用户和市场对绿色计算的需求为目标，不断提升运算能力、优化能耗设计。通过多年的技术沉淀和探索，ARM64 服务器以其多核、多线程、持续提升的单核性能，并通过开放架构、开放接口支持 CPU 和各类加速器的异构计算，被越来越多的客户和厂商认为是构建绿色计算系统最有前途的组件之一。

绿色计算联盟涉及的企业、科研院所等机构众多，几乎分布在计算机技术、服务器和云计算的各个领域。华芯通半导体董事长欧阳武表态，华芯通作为核心计算芯片厂商，愿与 GCC 盟友一道，就“推进绿色计算共性关键技术和应用模式创新”等任务开展探索研究，在中国建立一个平等开放的绿色计算生态系统，推动基于 ARM 架构的大数据、企业级计算和云计算应用的发展。

五　华芯通要走服务器 CPU 强“芯”路

2017 年 11 月 18 日，华芯通半导体第一代 CPU 产品“华芯通一号”成功流片。这是该公司的一个重要里程碑。CEO 汪凯博士向全体员工发信同贺。他写道：

> 华芯通一号的成功流片是在研发团队和全体华芯通人锐意进取的奋斗中取得的阶段性成果。目前基于这一产品，我们正加紧开展与国内一流服务器生产商，相关企业、科研院所、行业组织等系统提供商的紧密合作。我们看到了华芯通服务器芯片的广阔应用前景，和巨大市场潜力，让我们继续携手同行，致力于推出自主可控、高效安全的产品，更好地满足政府和相关商业市场在云计算和大数据领域的需求。

在这封贺信中，汪凯博士表达的自信是，用 ARM 架构打破服务器芯片市场上的垄断格局。对于几乎一统天下的 X86 架构而言，进军 ARM 架构服务器芯片，就是对垄断的挑战。只要 ARM 架构服务器芯片的声音还在，对垄断者而言就意味着威胁；而通过参与，增加对 ARM 架构的知识贡献、做大 ARM 阵营，就是对垄断者最有效的反击。

（一）借力国际先进科技打造中国芯

我国的服务器 CPU 芯片研究始于 2000 年左右。当时，国家利用科研经费支持了北大、中科院、国防科大及有关研究机构开展 CPU 芯片的研制。

2010 年前后，在科研成果的基础上，开始探索商业转化。此外，一些地方或企业利用国外公司的许可技术，或合资进入这一领域。时至今日，国产 CPU 相关企业一直在努力，却一直未能掌握核心技术，解决好市场化问题，甚至拉大了和国际先进技术的距离，令人唏嘘不已。这背后除了对手客观上过于强大、服务器芯片核心技术过于复杂之外，也在于许多企业或者一味埋头，偏执在“全自主”，忘了产业分工和商业规律，或者并没有能长期坚持一个方向潜心做下去。

2018 年 4 月 20 ~21 日，全国网络安全和信息化工作会议在北京召开。中共中央总书记、国家主席、中央军委主席、中共中央网络安全和信息化委员会主任习近平出席会议并发表重要讲话强调：“实现核心技术突破，必须走自主创新之路。核心技术是我们最大的‘命门’，核心技术受制于人是我们最大的隐患。不掌握核心技术，我们就会被卡脖子、牵鼻子，不得不看别人脸色行事。而真正的核心技术是花钱买不来的、市场换不到的。我们必须争这口气，下定决心、保持恒心、找准重心，增强抓核心技术突破的紧迫感和使命感。当然，我们强调自主创新，并不是要关起门来研发、一切从头开始，而是要分清哪些技术可以搞好引进消化吸收再创新，哪些必须靠自主研发、自主发展。贯彻落实好党中央的相关战略部署，遵循技术发展规律，咬定青山不放松，我们就能不断攻克难关，推动自主创新加快实现突破。”

在全球化的推动下，产业链的互相依存、互相渗透成为常态。单一经济体很难在各个环节都达到独立的形态，但是核心技术往往会成为产业链主导地位的决定因素。在半导体行业内，服务器芯片属于最尖端的产品，其制程工艺也是最先进、最复杂的。X86 体系目前在技术上一骑领先，占据 99% 的市场份额，拥有服务器产业的技术发展决定权、市场规则制定权和商业利润分配权。同时，生态的主导权也在国际巨头手中，中国的企业如何去突破，是建立一个全自主封闭市场，还是坚持开放心态，站在巨人肩膀上，掌握和积累核心技术？自主不代表落后，小众封闭市场的“成功”也不代表真正的商业安全，华芯通半导体选择了通过国际合作，基于开放开源的、成熟的 ARM 架构，“借力发力”的道路，就能距离最终的成功更近。

（二）推动中国自主服务器生态建设

服务器是新一代信息基础设施的关键设备，承载着数据处理、文件存储、服务响应等各种功能。随着互联网、云计算的广泛普及，服务器将成为数字经济和信息社会时代的关键基础设施，在经济和社会发展中发挥越来越重要的支撑作用。作为数据中心服务器的心脏，中央处理器芯片，有着巨大的市场前景。从目前的市场情况来看，其主要应用市场包括以下几个方面：（1）云服务，以中国市场为例，“BAT”是最大的 3 家云服务提供商，它们对服务器的需求量在不断上升；（2）传统企业市场；（3）政府市场及工业控制应用市场。而这些，正是华芯通半导体的主要拓展方向。

“目前，我们的主打客户是国内企事业单位，先立足国内，然后再向海外拓展。”汪凯博士表示，“到 2020 年，我国服务器芯片市场规模将达到 60 亿美元，非常巨大，对于华芯通半导体这样的初创公司，如果能够拿到 10% 的份额，会是一件非常了不得的事情。”

不过，就现阶段而言，培育 ARM 架构阵营的整体强大对华芯通半导体才是最实惠的。这需要从政府部门（如工业和信息化部）层面整合资源，集中优势力量，对 ARM 架构服务器芯片核的开发，分工协作，从高、中、低端全线发力，形成集团作战的态势，向市场中的垄断者发起挑战。这样既能够有效配置资源，又有利于生态系统的完善。同时，华芯通半导体通过各种开源社区和基于 ARM 架构服务器的生态系统，消化并吸收最新的软件架构及代码，并基于芯片和操作系统对不同应用架构，进行了深入的调优，并结合国际与国内主流客户、主流应用进行开发，重点围绕电子政务应用、互联网和大数据公司的商务应用积极开展应用适配。已经形成一个基于华芯通半导体芯片的 ARM 架构服务器生态的雏形，为下一步推广芯片商用奠定了初步基础。

（三）积累企业可持续发展能力

集成电路产业是技术密集型和资本密集型的产业。不管是美国、日本，还是韩国，在集成电路发展的过程中，都倾入了大量的国家资源，从而形成今天领导者的地位。华芯通半导体有了政府的支持、高通的奠基技术，最终必须回归到企业自身的核心竞争力：知识和人才。

引进只是万里长征的第一步，能否消化吸收，进而持续创新，始终保持世界级竞争力，才是华芯通半导体的终极目标。在国内，华芯通半导体是少有的拥有完整源代码和完整建立从前端到后端整体设计流程和设计平台的芯片设计公司，包括前端设计、模块级验证、综合、测试设计、后端设计、生产控制、芯片筛查、缺陷分析和量产组织。同时，组建了先进的软件和系统设计实验室、测试实验室、集成电路设计实验室、仿真实验室，建设了具有国际水平的仿真平台。在消化和吸收了高通公司当代服务器芯片设计核心技术的基础上，完成了“华芯通一号”的再创新，并已开始下一代产品的研发工作。华芯通半导体计划通过三代到四代产品实现从接口，SoC 整体，再到内核 100% 模块的重新设计、验证及实现，进而在设施、技术、人员、工具、流程等各个方面迈向更高水平。

华芯通半导体目前的人才结构中，平均年龄为 35 岁，60% 的员工具备 10 年以上工作经验；大多毕业于清华、北大、电子科大、复旦、浙大、伊利诺斯大学、卡内基梅隆大学等国内或国际著名学府，有在 Intel、高通、IBM、AMD、飞思卡尔/摩托罗拉、NXP、美国博通、华为海思等国内外一流企业的工作经历，还有若干“千人计划”和国家特聘专家。这样一支高学历、在年龄结构上呈“橄榄”形、正处于年富力强阶段的员工队伍，非常适合企业的快速成长和长远布局。完善的治理结构，开放的文化，市场接轨的薪酬体制，国企员工持股的试点等也成为华芯通半导体持续吸引人才的砝码。另外，华芯通美国研发中心计划于 2018 下半年设立，届时将有更多的国际化一流技术人才加入，来共同推动目标的实现。

中国国产服务器芯片在 ARM 架构云生态的助力下能否实现弯道超车，并真正做到安全可控？华芯通半导体的未来值得期待。至少从当前的产品进度而言，作为贵州省高科技产业的代表，华芯通半导体依托国际先进技术和理念，正在引领中国本土 ARM 架构服务器芯片产业的发展。

B.12
中国建筑汇聚蓝色力量实现创新发展

毛志兵　张　琨　戴立先　王　辉　李任戈　关　军　欧阳明勇*

一　中国建筑介绍及发展

中国建筑集团有限公司（简称“中国建筑”），正式组建于1982年，是我国专业化发展最久、市场化经营最早、一体化程度最高、全球规模最大的投资建设集团，也是我国建筑领域唯一一家由中央直接管理的国有重要骨干企业。中国建筑主要以上市企业中国建筑股份有限公司（股票代码601668. SH）为平台开展经营管理活动，拥有上市公司7家、二级控股子公司100余家。

2017年，集团新签合同额达24500亿元，营业收入跨越1万亿元，第12次获国资委年度考核A级，位居世界500强第24位、中国500强第3位、全球品牌价值500强第44位、ENR“全球承包商250强”首位，继续保持国际三大著名信用评级机构标普、穆迪和惠誉一致授予的行业内全球最高信用评级（标普A/穆迪A2/惠誉A）。

近年来，**中国建筑在党中央、国务院和国资委的正确领导下，按照国家发展的要求，坚持以科技创新和管理创新为双轮，实施创新蓝海战略，驱动企业转型升级、跨越发展。**目前，经营活动涉足国内及海外一百多个国家和地区，业务布局涵盖投资开发（地产开发、建造融资、持有运营）、工程建设（房屋建筑、基础设施建设）、勘察设计、新业务（绿色建造、节能环保、电子商务）等板块。在我国，中国建筑投资建设了90%以上的300米以

* 毛志兵，中国建筑集团有限公司；张琨，中国建筑第三工程局有限公司；戴立先，中建钢构有限公司；王辉，中国建筑第三工程局有限公司；李任戈，中建钢构有限公司；关军，中国建筑集团有限公司；欧阳明勇，中国建筑第三工程局有限公司。

上摩天大楼、3/4 的重点机场、3/4 的卫星发射基地、1/3 的城市综合管廊、1/2 的核电站，每 25 个中国人中就有一人居住在中国建筑建造的房子里。

中国建筑的跨越发展离不开创新的强力支撑。中国建筑始终坚持“科技支撑发展，创新引领未来”的科技工作指导思想，在全面开展跟随创新、集成创新的同时，大力做好原始创新，在绿色建筑、智慧建造、建筑工业化三大重点研发方向不断取得重大突破，并通过管理创新与技术创新形成双轮驱动，强化企业核心竞争力，为企业转型升级保驾护航。截至 2017 年底，累计获得国家科学技术进步奖 71 项（一等奖 4 项，发明奖 8 项）、詹天佑奖 72 项、鲁班奖 288 项、国优奖 393 项、省部级科技奖励 2102 项、省部级工法 3592 项（国家级工法 244 项）、专利授权 16023 项（发明专利 1810 项），主持编制国家及行业标准 83 项。“十三五”以来，中国建筑发挥在绿色建造、智慧建造和建筑工业化三大领域持续创新的技术优势，先后共牵头承担 8 个国家重点研发计划项目，牵头 37 个课题、参与 46 个课题的研发，累计获得中央财政专项经费近 1.9 亿元，在建筑领域的国家重点研发中居于引领地位，以实际行动贯彻落实国家科技体制改革首要任务，成为技术创新主体。

根据企业转型升级战略要求，中国建筑坚持结构调整，进一步强化科技工作顶层设计，在不断巩固房建领域技术优势的同时，向基础设施领域进行政策倾斜，加强对海外业务发展的技术支撑，从超前研发、技术集成、成果转化三个层次进行统筹布局，聚集系统资源，形成一批系统性强、对转型升级支撑作用大的科研成果。“预应力混凝土结构的创新与工程应用”“建筑结构基于性态的抗震设计理论及方法”获得国家科学技术进步奖一等奖；“超高层建筑智能化施工装备集成平台”“中国建筑千米级摩天大楼建造技术研究”等世界领先的科技成果彰显了中国建筑在房建领域的领先地位；“张家界大峡谷玻璃桥项目”创造十项世界第一、“香港中环湾仔绕道铜锣湾避风塘段”荣获 2016 年度 NCE 世界隧道工程 5 亿美元以上隧道工程大奖展示了中国建筑在基础设施领域的技术成就。中国建筑以注重创新的实际行动，显著提升了企业的核心竞争力，为企业跨越发展插上了科技的翅膀。

下面分别以中建三局和中建钢构两个中国建筑所属企业的创新发展作为

工程局和专业公司的典型案例，分享中国建筑在科技创新、管理创新两轮驱动跨越发展方面的做法和经验。

二　中建三局拔高城市天际线的创新之路

“危楼高百尺，手可摘星辰。不敢高声语，恐惊天上人。”诗人李白无论如何也想不到，1000 多年后的今天，比肩林立的摩天大楼遍地都是，它们在改变城市天际线的同时，也见证着城市的发展变化。据初步统计，中国各省区市 300 米以上的超高层地标性建筑中，90% 以上由中国建筑承建，而中建三局承建、参建的 300 米以上的摩天大楼多达 40 余座。200 米、300 米、400 米、500 米、600 米……一个又一个新高度，不断拔高中国城市的天际线。

中国建筑第三工程局有限公司（全称“中建三局”）是世界 500 强上市企业——中国建筑的重要子公司，是具有多功能、集团化经营的国有大型建筑安装骨干企业，是中国建筑的优秀排头兵、全国首家行业全覆盖总承包特级资质企业，连续多年排名中国建筑业竞争力榜首，下属 26 家企业，业务覆盖全国 31 个省份和 20 多个国家和地区。

早在 20 世纪 80 年代初，中建三局果敢地抓住国家建设经济特区的重大机遇，实施战略转移，抢占特区市场，一举中标时为华夏第一高楼——深圳国际贸易中心大厦工程，创造了 3 天施工一个结构层的举世闻名的“深圳速度”，成为中国改革开放的代名词，将中国建筑业从一般高层推向超高层建筑的新水平。

20 世纪 90 年代，在时为亚洲第一高楼——深圳地王大厦钢结构工程施工中，中建三局又创造“两天半一个结构层”的新“深圳速度”，将中国建筑业由一般超高层推向可与世界摩天大厦媲美的国际领先水平。

进入 21 世纪，中建三局再次抓住历史性机调，在中国建筑的组织下，牵头联合有关单位相继承接时为世界结构高度第一高楼——上海环球金融中心和国内单体面积最大、合约额最高的中央电视台新台址工程，联合香港协兴公司承接了 118 层的香港环球贸易广场钢结构工程。三大世界顶级工程的承接，在整个业界、在中国、在全世界，都产生了历史性的重大影响。

近年来，中建三局先后在20多个省区市承建了当地第一高楼，高度超过500米的有8座，包括528米的北京中国尊、568米的沈阳宝能金融中心、597米的天津117大厦、636米的武汉绿地中心等。

探究个中缘由，得益于中建三局总承包管理能力的不断提升、关键技术和前沿技术的创新研发、人才比较优势的加速培育。

（一）总承包管理能力的不断提升

据统计，中建三局近90%的在建工程签订的是施工总承包合同，标志着该局施工生产组织方式已经由传统的主承建和土建施工带动总承包，开始向施工总承包全面转型。

在探寻总承包管理模式的实践中，中建三局先行先试，走在了行业的前端。中建三局有参加上海环球金融中心、央视新址等总承包工程施工的骄人成绩，有组织武汉火车站、天津“梅江”、北京“京东方”等超大型工程和特殊工程施工总承包管理的成功实践，还有在天津117大厦和武汉绿地中心这两项区域顶尖工程上试行总承包管理与专业施工两层分离、改变传统管理格局所做的积极探索……这些都为中建三局提升管理、创新模式、进一步拓展施工总承包市场积累了宝贵的经验。

中建三局将总承包管理能力的提升作为重要突破口，推动实施“441”计划，即完善“四个管理体系”——资源保障体系、制度保证体系、绩效考核体系、客户评价体系；打造“四个职业团队”——总承包管理团队、深化设计团队、采购管理团队、专业分包团队；构建“一个管理模式”——既符合法规要求，又满足市场需求，在中国建筑系统内具有领先水平的“全能型”和“全候型”项目管理模式。同时整合现有设计资源，以设计为切入点，积极探索设计、采购、施工一体化的更高层次的工程总承包管理能力。

（二）关键技术和前沿技术的创新研发

中建三局在长期超高层建筑施工实践的基础上，高度重视科技创新工作，持续开展重大技术攻关与科技研发，投入近亿元研发经费，先后开展了

“中国建筑千米级摩天大楼建造技术研究”“超高层建筑工程施工安全关键技术研究与示范”等重大课题研究，研发了超高层建筑施工多项核心技术装备（被业界誉为超高层“建造神器”），把我国超高层建筑施工技术水平推向了新的高度。中建三局在超高层建造领域的科技创新成就入选**央视“大国重器”**。

1. 系列低位顶升模架体系

为解决超高层建筑超高作业平台问题，中建三局相关技术团队先后提出并开发了第一、第二、第三代低位顶升模架，通过不断升级，逐步形成中建三局独有的技术优势。

首次提出了“低位顶升”概念，平台“主要受力体系高空不变，模架系统高空易调”，使得超高层建筑高空施工平台更加安全、灵活、高效，形成第一代低位顶升模架。

在第一代低位顶升模架的基础上，进一步研究其周转性、安全性、适应性等，协调模架与其他设备设施之间的关系，形成第二代低位顶升模架（模块化）。

在第一、第二代低位顶升模架的基础上，发明新型微凸支点技术，将支点布置在核心筒外侧，平台类似于“金刚罩”，其稳定性及安全性得到大幅提升，进而形成第三代低位顶升模架（微凸支点）。

2. 智能化超高层建筑施工装备集成平台

传统模架与其他超高层施工设备设施（如塔吊、施工电梯、混凝土布料机等）“各成体系、互为制约”，相互之间协调性差，甚至相互冲突、干扰，使得各自工效都得不到充分发挥。为此，中建三局相关技术团队基于微凸支点低位顶升模架，创造性地提出并实现了模架与各类设备设施的集成，进而形成“智能化超高层建筑施工装备集成平台”。

3. 整体回转式多吊机集成运行平台

常规超高层大型塔机“各自为政、独立运行”，为满足吊装需求，不得已配置多台大型塔机。为此，中建三局相关技术团队借鉴旋转餐桌思路，自主研制了“整体回转式多吊机集成运行平台”，塔机依托平台回转驱动系统可进行360°移位，实现塔机吊装范围对超高层建筑的全覆盖。

4. 单导轨架多梯笼循环运行施工电梯

常规施工电梯多为“单轨双笼”，电梯塔架安装数百米高，却只能运行2部梯笼。为此，中建三局相关技术团队借鉴地铁运行思路，自主研制了“单轨多笼循环运行施工电梯”。该施工电梯通过在导轨架上设置旋转换轨装置，实现梯笼高空旋转变换轨道并循环运行，从而实现在单个电梯塔架上循环运行数个、数十个梯笼，极大地提高了施工电梯垂直运输效率。

（三）人才比较优势的加速培育

始终坚持人本理念，是企业长盛不衰的根基。为此，中建三局大力实施人才强企战略，以总公司“专业化、职业化、国际化”人才策略为指引，按照“高层人才尖端化、中层人才专家化、基层人才职业化”的思路，统筹推进经营管理者、项目建造、建筑设计、地产开发、专业管理、成建制劳务六支队伍建设。

在配置上，抓好人才引进、调配和退出三个环节，加强各层级人力资源调配和重组，充分发挥人力资源最大效能；在考核上，强化价值创造导向，坚持考核与奖励兑现、职位晋升挂钩。

在薪酬上，实现全局薪酬制度统一、薪酬结构统一、基薪标准统一，建立薪酬正常调整机制，保持员工薪酬与企业效益增长相适应并逐年增长。

在使用上，遵循“凭德才、重经历、看业绩、听公论”的用人导向，加大各层级特别是基层的竞争性选人用人力度。坚持专业职级与行政序列并重，推行专业职级和行政职级“双轨制”，构建多序列的职业发展通道。

在培训上，在中建三局培训中心基础上组建了管理学院，完善培训课程体系，打造特色职业技术培训品牌课程。

（四）小结

超高层建筑是现代化城市的标志，也是一个国家和地区经济繁荣和科技进步的象征。自20世纪90年代以来，超高层建筑在我国得到了迅猛发展，中国已成为世界上建筑业最活跃与最繁荣的地区，超高层建筑数量稳居世界第一。中建三局结合30多年来的超高层建筑施工实践，发挥总承包管理、科技、人才优势，创新研发了系列专用核心技术装备，在超高层建筑施工技术方面已经达到国际领先水平，拔高了中国的高度，彰显了中国的强度。

三　中建钢构用创新为发展插上腾飞的翅膀

（一）中建钢构介绍及发展

中建钢构有限公司（下称“中建钢构”）是中国最大的钢结构产业集团、国家高新技术企业和深圳市总部经济企业，聚焦以钢结构为主体结构的工程业务，为客户提供“投资+研发+设计+建造+运营”的整体解决方案。具有建筑工程施工总承包特级、钢结构工程专业承包壹级、建筑行业工程设计甲级、中国钢结构制造企业特级、建筑金属屋（墙）面设计与施工特级等资质，通过了ISO9001、ISO14001、OHSAS18001、ISO3834、EN1090、AISC等国际认证。①

中建钢构的发展历史最早可追溯到中建三局－中建钢构深圳地王项目部，其发展大致经历了四个阶段：创业初期阶段、高端承建商阶段、产品开发商阶段、产品集成商阶段（见图1）。

第一阶段：1995年，中建三局在创造新“深圳速度”的深圳地王大厦项目部的基础上组建了中建三局钢结构建筑安装工程公司（简称“局钢结构公司”）。1996年11月，正式注册成立了深圳建升和钢结构建筑安装工程有限公司，与中建三局钢结构建筑安装工程公司实行“一套人马，两块牌子”运作。2005年6月，中建三局根据整体改制上市和专业化发展的需要，决定将建隆、建达公司的钢结构资源整合到局钢结构公司，成立中建三局股

① 《关于我们》，中建钢构官网，http：//sstr. cscec. com/gywm31/gsjj31/201704/2711980. html。

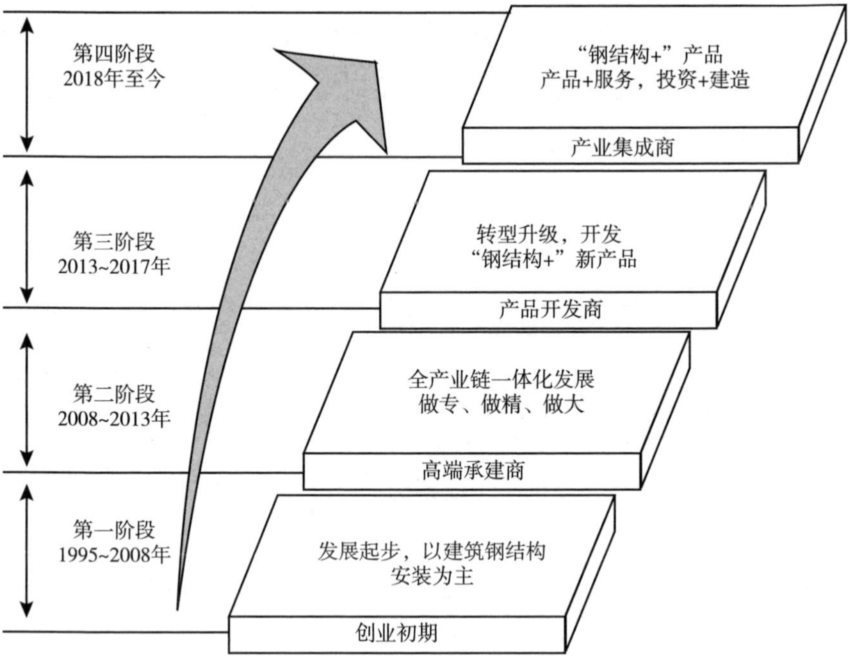

图 1　中建钢构发展历程与主要阶段

资料来源：根据中建钢构访谈资料整理得到。

份钢结构公司，2006 年 2 月正式挂牌运行，直到 2008 年 9 月。①

第二阶段：2008 年 9 月，中建钢构正式成立，历经 5 年发展，从一个单一从事建筑钢结构安装的企业发展成为全产业链一体化运作的企业，实现了设计、制造、建造全产业链一体化运作，秉承“做专、做精、做大”的发展理念，在 2012 年跃居全国建筑钢结构行业榜首，并连续蝉联至今。②

第三阶段：2013 ~ 2017 年，在贯彻落实新发展理念、响应建筑业供给侧结构性改革的进程中，中建钢构创新打造“钢结构 +”多元产品，从一

① 《关于我们——发展历程》，中建钢构官网，http://sstr.cscec.com/gywm31/gsjj31/201704/2711980.html。

② 中国建筑金属结构协会 2012 ~ 2017 年度的《关于“钢结构建筑行业竞争力榜单”的通报》。

个以超高层、大跨度钢结构为主导产品的企业发展成为产品多元化企业，形成装配式钢结构建筑、城市慢行系统、智慧停车库、海洋工程等系列新产品，完成了从高端承建商到产品开发商的角色转变。

第四阶段：2018 年至今，中建钢构致力于成为钢结构行业的产业集成商，在产业链不断完善、产品不断多元化的基础上，不仅充分发挥工程建造优势，而且与科技、资本相结合，实施“产品 + 服务、投资 + 建造”“多业务组合、多模式发展、多资本运作”的发展战略，业务发展模式更加灵活多元。

中建钢构成立后短短十年，便由年仅几亿元的营业规模发展到现在突破百亿元的年营业规模，如此快速发展正是源于中建钢构人秉承中国建筑信条和铁骨仁心文化，坚持创新引领发展的理念。

（二）中建钢构创新成功的关键要素

1. 基于产业发展的创新

建筑工业化既是建筑产业发展的重要内容，也是在国家经济发展新常态背景下建筑行业转型升级的必由之路，装配式钢结构建筑产业是建筑工业化的重要方向之一。作为全国最大的钢结构产业集团，中建钢构发展装配式钢结构建筑产业是本分之责，也是行业所盼。近年来中建钢构投入大量人力、物力创新发展装配式钢结构建筑产业，主要举措为加强与各地龙头钢铁企业的产业创新合作，发挥自身钢结构建筑技术与管理优势，与钢企生产优势相结合，共同推动装配式钢结构建筑产业发展。

中建钢构与国内各大地方龙头钢企达成战略合作，双方充分发挥各自优势，协同创新推动产业发展，促进互利共赢，主要合作举措有：一是建立用钢产业基金，加大资金投入促进符合当地市场的装配式钢结构建筑产品的研发和应用；二是合作推进智能制造，提升当地钢结构产品加工能力和质量，促进钢材使用；三是合作推进基础设施等领域的项目开发，抢抓新一轮国家在路网、航空网、能源保障网等基础设施投资的机遇。

就目前的合作成效看，中建钢构与各钢厂间的合作意愿强烈，合作互补性强，合作实施进展顺利，落地了一批合作项目，推动了装配式钢结构建筑产业的创新发展。

2. 基于科技发展的创新

中建钢构致力于科技创新，通过科技创新驱动企业从高端承建商向产品开发商、产业集成商的转型升级，积极探索一条打造“钢结构＋”系列产品的创新发展之路。

（1）技术创新

中建钢构坚持技术创新，建立了高水平的研究院和设计院，形成完整的研发设计体系。形成具有核心自主知识产权、面向行业特定需求的21项高新技术，包括以“钢结构精益深化设计”为代表的设计核心技术，以“钢结构精益制造、异型复杂钢构件设计与成型”为代表的制造核心技术，以“空间复杂结构、大跨空间结构和大型钢结构的分级同步卸载、数字化测量与3D技术及应用”为代表的建造核心技术，以“钢结构全生命期信息化技术”为代表的管理核心技术等，并服务于“高、大、新、尖、特、重”高端钢结构市场。特别地，中建钢构率先践行“中国制造2025”，已建成全球首条重型H型钢智能化生产线。申报的“装配式建筑新材料智能制造建设项目”获得2017年工信部智能制造新模式应用项目立项。①

（2）产品创新

①装配式钢结构建筑产品。中建钢构以解决住房难问题为出发点，自主研发形成GS-Building和ME-House两大核心产品技术体系，打造了包括绿色商业建筑、绿色钢结构住宅、模块化生态建筑、绿色生态工业园等在内的8大示范项目。

一是GS-Building（装配式钢结构建筑），以钢结构为主体框架，组合工业化生产的三板体系，可应用于写字楼、住宅、学校、医院等。该产品技术在经济性、循环生态、工业化方面与传统建造方式相比，不仅施工效率比传

① 《工业和信息化部办公厅关于组织实施2017年智能制造综合标准化与新模式应用项目的通知》（工信厅装函〔2017〕468号）。

统建筑提高了42%，而且得房率比传统建筑提高6%，此外现场几乎没有建筑垃圾。

二是ME-House（模块化钢结构建筑），工业化程度最高，集成度高，单个模块可集成钢框架、围护结构、水电、装修、智能化等多个系统，可应用于旅游地产、救灾用房、临时用房、海外市场等。该产品采用建筑工业化手段将建筑结构与装饰装修相集成，由装配式框架、装配式墙体、装配式楼板、装配式屋面和装配式集成家居组成，实现建筑模块工厂化建造，产品装配率达78%，减少建筑垃圾80%，缩短现场安装工期50%。该产品还集成应用了空间热缓冲带、中庭采光、新风系统、太阳能系统等多项被动式节能技术部品，可降低建筑能耗60%，减少温室气体排放60%。该产品技术成果经鉴定达到国际先进水平。相关成果荣获中国国际太阳能十项全能竞赛亚军。①

②城市慢行系统产品。中建钢构针对城市交通拥堵、绿色出行等民生问题研发了以自行车高速公路为代表的城市慢行系统产品，并在厦门、成都、江阴实施。其中，厦门云顶路自行车专用道示范段是我国首条、世界最长的空中自行车高速公路，该示范路段全长约7.6公里，从厦门空间布局现状出发，多层次利用空间，巧妙化解了慢行系统与快行系统的空间资源竞争。拥有独立路权，没有交叉路口，不设红绿灯，一路畅行无阻，让高速成为可能（设计时速高达25千米/小时）。有效解决人、自行车、机动车混行的问题，单位面积通行量可达2000辆/小时，助力城市减少交通拥堵，减少碳排放，项目获2017年“中国人居环境奖”。②

③智能立体停车库。中建钢构针对城市停车难的民生问题，研发设计了包括塔库、垂直循环、垂直升降、云街系统以及公交立体停车库等多种类型的智能立体停车库，产品在重庆、深圳等多地建成投入使用。中建钢构正致力于成为城市停车综合解决方案的提供商，通过技术及管理创新，有效利用

---

① 葛晓敏：《2013年中国国际太阳能十项全能竞赛终奖公布》，《太阳能》2013年第16期。

② 《住房城乡建设部关于2017年中国人居环境奖获奖名单的通报》（建城〔2017〕224号）。

城市狭小空间，破解停车难题。其中，中建钢构华东大区智慧停车库项目获评2017年度中国10大优秀项目奖之一。①

（3）海洋工程产品

中建钢构先后牵头进行4项海洋工程方向的深圳市重点科研攻关项目，完成了海洋人居产品研发。同时，中建钢构积极探索海岛开发综合技术，将研究成果成功应用于三亚新机场钢结构围堰试验段工程，该工程采用世界最大的永久性钢圆筒形成围堰结构。

3. 基于管理模式的创新

中建钢构近年来将信息化作为管理创新的重要突破口，创新研发了钢结构全生命期信息化管理平台等信息化管理工具，助力管理升级。

钢结构全生命期信息化管理平台，以BIM模型为载体，应用物联网、商业智能等多项前沿信息技术，将工业化管理理念首次应用于钢结构工程领域，经鉴定达到国际领先水平。目前已100%覆盖中建钢构在建钢结构工程项目，实现了以下功能。

一是实现可视化工程管理。以三维深化设计模型和NC模型为信息载体，管理平台中施工进度、成本等各类数据有机结合，突破了传统信息交流模式中信息沟通的障碍，以更为直观的方式呈现工程进度、成本等施工信息。

二是形成信息化的工程管理数据传递体系。建立了钢结构施工全生命期管理的无线传感系统，实现由系统完成施工信息的采集、传递、整合、处理、展现。

三是建立钢结构全生命期的全方位追溯管理体系。管理平台通过从零构件标识、工艺方案和工位路线、零构件材料、施工人员以及物流信息等多个方面，建立施工全过程追溯体系，实现全方位追溯管理。

四是形成智能化工程信息反馈和预警机制。通过全方位追溯管理，实时

① 《“2017寻找中国最美立体车库”评选结果公布》，南方网，http：//house. southcn. com/d/2018jtjt/yjjj/content/2018－01/20/content_ 180501202. htm，2018年1月20日。

获取施工过程信息，与对应的计划体系相互对照，建立工期预警和过程纠偏机制，切实强化过程管控。

五是实现资源集约化管理。钢结构施工中的资源需求、材料库存等信息通过模型按材质、类型等进行筛分、汇总，通过系统自动实现资源需求分析、订单下达、存量分析等功能。

（三）小结

百舸争流，奋楫者先；千帆竞发，勇进者胜。当前，中建钢构正在全面加速推进产品创新和模式创新，向着打造“具有全球竞争力的世界一流企业”的目标而不懈奋斗。

四　总结

“舟循川则游速，人顺路则不迷。”中国建筑坚持党的领导，践行央企责任，秉承“品质保障、价值创造”的核心价值观，全面贯彻中央“五位一体”总体布局和“四个全面”战略布局，落实新发展理念，致力打造具有全球竞争力的世界一流企业，力争成为世界投资建设领域的第一品牌和中国建筑业改革发展与推动我国城镇化建设的一面旗帜，做党和国家最可信赖的依靠力量，为实现中华民族伟大复兴的中国梦不断奋进。

创造美好生活，拓展幸福空间，是中国建筑的初心和使命，“满意客户、成就员工、回报股东、造福社会”是中国建筑矢志不渝的追求，坚持科技创新和管理创新双轮驱动是中国建筑蓬勃奋进的动力之源。面对新形势，着眼新变化，站在新方位，秉承新理念，中国建筑将继续深化改革，释放创新活力，传承红色基因，凝聚蓝色力量，推动绿色发展，为未来持续跨越谱写新篇章。

皮书起源

“皮书”起源于十七、十八世纪的英国，主要指官方或社会组织正式发表的重要文件或报告,多以“白皮书”命名。在中国,“皮书”这一概念被社会广泛接受，并被成功运作、发展成为一种全新的出版形态，则源于中国社会科学院社会科学文献出版社。

皮书定义

皮书是对中国与世界发展状况和热点问题进行年度监测，以专业的角度、专家的视野和实证研究方法，针对某一领域或区域现状与发展态势展开分析和预测，具备原创性、实证性、专业性、连续性、前沿性、时效性等特点的公开出版物，由一系列权威研究报告组成。

皮书作者

皮书系列的作者以中国社会科学院、著名高校、地方社会科学院的研究人员为主，多为国内一流研究机构的权威专家学者，他们的看法和观点代表了学界对中国与世界的现实和未来最高水平的解读与分析。

皮书荣誉

皮书系列已成为社会科学文献出版社的著名图书品牌和中国社会科学院的知名学术品牌。2016 年，皮书系列正式列入“十三五”国家重点出版规划项目；2013~2018 年，重点皮书列入中国社会科学院承担的国家哲学社会科学创新工程项目;2018 年,59 种院外皮书使用“中国社会科学院创新工程学术出版项目”标识。

中国皮书网

（网址：www.pishu.cn）

发布皮书研创资讯，传播皮书精彩内容
引领皮书出版潮流，打造皮书服务平台

栏目设置

关于皮书：何谓皮书、皮书分类、皮书大事记、皮书荣誉、
皮书出版第一人、皮书编辑部

最新资讯：通知公告、新闻动态、媒体聚焦、网站专题、视频直播、下载专区

皮书研创：皮书规范、皮书选题、皮书出版、皮书研究、研创团队

皮书评奖评价：指标体系、皮书评价、皮书评奖

互动专区：皮书说、社科数托邦、皮书微博、留言板

所获荣誉

2008年、2011年，中国皮书网均在全国新闻出版业网站荣誉评选中获得“最具商业价值网站”称号；

2012年，获得“出版业网站百强”称号。

网库合一

2014年，中国皮书网与皮书数据库端口合一，实现资源共享。

S 基本子库
UB DATABASE

中国社会发展数据库（下设12个子库）

全面整合国内外中国社会发展研究成果，汇聚独家统计数据、深度分析报告，涉及社会、人口、政治、教育、法律等12个领域，为了解中国社会发展动态、跟踪社会核心热点、分析社会发展趋势提供一站式资源搜索和数据分析与挖掘服务。

中国经济发展数据库（下设12个子库）

基于“皮书系列”中涉及中国经济发展的研究资料构建，内容涵盖宏观经济、农业经济、工业经济、产业经济等12个重点经济领域，为实时掌控经济运行态势、把握经济发展规律、洞察经济形势、进行经济决策提供参考和依据。

中国行业发展数据库（下设17个子库）

以中国国民经济行业分类为依据，覆盖金融业、旅游、医疗卫生、交通运输、能源矿产等100多个行业，跟踪分析国民经济相关行业市场运行状况和政策导向，汇集行业发展前沿资讯，为投资、从业及各种经济决策提供理论基础和实践指导。

中国区域发展数据库（下设6个子库）

对中国特定区域内的经济、社会、文化等领域现状与发展情况进行深度分析和预测，研究层级至县及县以下行政区，涉及地区、区域经济体、城市、农村等不同维度。为地方经济社会宏观态势研究、发展经验研究、案例分析提供数据服务。

中国文化传媒数据库（下设18个子库）

汇聚文化传媒领域专家观点、热点资讯，梳理国内外中国文化发展相关学术研究成果、一手统计数据，涵盖文化产业、新闻传播、电影娱乐、文学艺术、群众文化等18个重点研究领域。为文化传媒研究提供相关数据、研究报告和综合分析服务。

世界经济与国际关系数据库（下设6个子库）

立足“皮书系列”世界经济、国际关系相关学术资源，整合世界经济、国际政治、世界文化与科技、全球性问题、国际组织与国际法、区域研究6大领域研究成果，为世界经济与国际关系研究提供全方位数据分析，为决策和形势研判提供参考。